普通高等教育“十三五”

荣获中国石油和化学工业优秀教材奖

发酵工程工艺原理

田 华 | 编著

化学工业出版社

·北京·

本书共计9个章节，主要内容涉及发酵工业用菌种的选育和扩大培养技术；发酵工业生产培养基的制备原理和方法、灭菌的工艺流程及关键技术；菌体浓度和基质对发酵的影响，发酵过程温度、pH值、溶解氧、搅拌、CO_2等参数的控制，发酵终点的判断；发酵过程染菌的检查和防治；典型厌氧发酵和好氧发酵的发酵机制、代谢控制、工艺流程、提取分离纯化技术方法和相应的设备。

本教材可作为综合性大学、师范类院校、农林院校生物工程专业、生物技术专业、食品科学与工程专业、生物制药专业及相关专业的本科生和研究生教材，可供从事发酵工程、食品科学与工程、生物化工和生化工程等相关领域的科研人员和教学工作者参考。

图书在版编目（CIP）数据

发酵工程工艺原理/田华编著．—北京：化学工业出版社，2018.12（2024.11重印）
普通高等教育“十三五”规划教材
ISBN 978-7-122-33355-1

Ⅰ.①发… Ⅱ.①田… Ⅲ.①发酵工程-高等学校-教材②发酵-生产工艺-高等学校-教材 Ⅳ.①TQ92

中国版本图书馆CIP数据核字（2018）第262377号

责任编辑：魏　巍　赵玉清　　文字编辑：孙凤英
责任校对：边　涛　　装帧设计：关　飞

出版发行：化学工业出版社（北京市东城区青年湖南街13号　邮政编码100011）
印　　装：北京天宇星印刷厂
787mm×1092mm　1/16　印张12¾　字数314千字　2024年11月北京第1版第6次印刷

购书咨询：010-64518888　售后服务：010-64518899
网　　址：http://www.cip.com.cn
凡购买本书，如有缺损质量问题，本社销售中心负责调换。

定　　价：39.80元

前言

发酵工程是生物工程的重要组成部分，是利用微生物为大规模工业生产服务的一门工程技术，是生物工程产业化的核心环节，不仅在生物技术产业的发展中起举足轻重的作用，也成为支撑医药、食品等生物技术交叉行业的重要技术来源。现代发酵工程在传统发酵工业的基础上，融入了分子生物学、生物信息学、系统生物学以及基因工程、细胞工程、代谢工程等新理论和新技术，结合现代生物过程控制及生物分离工程技术的巨大进步，使现代发酵工业的产品种类和生产水平大大提高，发酵工程已成为解决人类面临的能源、资源和环境等持续性发展课题的关键技术，显示出强大的生命力。

对于师范类高校，特别是地方师范类高校，生物制药、生物技术、食品科学与工程等专业的教学既需要完善的发酵原理基础知识，又需要极具时代特色的发酵工艺典型案例。所以，集聚“先进性、实用性、系统性、可操作性”和“少而精，宽基础”等特点的发酵工程教材就显得非常缺乏。基于此种需求，笔者积十余年教学科研之心得，结合师范大学的特色和自身的长期科研实践及该领域国内外科研的前沿知识，精心筛选教学内容，科学设计课程体系，力求使编写的教材具备较高的科学性、系统性、前沿性，体现专业发展的鲜明时代性，反映发酵工业的最新进展和最新应用技术。

本教材编写宗旨是让学生系统性地掌握发酵产品的生产原理和工艺流程，熟悉现代发酵工业的发展领域和重点方向，为生物技术、生物制药、食品科学与工程等相关专业学生今后从事与发酵工业相关的新产品、新工艺的研究和开发打下良好的理论基础和技能基础。在章节结构上，从发酵工程知识系统性、完整性、科学性出发，本教材紧紧围绕发酵产品的产业化生产技术流程来安排各章节的内容，突出代谢调控机制和完整的工艺设备流程，力求提供系统完整的发酵工程知识。在内容设计上，按发酵工艺涉及的共性理论由上游、中游到下游技术有序开展，基于好氧发酵和厌氧发酵、初级代谢和次级代谢视角筛选典型发酵产品，弱化理论推导，强化能力培养。在重点知识上，引入发酵工程典型案例，注重分析与启示，引导学生全面灵活地掌握发酵工程的基础理论和实用技术。因此，本教材的最大创新和特色之处在于既注重发酵工程基础理论，又体现学科发展的前沿动态，注重发酵理论与应用紧密结合与联系，注重实用性、删繁就简，尽量避免过多的理论分析和复杂的数学运算，从学生易于接受的心理学视角，引导学生的学习兴趣，重点培养学生的实际应用能力，形成有“多模块、多层次、多接口”特色的教学，能满足食品科学与工程、生物技术、生物制药等不同专业的教材需求。

总体上看，本教材可作为综合性大学、师范类院校、农林院校生物工程专业、生物技术专业、食品科学与工程专业、生物制药专业及相关专业的本科生和研究生的教材，可供从事发酵工程、食品科学与工程、生物化工和生化工程等相关领域的科研人员和教学工作者参考。

由于编著者时间和编写水平所限，本书一定存在诸多不足之处，恳请读者提出宝贵意见，以便今后进一步修正提高。

编著者

2018 年 6 月

目录

第一章　绪论　/ 1

第二章　菌种与种子扩大培养　/ 11

第一章

绪 论

发酵工程是生物工程的重要组成部分，是利用微生物为大规模工业生产服务的一门工程技术，是生物工程产业化的重要环节，不仅在生物技术产业的发展中起举足轻重的作用，也成为支撑医药、食品等生物技术交叉行业的重要技术来源。发酵工程又称为微生物工程，它是利用生物技术对微生物进行质的改造，或构建出微生物原来不具有的新性状的菌株，利用微生物生长速度快、生长条件简单以及代谢过程简单等特点，在合适的条件下通过现代化工程技术和方法，使传统的劳动密集型微生物产业向技术密集型产业方向发展，形成了众多的生物工程新型产业，开发了众多人类需要的发酵工程产品。

发酵工程的内容随着科学技术的发展不断扩大和充实。现代的发酵工程不仅包括菌体生产和代谢产物的发酵生产，还包括微生物机能的利用。其主要内容包括生产菌种的选育，发酵条件的优化与控制，反应器的设计及产物的分离、提取和精制等。

第一节 发 酵

工业发酵是利用微生物的生长和代谢活动来生产各种有用物质的一门现代工业，而现代发酵工程则是指直接把微生物（或动植物细胞）应用于工业生产的一种技术体系，是在化学工程中结合了微生物特点的一门学科，因而发酵工程有时也称作微生物工程。

一、“发酵”一词的来源

发酵现象早已被人们所认识，但了解它的本质却是近200年的事。英语中发酵一词“fermentation”是从拉丁语“fervere”派生而来的，原意为“翻腾”，它描述的是酵母作用于果汁或麦芽浸出液时的现象。沸腾现象是由浸出液中的糖在缺氧条件下降解而产生二氧化碳所引起的。在生物化学中把酵母的无氧呼吸过程称作发酵。我们现在所指的发酵早已赋予了不同的含义。发酵是生命体所进行的化学反应和生理变化，是多种多样的生物化学反应根据生命体本身所具有的遗传信息去不断分解合成，以取得能量来维持生命活动的过程。发酵产物是指在反应过程当中或反应到达终点时所产生的能够调节代谢使之达到平衡的物质。实际上，发酵也是呼吸作用的一种，只不过呼吸作用最终生成 CO_2 和水，而发酵最终是获得各种不同的代谢产物。因而，现在对发酵的定义应该是：通过微生物（或动植物细胞）的生长培养和化学变化，大量产生和积累专门的代谢产物的反应过程。

二、发酵与发酵工程

1. 发酵的定义

发酵分狭义的发酵和广义的发酵。狭义“发酵”指的是生物化学或生理学上的发酵，指微生物在无氧条件下，分解各种有机物质产生能量的一种方式，或者更严格地说，发酵是以有机物作为电子受体的氧化还原产能反应。如葡萄糖在无氧条件下被微生物利用产生酒精并放出二氧化碳，同时获得能量，丙酮酸被还原为乳酸而获得能量等。广义“发酵”指的是工业上的发酵，指利用生物细胞制造某些产品或净化环境的过程，它包括厌氧培养的生产过程和通气（有氧）培养的生产过程。现在发酵技术已发展成为一门工程学科和独立的工业，涵盖了食品发酵（如酸奶、干酪、面包、酱腌菜等）、酿造（如啤酒、白酒、黄酒、葡萄酒等饮料酒以及酱油、酱、醋等调味品）、近代的发酵工业（如乙醇、乳酸、丙酮、丁醇等）。

2. 发酵工程

发酵工程是以微生物的特定性状和功能，通过现代化工程技术生产产品或直接应用于工业化生产的技术体系，它是将传统发酵与现代DNA重组、细胞融合、分子修饰和改造等技术结合并发展起来的现代发酵技术。发酵工程是现代生物技术的重要组成部分，是化学工程学和生物学相互渗透而产生的一门新型学科。

三、发酵工程与其他学科的关系

发酵工程是基于生物学知识和工程学概念，解决生物技术产业化中关键问题的一门专业核心课程，内容涉及数学、物理、化学、微生物学及化工原理和工程等课程，内容丰富、涉及面广，不仅是工业生物技术的核心，更是生物技术产业化的关键，因为基因工程、酶工程和细胞工程等生物技术的最终成果通常都必须通过发酵才能最终实现。发酵虽然是古老的技术，但由于现代生物技术（基因工程、细胞工程、蛋白质工程等）研究成果的转化，为其注入新的内容，使传统的发酵工艺焕发出新的生命力。

虽然现代发酵工程已发展到培养细胞（含动植物细胞和微生物细胞）来制得产物的所有过程，但已有的研究和应用成果显示，用于发酵技术过程最有效、最稳定、最方便的培养细胞是微生物细胞。因此，目前采用的发酵技术都是围绕微生物进行的。

人们将生物工程划分为基因工程、细胞工程、发酵工程、酶工程和蛋白质工程5个方面（表1-1）。其中，发酵工程占有重要的位置。基因工程和细胞工程是生物技术的主导方向，基因重组或细胞融合获得的新品种，必须进行微生物发酵和产物的分离纯化研究，使之获得产品和经济效益才能体现出生物工程的优越性。而发酵工程和酶工程则是基因工程、细胞工程、蛋白质工程研究成果的具体展现，只有通过发酵工程才能使基因工程或者细胞工程获得的具有某种所需性状的细菌实现工业化生产，最终验证基因克隆或者细胞融合能否成功，从而获得生产效益和经济价值，即发酵工程是实现生物工程产业化的基础。

表 1-1 发酵工程在生物工程中的位置

生物工程	主要操作对象	工程目的	与其他工程的关系
基因工程	基因及动物细胞、植物细胞、微生物细胞	改造物种	通过细胞工程、发酵工程使目的基因得以表达
细胞工程	动物细胞、植物细胞、微生物细胞	改造物种	可以为发酵工程提供菌种，使基因工程得以实现
发酵工程	微生物细胞	获得菌体和各种代谢产物	为酶工程提供酶的来源
酶工程	微生物细胞	获得酶制剂或固定化酶	为其他生物工程提供酶制剂
蛋白质工程	基因及动物细胞、植物细胞、微生物细胞	改造或创造蛋白质	通过基因工程、细胞工程、发酵工程生产新型蛋白质

总之，发酵工程是现代生物工程的重要组成部分，是生物技术实行工业化的基础和必由之路。发酵工程具有连接生物技术上下游的纽带作用，其学科地位显而易见。

第二节 发酵工程工艺及关键技术

一、发酵过程的特点

发酵过程和其他化学工业的最大区别在于它是生物体所进行的化学反应。其主要特点如下：

（1）发酵过程一般来说都是在常温常压下进行的生物化学反应，反应安全，要求条件也比较简单。

（2）发酵所用的原料通常以淀粉、糖蜜或其他农副产品为主，只要加入少量的有机氮源和无机氮源就可进行反应。微生物因不同的类别可以有选择地去利用它所需要的营养。基于这一特性，可以利用废水和废物等作为发酵的原料进行生物资源的改造。

（3）发酵过程是通过生物体的自动调节方式来完成的，反应的专一性强，因而可以得到较为单一的代谢产物。

（4）由于生物体本身所具有的反应机制，能够专一地和高度选择地对某些较为复杂的化合物进行特定部位的氧化、还原等化学转化反应，也可以产生比较复杂的高分子化合物。

（5）发酵过程中对杂菌污染的防治至关重要。除了必须对设备进行严格消毒处理和空气过滤外，反应必须在无菌条件下进行。如果污染了杂菌，生产就会遭到巨大的经济损失。如果感染了噬菌体，对发酵造成的危害会更大，因而维持无菌条件是发酵成功的关键。

（6）微生物菌种是进行发酵的根本因素，通过变异和菌种筛选，可以获得高产的优良菌株并使生产设备得到充分利用，也因此可以获得按常规方法难以生产的产品。

（7）工业发酵与其他工业相比，投资少，见效快，并可以取得显著的经济效益。

基于以上特点，工业发酵日益引起人们的重视。和传统的发酵工艺相比，现代发酵工程除了上述的发酵特点之外更有其优越性。如除了使用微生物细胞外，还可以用动植物细胞和酶，也可以用人工构建的“工程菌”来进行反应；反应设备也不只是常规的发酵罐，而是以各种各样的生物反应器代替，自动化、连续化程度高，使发酵水平在原有基础上有所提高和创新。

二、发酵的类型

根据发酵的特点和微生物对氧的需求不同，可以将发酵分成若干类型：

（1）按发酵原料　分为糖类物质发酵、石油发酵、废水发酵等类型。

（2）按发酵产物　分为氨基酸发酵、有机酸发酵、抗生素发酵、酒精发酵、维生素发酵等。

（3）按发酵形式　分为固态发酵、半固态发酵、液态发酵。

（4）按发酵工艺流程　分为分批发酵、连续发酵、流加发酵。

（5）按发酵过程中对氧的不同需求　分为厌氧发酵、通风发酵。

（6）按代谢产物　分为初级代谢产物发酵（酒精发酵、氨基酸发酵、有机酸发酵等）、次级代谢产物发酵（抗生素发酵、色素发酵等）。

三、发酵工艺过程

对于任何发酵类型（除一些转化过程外），一个确定的发酵过程由 6 个部分组成：

① 菌种以及确定的种子培养基和发酵培养基；

② 培养基、发酵罐和辅助设备的灭菌；

③ 大规模的、有活性的、纯种的种子培养物的生产；

④ 发酵罐中微生物最优的生长条件下产物的大规模生产；

⑤ 产物的提取、纯化；

⑥ 发酵废液的处理。

它们的相互关系如图 1-1 所示。因此，有必要不断进行研究以逐步提高整个发酵过程的效率。在建立发酵过程之前，首先要分离出菌株，通过改造使其合成目标产物，使所产生的产物符合工业要求，并且其产量应具有经济价值。然后测定微生物在培养上的需求，并设计相应的设备。同时必须确定产品的分离提取方法。此外，整个研究计划也应包括在发酵过程中不断地优化微生物菌种、培养基和提取方法。

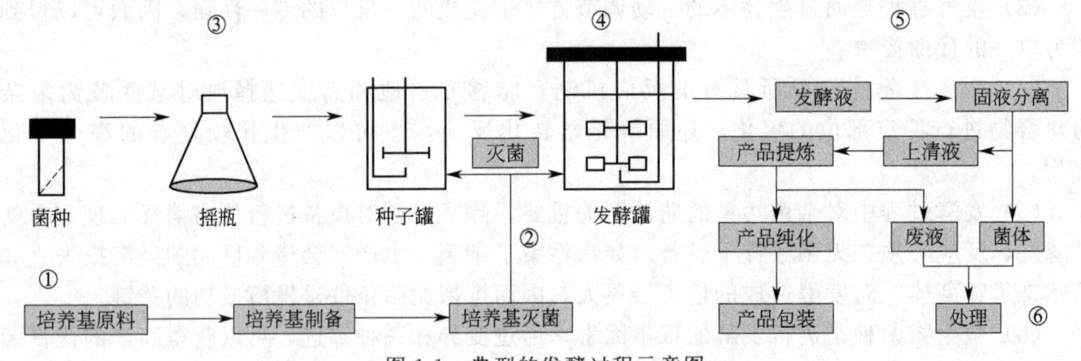

图 1-1　典型的发酵过程示意图

四、发酵工程关键技术

1. 菌种选育技术

菌种选育是按照生产的要求，以微生物遗传变异理论为依据，采用人工方法使菌种发生变异，再用各种筛选方法筛选出符合要求的目的菌种。菌种选育的目的是改善菌种的基本特性，以提高产量、改进质量、降低成本、改革工艺、方便管理及综合利用。菌种选育的基本方法包括自然选育、抗噬菌体选育、诱变选育、代谢工程育种、基因定向选育、基因组改组等一系列方法。

在发酵工程建立初期和近代发酵工程阶段，发酵工程主要以野生的微生物为发酵主体。在现代发酵阶段，优良的菌种选育方法依然是发酵工程上游工程中的重要环节，其一是利用新型的筛选机制和筛选鉴定指标，继续从自然界中获得优良的出发菌株；其二是利用基因工程、细胞工程技术，结合分子生物学手段，采用代谢工程、代谢调控学、组学、系统生物学等原理，重新构建所需的基因工程菌或对已有的出发菌株进行基因改造，来获得能够生产所需发酵产品的优良菌株。

2. 纯培养技术

发酵工业一般是采用特定微生物菌株进行纯种培养，从而达到生产所需产品的目的。因此，发酵过程要在没有杂菌污染的条件下进行。微生物无菌培养直接关系到生产过程的成败。无菌问题解决不好，轻则导致所需要的产品数量减少、质量下降以及后处理困难；重则会使全部培养液变质，导致成吨的培养基报废，造成经济上的严重损失，这一点对大规模的生产过程更为突出。为了保证培养过程的正常进行，防止染菌的发生，对大部分微生物的培养，包括实验室操作和工业生产，均需要进行严格的灭菌。发酵过程的灭菌涉及培养基、发酵设备和发酵过程的通气。

3. 发酵过程优化技术

发酵过程优化包括从微生物细胞层面到宏观微生物生化反应层面的优化，使细胞的生理调节、细胞环境、反应器特征、工艺操作条件与反应器控制之间复杂的相互作用尽可能简化，并对这些条件和相互关系进行优化，使之最适于特定发酵过程进行的系统优化方法。这种优化主要涉及四个方面的研究内容，第一是细胞生长过程的研究；第二是微生物反应的化学计量；第三是生物反应动力学；第四是生物反应器工程。

4. 发酵过程放大技术

为达到将实验室成果向工业规模推广和过渡的目的，一般都要经过中试规模的工艺优化研究。为了克服困难，特别对一些规模比较大的发酵产品，采取逐级放大的方法。发酵过程放大的方法包括：发酵罐几何相似放大、供氧能力相似放大、菌体代谢相似放大、培养条件相似放大、数学模型模拟与预测放大等。

5. 发酵工程下游分离纯化技术

发酵产物的下游分离纯化是指将发酵目标产物进行提取、浓缩、纯化和成品化等过程。发酵产物分离纯化的重要性主要体现在生物产物的特殊性、复杂性和对产品的严格要求上，导致分离纯化成本占整个发酵产物生产成本的比例较大。发酵工程下游分离纯化过程，其费用通常占生产成本的50%～70%，有的甚至高达90%，往往成为实施生化过程代替化学过程生产的制约因素。因此，设计合理的提取与精制过程来提高产品质量和降低生产成本才能够真正实现发酵产品的商业化大规模生产。

6. 发酵过程自动监测、控制技术

某种意义上说，发酵过程的成败完全取决于能否维持一个生长受控和对生产良好的环境。达到此目的最有效的方法是通过直接测量各种参数变化和对生物过程进行调节。将数学、化工原理、电子计算机技术和自动控制装置等应用到发酵过程，进行生物技术参数的测量、生物过程的建模和控制，可对工业发酵过程进行高效的控制管理并提高生产效率。

五、发酵工业的范围

发酵工业的范围和典型的发酵产品，见表 1-2。

表 1-2　发酵工业的范围和典型发酵产品

发酵工业范围	典型发酵产品	发酵工业范围	典型发酵产品
酿酒工业	啤酒、葡萄酒、白酒等	维生素发酵工业	维生素 C、维生素 B 等
食品工业	酱、酱油、醋、腐乳、面包、酸乳等	生理活性物质发酵工业	激素、赤霉素等
有机溶剂发酵工业	酒精、丙酮、丁醇等	微生物菌体蛋白发酵工业	酵母、单细胞蛋白等
抗生素发酵工业	青霉素、链霉素、土霉素等	微生物环境净化工业	利用微生物处理废水、污水等
有机酸发酵工业	柠檬酸、葡萄糖酸等	生物能工业	沼气、纤维素等天然原料发酵生产酒精、乙烯等能源物质
酶制剂发酵工业	淀粉酶、蛋白酶等		
氨基酸发酵工业	谷氨酸、赖氨酸等	微生物冶金工业	利用微生物探矿、冶金、石油脱硫等
核苷酸类物质发酵工业	肌苷酸、肌苷等		

第三节　发酵工程发展史

为了更好地了解微生物工程的现状与未来，有必要从微生物工程的发展史，以及与微生物学、生物化学、化学工程、发酵工程和微生物工业的关系来认识其发展的各个阶段。

一、自然发酵时期

早在数千年前，我国劳动人民就懂得酿酒、制酱油、酿醋等。酿酒工业是历史上最古老的微生物工业，但当时人们并不知道它与微生物的关系，也不清楚发酵的原因，只是靠口传身授，在实践中应用微生物。例如，嫌气性发酵用于酒类酿造，好氧性发酵用于酿醋、制曲，这是古典发酵的特点，这一时期称为自然发酵时期。

二、纯培养技术时期

1667 年，荷兰人列文霍克发明了显微镜，揭开了微生物世界的秘密。随着微生物的发现，1850～1880 年法国巴斯德通过实验发现了发酵原理，认识到发酵是由微生物的活动引起的。随着微生物纯培养技术的逐步完善，开创了人为控制微生物的新时代。采用杀菌操作，发明了简便的密闭式发酵罐等技术设备，使发酵失败现象（如腐败）大大减少，即人工控制环境条件使发酵效率迅速提高。嫌气性发酵由此逐步发展起来，产品包括酒精、丙酮、丁醇等。在全世界范围内开始利用微生物分解代谢进行规模化工业生产经历了 100 多年的历史。因此，微生物纯培养技术的创立是微生物工程发酵技术发展的第一个转折时期。

三、通气搅拌的好氧性发酵工程技术时期

1929 年，英国细菌学家傅莱明发现了青霉素。随着青霉素大规模生产的成功，实验室采用摇瓶通风培养以及空气纤维过滤的高效除菌方法，在 20 世纪 40 年代创立了好氧性发酵通气搅拌工程技术。抗生素工业的兴起不仅使微生物技术应用到医药工业，而且大大促进了

好氧性发酵工程和微生物工业的发展。微生物工程已经从分解代谢转为生物合成代谢，可以利用微生物合成积累大量有用的代谢产物，如各种有机酸、酶制剂、维生素、激素等，这已超越微生物正常代谢的范围。因此，通气搅拌的好氧性发酵工程技术的创立是微生物工程发酵技术发展的第二个转折时期。

四、人工诱变育种与代谢控制发酵工程技术时期

微生物遗传学、生物化学和分子生物学的发展，促进了20世纪60年代氨基酸、核苷酸微生物工业的建立，这是遗传水平上控制微生物代谢的结果。日本于1956年用发酵法生产谷氨酸获得成功，至今可用发酵法生产22种氨基酸，其中18种是直接发酵，4种是酶法转化。氨基酸发酵工业采用了人工诱变育种与代谢控制发酵的新技术，即首先将微生物进行人工诱变，得到适合生产某种产物的突变株，然后通过人工控制培养，选择性地大量生产人们所需要的物质。此项工程技术已用于核苷酸类物质、有机酸和一部分抗生素的发酵生产。因此，人工诱变育种与代谢控制发酵工程技术的创立是微生物工程发酵技术发展的第三个转折时期。

五、发酵动力学和连续化、自动化发酵工程技术时期

随着微生物工业向大型发酵罐的连续化、自动化方向发展，以数学、动力学、化工原理等为基础，通过计算机实现发酵过程自动化控制的研究，使发酵过程的工艺控制更为合理，相应的新工艺、新设备也层出不穷。例如，日本的塔式连续发酵设备适用于各种连续通风发酵。法国LM型单级连续发酵槽用于酵母菌连续培养，其结构简单而效率却相当高。世界上最新设计的实验型万能发酵罐适于任何发酵生产，可同时记录24个物理、化学和生物化学数据。目前，发酵过程的基本参数，包括温度、pH值、罐压、溶解氧、氧化还原电位、通气流量、CO_2含量等，均可自动记录和控制。可见，发酵动力学和连续化、自动化工程技术的创立是微生物工程发酵技术发展的第四个转折时期。

六、微生物酶反应合成与化学合成相结合的工程技术时期

随着微生物合成工程技术与化学合成工程技术的不断应用，矿产物的开发和石油化工的发展为化学合成法提供了丰富的原料，用于生产一些低分子的有机化合物，如乙醇、丙酮及丁醇等。美国工业应用化学合成法可以生产100多种发酵产品，如大部分的酒精、丙酮、丁醇等，部分的葡萄糖酸、谷氨酸、乳酸等。对于那些用化学合成法不能生产的一些复杂化合物，采用微生物发酵合成法可以在常温、常压下一步完成，特别是可以直接生产一些具有立体特异性的化合物，且生产设备投资较少。但发酵法也存在目的代谢产物浓度较低、分离较困难、生产周期较长等不利因素。而微生物酶反应生物合成与化学合成的结合，可生产许多过去不能生产的有用物质。

例如，抗生素的化学结构改造是获得新的高效抗生素的重要来源，而维生素C是最早成功的例子，即先利用微生物将山梨糖醇发酵转变为山梨糖，再通过化学合成法生产维生素C。或者先用化学合成法生产廉价的前体，再用发酵法生产出贵重产品。目前，采用此项新技术可大规模生产多种物质，如激素、核苷酸、新抗生素（如半合成头孢霉素、卡那霉素、氯霉素等）、某些氨基酸（如L-酪氨酸、L-色氨酸、L-赖氨酸等）等，随着研究的深入，可以生产更多有用的物质。因此，微生物酶反应合成与化学合成相结合的工程技术的创立是微生物工程发酵技术发展的第五个转折时期。

第四节 发酵工程技术发展趋势

一、发酵工程技术产业化的关键因素

发酵工程技术只有实现产业化才能造福人类，而能否实现规模化生产主要取决于所用的菌种的生产能力、发酵的工艺条件和发酵罐的操作性能，只有这三个方面条件均具备，发酵生产才能顺利进行。对于给定的菌株，通过建立适当的发酵工艺，给微生物提供良好的环境，充分发挥所用菌株的生产能力，提高发酵的水平。发酵过程的工艺控制，则依赖于发酵罐的操作性能和过程控制。发酵产品能否占领市场取决于影响发酵产品的价格因素，发酵产品的分离与纯化过程费用通常占生产成本的50%～70%，有的甚至高达90%，甚至更高。分离步骤多、耗时长，往往成为实施生化过程生产替代化学过程生产的制约因素。因此，发酵工业的发展始终都是围绕发酵工程技术产业化来展开的。

二、发酵工业发展趋势

1. 发酵原料的开发和利用

粮食和能源紧张是当下和今后世界各国都将面临的难题。发酵产业对能源和粮食的消耗巨大，同时地球上的石油、煤炭、天然气等化石燃料终将枯竭。因此，发酵工业在发酵原料的开发和利用方面，未来的发展要求应该是：①实现原料到产品的高转化率。②开发和利用非粮食农业生物质发酵原料，如纤维素、非粮淀粉、非粮脂肪酸等。③加强发酵产业向能源、化工以及材料等领域延伸，实现部分代替石油，生产大宗材料、能源、化工产品等，逐渐减少对石油的依赖。例如通过微生物利用秸秆、玉米芯等木质纤维素农林业残渣作为原料发酵生产乙醇等燃料能源，已经引起越来越多的国家在发展战略上的重视。尽管目前纤维素乙醇的生产成本已下降至5000～6000元/t，但限制乙醇作为燃料使用的主要障碍还是成本问题，因而构建能够利用可再生物质生产乙醇的工程菌仍是主要的努力方向。④随着工业的发展、人口增长和国民生活的改善，废弃物也日益增多，同时也造成环境污染。因此，通过发酵技术对各类废弃物的治理和转化，变废为宝，实现无害化、资源化和产业化。

2. 提高菌种效率是关键

我国的发酵产业在硬件方面已经达到很高的水平。因此，今后节能减排的工作重点应该放在菌种的改良上。

① 充分利用包括基因工程在内的现代分子生物学技术研究成果，按照人们的意愿来改良菌种及将外源基因导入微生物细胞，对传统发酵工业菌种进行改造，提高发酵效率。

② 构建复合功能微生物是菌种改良的重要方向。目标是获得一个能快速生长、能进行多种基因整合、抗染菌、允许不同多个个体的染色体在细胞中共存，从而获得多种性能、能生产多种产品的菌株。

近期和中期菌种改造研究的重要应用领域包括：改造控制生长速度的微生物基因组，使微生物细胞更快地生长，利用快速生长的微生物菌株生产大宗化工产品，提高生物过程相对于化工过程的竞争性。限制细胞群体效应，使发酵能达到更高的密度，提高生物产品单位时间和单位体积的生产效率。实现跨种属染色体在一个细胞共存，使细胞具有多种功能（特别是利用纤维素快速生长获得目标产物）。总之，提高菌种的效率是提高发酵产业的关键。

3. 开拓先进发酵工艺技术

发酵工业具有高耗能、高耗水、不连续、易染菌的缺点，导致发酵产业成本的增加，降低了其竞争性。未来发酵产业应该向着无高温灭菌、低耗水和连续发酵方向发展，以最终达到节能减排的目的。最近，我国在嗜盐菌发酵生产生物塑料聚羟基脂肪酸酯（PHA）方面已经实现了至少两周的开放发酵，使PHA成为有竞争性产业的步伐又向前迈进了一步。未来，可以利用海水为介质发掘嗜盐菌在高pH值、高温和高盐浓度条件下生长繁殖的特点，建立一个能进行无高温灭菌、低耗水（利用海水）和连续发酵、有竞争性的发酵产业。

4. 新型发酵设备的研制

新型发酵设备的研制为发酵工程提供了先进工具。例如，固定化反应器是利用细胞或酶的固定化技术来生产发酵产品，提高产率。英国科学家设计了一种“光生物反应器”培养水藻，通过光合作用将太阳能转化为生物燃料，其转化率比一般农作物和树木要高得多，可使光合作用达到最佳程度，并可以从释放的气体中回收氢能。

5. 大型化、连续化、自动化控制技术的应用

现代生物技术的成功与发展，取决于高效率、低能耗的生物反应过程，而它的高效率又取决于它的自动化。发酵设备正逐步向容积大型化、结构多样化、操作控制自动化的高效生物反应器方向发展，其目的在于节省能源、原材料和劳动力，降低发酵产品的生产成本。生物反应器大型化为世界各发达国家所重视。微生物发酵过程是一个非线性、时变性、大滞后、阶段性、多变量输入输出、强耦合的生化反应工程。发酵过程很简单，常规控制已不能满足其快速发展的需求。发酵过程的全方位自动化就是通过建立预报模型、监控与故障诊断模型，用于在线监视与优化控制，及时发现并消除异常状况，实现过程的高效、安全、稳定运行，最终达到提高产品质量一致性和企业经济效益的目的。

6. 生态型发酵工业的兴起开拓了发酵的新领域

随着近代发酵工业的发展，越来越多的过去靠化学合成的产品，现在已全部或部分借助发酵方法来完成。也就是说，发酵法正在逐渐代替化学工业的某些方法。有机化学合成方法与发酵生物合成方法关系更加密切，生物半合成或化学半合成方法已应用到许多产品的工业生产中。微生物酶催化生物合成和化学合成相结合，使发酵产物通过化学修饰及化学结构改造进一步为生产更多精细化工产品开拓了一个崭新的领域。

7. 发酵产品高效分离技术的开发

在发酵工业中为达到既高产又丰收的目的，必须具备高水平的发酵产物后处理技术和设备。寻求经济适用的分离纯化技术，已成为发酵工程领域的热点。分离纯化技术的研发有两个方向：一是结合其他学科的发展开发新的分离纯化技术；二是对现有的分离纯化技术进行重新研发，从其他角度对现有的分离纯化技术进行利用。目前国外在发酵工程后提取工艺上已大规模应用的新型分离纯化技术，如双水相萃取、新型电泳分离、大规模制备色谱、膜分离（微滤、超滤等）、连续结晶技术等。这些新型技术的开发与应用，减少了后提取工艺的操作费用，提高了后提取工艺的产品收率，大大降低了生产成本。如何将这些新型分离纯化技术有效地应用于发酵工业生产过程，如何提高现有产品的收率、降低产品的生产成本是今后研究的重要课题。另外，将发酵过程与产物的分离相偶联，解除发酵产物对菌体生长和代谢的抑制，既能提高发酵水平，又有利于产物的分离。

总之，现在菌种的选育不仅能利用现代化科技进行高效的常规选育，而且已经应用基因工程等最新生物技术将外来基因引入微生物细胞内，使微生物细胞按照人类的需要合成某些产品；发酵条件控制也在积极探索，按照微生物生理和代谢特性及产物的合成途径进行调控；在工程方面，不仅设计了多种类型的发酵设备，以满足各类微生物和各种产品的生产，同时随着电子计算机的应用，各种敏感的测试元件的出现，发酵工程工业已经广泛应用微机控制进行发酵生产；对发酵数学模型的研究，也将进一步促使发酵工程工业朝着模拟化、自动化、最优化方向发展。因此，发酵工程工业已经发展成为规模庞大的现代化工业，现在的发酵工程工业与过去相比，具有范围更广、技术更复杂、要求更高等特点。

第二章

菌种与种子扩大培养

菌种是微生物工业实现从原料到目的产物过程的关键，它直接决定着生产效率、产品成本和产品质量，可以认为菌种是微生物工业的生命。因此，对菌种的选育、改良、保藏和防止退化等是企业连续、稳定生产的前提，而对种子的方便、高效、无污染的扩大培养则是生产过程的必需环节，是规模化生产的基本保障。所以，微生物工程工艺首先强调在微生物学基础上掌握工业菌种的保藏、菌种退化的检测与防止以及菌种扩大培养等基本内容。

第一节　微生物工业用菌种

一、工业微生物的特点

一个现代化的发酵工业必须具有优良的菌种、合适的工艺和先进的设备、严格的检测与控制，其中菌种是主体，其他则是为了充分发挥菌种的优良性能而考虑和设计的。

能用于发酵生产的微生物即为工业微生物，它们具有个体小、种类多、繁殖快、分布广、代谢能力强、易变异改造等特点。

二、发酵工业对菌种的要求

微生物广泛分布于土壤、水和空气等自然界中，资源非常丰富。目前认为，人类研究的微生物不足总数的10%。从自然界中分离出来的菌株有的可直接利用，有的则需要进行人工诱变，得到的突变体才能被利用。育种新技术的更新，不断满足新产品和原料转换对新菌种的需求。

作为大规模生产的微生物工业用菌种，应尽可能满足下列要求：

(1) 菌种能在廉价原料制成的培养基上迅速生长和大量合成目的产物。

(2) 菌种能在要求不高、易控制的培养条件（糖浓度、温度、pH值、溶解氧、渗透压等）下迅速生长和发酵，以缩短发酵周期。在天气炎热地区应选择耐高温菌种。

(3) 根据代谢调控要求选择高产菌株，如营养缺陷型菌株或调节突变型菌株。

（4）菌种抗噬菌体能力强，以防止感染噬菌体而造成“倒罐”现象的发生。

（5）菌种遗传性状稳定，不易退化，可保证发酵生产和产品质量的稳定性。

（6）菌种在发酵过程中产生的气泡要少，提高装料系数，提高单罐产量，降低成本。

（7）菌种对需要添加的前体物质有耐受能力，并且不能将这些前体作为一般碳源利用。

（8）菌种不是病原菌，同时在系统发育上与病原菌无关，不产生任何有害的生物活性物质和毒素，以保证产品的安全。

三、工业生产常用的微生物菌种

微生物在食品、药品、水产、化工、纺织、石油、国防等工业上用途很广。目前，微生物代谢产物的开发应用越来越多，已大规模工业化生产的有上百种，仅酶制剂工业就有四五十种。可见，微生物工业开发应用的潜力巨大。现介绍工业上常用的微生物，如表 2-1 所示。

表 2-1　工业上常用的微生物

微生物类别	微生物名称	产物	用途
细菌	短杆菌	味精谷氨酸	食用、医药
	枯草杆菌	淀粉酶	酒精浓醪发酵、啤酒酿造、葡萄糖制造、糊精制造、糖浆制造、纺织品退浆、铜版纸加工、香料加工（除去淀粉）
	枯草杆菌	蛋白酶	皮革脱毛柔化、胶卷回收银、丝绸脱胶、酱油速酿、水解蛋白制造、饲料制造、明胶制造
	梭状杆菌	丙酮丁醇	工业有机溶剂
	巨大芽孢杆菌	葡萄糖异构酶	由葡萄糖制造果糖
	大肠杆菌	酰胺酶	制造新型青霉素
	短杆菌	肌苷酸	医药、食用
	节杆菌	强的松	医药
	蜡状芽孢杆菌	青霉素酶	青霉素的检定、抵抗青霉素敏感症
霉菌	土曲霉	亚甲基丁二酸	工业
	赤霉菌	赤霉素	农业（植物生长刺激素）
	梨头霉	甾体激素	医药
	青霉菌	青霉素	医药
	青霉菌	葡萄糖氧化酶	从蛋液中除去葡萄糖、脱氧、食品罐头储存、医药
	灰黄霉菌	灰黄霉素	医药
	木霉菌	纤维素酶	淀粉和食品加工、饲料
	黄曲霉菌	淀粉酶	医药、工业
	红曲霉	红曲霉糖化酶	葡萄糖制造、酒精厂糖化用
	黑曲霉	柠檬酸	工业、食用、医药
	黑曲霉	柚苷酶	柑橘罐头脱除苦味
	黑曲霉	酸性蛋白酶	啤酒防浊剂、消化剂、饲料
	黑曲霉	单宁酶	分解单宁、制造没食子酸、酶的精制
	黑曲霉	糖化酶	酒精发酵工业
	栖土曲霉	蛋白酶	皮革脱毛柔化、胶卷回收银、丝绸脱胶、酱油速酿、水解蛋白制造、饲料制造、明胶制造
	根霉	根霉糖化酶	葡萄糖制造、酒精厂糖化用
	根霉	甾体激素	医药

续表

微生物类别	微生物名称	产物	用途
酵母菌	酒精酵母	酒精	工业、医药
	酵母	甘油	医药、军工
	假丝酵母	石油及蛋白质	制造低凝固点石油及酵母菌体蛋白等
	假丝酵母	环烷酸	工业
	啤酒酵母	细胞色素	医药
	啤酒酵母	辅酶 A	医药
	啤酒酵母	酵母片	医药
	啤酒酵母	凝血质	医药
	类酵母	脂肪酶	医药、纺织脱蜡
	阿氏假囊酵母	核黄素	医药
放线菌	脆壁酵母	乳糖酶	食品工业
	各类放线菌	链霉素	医药
		氯霉素	医药
		土霉素	医药
		金霉素	医药
		红霉素	医药
		新生霉素	医药
		卡那霉素	医药
	小单孢菌	庆大霉素	医药
	灰色放线菌	蛋白酶	皮革脱毛柔化、胶卷回收银、丝绸脱胶、酱油速酿、水解蛋白制造、饲料制造、明胶制造
	球孢放线菌	甾体激素	医药

四、发酵工业菌种的选育

一般来说，工业微生物可以从以下几个途径获得：①向菌种保藏机构索取有关菌株，从中筛选所需菌株；②从自然界采集样品，从中进行分离筛选；③从一些发酵制品中分离目的菌株。

（1）自然选育　一般程序是将菌种制成菌悬液，用稀释法在固体平板上分离单菌落，再分别测定单菌落的生产能力，从中选出高水平菌种。

从自然界中分离筛选目的菌株的一般步骤如下：样本采集→标本材料的预处理→富集培养→菌种初筛→菌种复筛→性能鉴定→菌种保藏。

（2）诱变育种　诱变育种是采用物理、化学诱变因素使微生物 DNA 上的碱基发生改变，而排列错误的 DNA 模板形成异常的遗传信息，造成某些蛋白质结构变异，导致细胞功能的改变。

常用的诱变剂包括：物理诱变剂和化学诱变剂。

① 物理因素　常用辐射诱变，α 射线、β 射线、γ 射线、X 射线、紫外辐射以及微波辐射等物理因素诱发变异。

② 化学因素　烷化剂、核酸碱基类似物等。

（3）杂交育种　一般是指人为利用真核微生物的有性生殖或准性生殖，或原核微生物的接合、F 因子转导等过程，促使两个具有不同遗传性状的菌株发生基因重组，以获得性能优良的生产菌株。

（4）代谢调控育种　代谢调控育种主要包括改变代谢通路的育种、改变自我代谢调节系统的育种。

（5）原生质体融合技术　原生质体融合技术是通过人工方法，使遗传性状不同的两个细胞的原生质体发生融合，并产生重组子的过程，亦可称为“细胞融合”。原生质体融合技术已广泛运用于细菌、放线菌、霉菌和酵母的育种。

原生质体融合技术主要步骤包括：选择菌株、原生质体制备、原生质体融合、融合体再生、筛选优良性状的融合重组子。

（6）基因工程育种　某些物质本来在微生物体内是不能合成的，因为微生物缺少合成这些物质的基因，没有合成这些物质的酶。随着基因工程的发展，可由人工合成某种基因，或者由动物体内取出某种基因，经过加工剪接后再通过载体移入微生物体内，得到表达后，这种微生物就能合成该物质，例如人工胰岛素等，这类微生物被称为工程菌株。

基因工程育种主要是通过转化、转导、转染、杂交等手段有目的地增加、增强或取消、减弱某个或某些基因，从而得到需要的工程菌株。

五、生产菌种的保藏

微生物工业生产与纯种培养、菌种质量密切相关，而菌种质量又与菌种的制备和保藏直接相关，所以说菌种保藏是微生物工业生产的重要环节。菌种保藏的目的是保证菌种在长时间内尽可能保持原有菌株优良的生产性能，提高菌种的存活率，减少菌种的变异，以及不被杂菌污染以利于生产上长期使用。

菌种保藏的基本原理是根据菌种的生理、生化特点，创造条件使菌种的代谢活动处于不活泼状态。在长期保藏菌种的实践中人们采用了多种方法，以适应不同的微生物。虽然不同的菌种保藏方法各有优缺点，但其基本原则相同：选用优良纯种和创造一个最有利于菌种休眠的环境，即微生物生长繁殖和代谢受抑制且不易突变的环境。这种环境要求干燥、低温、缺氧、缺营养、有保护剂等。微生物工业菌种常用的保藏方法有：斜面低温保藏法、石蜡油封保藏法、砂土保藏法、硅胶保藏法、冷冻干燥法、液氮超低温冻结法等。菌种保藏的方法除了能长期保持菌种原有的优良性状，还应简便、经济，能广泛应用于工业生产。

菌种保藏注意事项：

（1）保藏的菌种要用良好的培养基，采用对数期种子；

（2）在保藏操作中，严格无菌操作，定期做无菌检查；

（3）要注意保藏菌种的制备质量；

（4）为了防止菌种退化，在保藏期间，要为菌种创造最适宜的保藏条件；

（5）严格控制接代次数；

（6）保藏菌种恢复培养时，要移接到保藏以前所用的统一培养基上进行培养，以维持优良性能的稳定性。

六、防止菌株衰退的措施

菌种退化是指整个菌体在多次接种传代过程中逐渐造成菌种发酵力（如糖 、氮的消耗）或繁殖力（如孢子的产生）下降或发酵产物得率降低的现象。对此，首先要鉴定是否由于染菌引起产量下降或菌种生长延缓，可直接进行镜检判断或采用划线分离来确定是染菌还是菌种退化；其次要判断是否由于培养条件引起暂时性变化，可通过培养几批菌种观察生长代谢情况来确定。

菌种退化的原因有两方面：一是菌种保藏不妥；二是菌种生长的要求没有得到满足。例如，遇到某些不利的条件，或失去某些需要的条件，或诱变型新菌株发生回复突变而丧失新的特性。如果发现菌株已经发生退化，产量下降，则要进行分离复壮。因为在菌种发生衰退的时候，并不是所有的菌体都衰退，其中未衰退的菌体往往是经过环境考验的、具有更强生命力的菌体。因此，采用单细胞菌株分离的措施，即用稀释平板法或平板划线法，以取得单细胞长成的菌落，再通过菌落和菌体的特征分析和性能测定，就可获得具有原来性状的菌株，甚至性状更好的菌株。

对于某些菌种，还可配合其他办法分离单细胞菌株，如芽孢杆菌，可先将菌液用沸水处理数分钟，再用平板进行分离，从所剩的孢子中挑选出最优的菌体来。如果遇到某些菌株，即使进行单细胞分离仍不能达到复壮的效果，则可改变培养条件，以达到复壮的目的。同时，通过实验选择一种有利于高产菌株而不利于低产菌株的培养条件，能够得到产量较高的菌株。如果将单菌落分离和一定的培养条件相结合进行复壮，则更为有效。因此产生退化现象的原因多为基因突变，所以使用诱变剂处理，对退化类型的菌株具有杀伤力，经诱变剂处理后再进行单菌落分离，就可得到复壮的菌株。同样道理，其他不具诱变作用的物理和化学因素也可用于复壮处理，但需针对具体菌种进行具体分析，以选择最佳的复壮方法。

第二节　种子扩大培养

一、种子扩大培养的目的与要求

现代发酵工业的生产规模越来越大，每只发酵罐的容积有几十立方米甚至几百立方米。若按 5%～10%的接种量计算，就要接入几立方米到几十立方米的种子，这单靠试管里的种子直接接入是不可能达到必需的数量和质量的，必须从试管中的微生物菌种逐级扩大为生产使用的种子。菌种的扩大培养就是把保藏的菌种，即砂土管、冷冻干燥管中处于休眠状态的生产菌种接入试管斜面活化，再经过锥形瓶和种子罐，逐级扩大培养后达到一定的数量和质量的纯种培养过程。这些纯种的培养物称为种子。菌种种类不同，生产产品品种不同，其扩大培养的生产方法和生产条件均有所差别，如营养、温度、酸碱度等条件。因此，菌种扩大培养的目的就是为每次发酵罐的投料提供相当数量的、代谢旺盛的种子。种子扩大培养要根据菌种的生理特性，选择合适的培养条件来获得代谢旺盛和数量足够的种子。这种种子接入发酵罐后，会使发酵生产周期缩短，设备利用率提高，对杂菌的抵抗能力增加，对发酵生产起到了关键性的作用。对于不同产品的发酵过程来说，必须根据菌种生长繁殖速度的快慢决定种子扩大培养的级数。

二、种子扩大培养的制备流程

工业化生产中，种子制备的过程实际上就是种子逐步扩大培养的过程。种子的扩大培养是成功进行发酵生产的关键。对于不同的菌种，扩大培养的要求和工艺都不一样。为生产低成本、高质量的产品，需要根据工业化生产需求制订科学的扩大培养工艺，采用科学的手段对扩大培养的整个过程进行监测和控制。

种子制备包含两个阶段：实验室种子制备阶段和生产车间种子制备阶段，如图 2-1 所示。

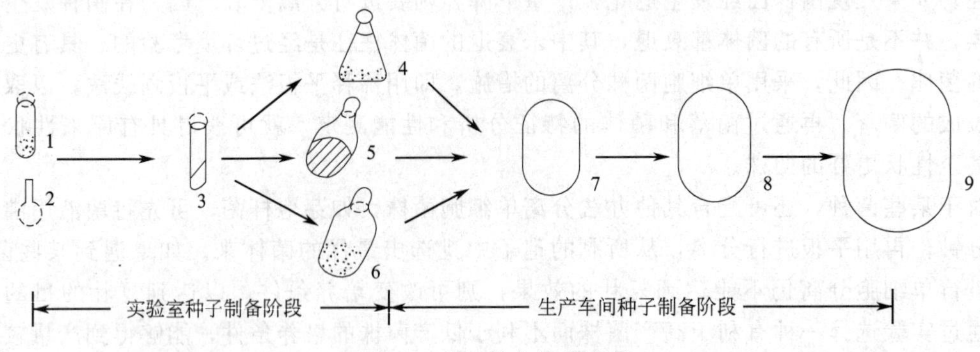

图 2-1　种子扩大培养流程

1—砂土种子；2—冷冻干燥种子；3—斜面种子；4—摇瓶液体种子；5—茄子瓶斜面种子；6—固体培养基培养；7，8—种子罐培养；9—发酵罐培养

(一) 实验室种子制备阶段

实验室种子制备一般采用孢子的制备和液体种子制备两种方式。对那些产孢子能力强、孢子发芽生长繁殖快的菌种，可以采取在固体培养基上培养的方法，孢子可直接接入种子罐，从而简化了操作，减少了操作步骤，同时也减少了染菌的机会。

1. 孢子的制备

(1) 细菌孢子的制备　细菌的斜面培养基多采用碳源限量而氮源丰富的配方。培养温度一般为 37℃，培养时间一般为 1～2d，产芽孢的细菌培养则需要 5～10d。

(2) 霉菌孢子的制备　霉菌孢子的培养一般以大米、小米、玉米、麸皮、麦粒等天然农产品为培养基。培养温度一般为 25～28℃，培养时间一般为 4～14d。例如生产青霉素的产黄青霉菌，采用大米或小米作为固体培养基，取一定量装入 250mL 茄子瓶中进行灭菌，米粒含水量一定要控制好，米粒不能黏也不能散，灭菌冷却后接入孢子悬浮液，在 25～28℃培养 4～14d。培养期间，还要经常翻动，保持通气均匀。培养结束后，接入种子罐，或以真空抽去水分至 10%以下，于 4℃冰箱中保存备用。

(3) 放线菌孢子的制备　放线菌孢子的培养一般采用琼脂斜面培养基，培养基中含有一些适合产孢子的营养成分，如麸皮、豌豆浸汁、蛋白胨和一些无机盐等。培养温度一般为 28℃，培养时间为 5～14d。

2. 液体种子制备

(1) 好氧培养　对于产孢子能力不强或孢子发芽慢的菌种，可以用液体培养法，如产链霉素的灰色链霉菌、产卡那霉素的卡那链霉菌都采用摇瓶液体培养法。孢子接入含液体培养基的摇瓶中，在摇床上恒温振荡培养，生长出的菌丝体作为种子。其过程为：试管→锥形瓶→摇床→种子罐。

不产孢子的细菌，如生产谷氨酸的棒状杆菌属、短杆菌属，以 32℃培养 18～24h 的斜面移入 250mL 茄子瓶斜面培养基上，或在摇瓶培养基上，于 32℃培养 12h 后可接入种子罐。

(2) 厌氧培养　对于酵母菌（生产啤酒、葡萄酒等），其种子的制备过程为：试管→锥形瓶→卡氏罐→种子罐。

例如，生产啤酒的酵母菌一般保存在麦芽汁琼脂培养基斜面上，4℃冰箱保藏。3～4 个月移种一次，再接种至10mL麦芽汁试管中，25～27℃保温培养2～3d后，移至含250mL麦芽汁的500mL锥形瓶或含500mL麦芽汁的1000mL锥形瓶中。25℃培养2d，再移至含5～10L麦芽汁的卡氏罐中，15～20℃培养3～5d，再接入发酵罐，因是好氧性菌（菌体增殖期间），所以要通气。

具体流程如下：

斜面 ⟶ 10mL试管 $\xrightarrow[2\sim3d]{25\sim27℃}$ 500～1000mL锥形瓶（250～500mL麦芽汁） $\xrightarrow[2d]{25℃}$ 含5～10L麦芽汁的卡氏罐 $\xrightarrow[3\sim5d]{15\sim20℃}$ 发酵罐

（二）生产车间种子制备阶段

种子罐扩大培养，一般在生产现场操作。

实验室制备的孢子斜面或摇瓶种子移接到种子罐进行扩大培养。种子罐培养一方面使菌种获得足够的数量，另一方面种子罐中的培养基更接近发酵罐培养的醪液成分和培养条件，譬如通无菌空气、搅拌等，使菌体适应发酵环境。种子罐的接种方法一般根据菌种种类而异。孢子悬浮液一般用微孔接种法接种，摇瓶悬浮液种子可在火焰保护下接入种子罐，也可以用差压法接入。种子罐之间或种子罐与发酵罐之间的移种，主要用差压法，通过种子接种管道进行移种，移种过程中要防止接收罐表压降为零，因为无压会引起染菌。

1. 种子罐的作用

种子罐的作用主要是使孢子发芽，生长繁殖成菌（丝）体，接入发酵罐能迅速生长，达到一定的菌体量，以利于产物的合成。

2. 种子罐级数的确定

种子罐的级数是指制备种子需逐级扩大培养的次数，这要根据菌种生长的特性、孢子发芽速度和菌体繁殖速度，以及发酵罐的容积而定。为保证种子细胞变异少、衰老细胞所占比例较小，制备种子逐级扩大培养的次数是有严格限定的。对于生长快的细胞，种子用量的比例小，即需要的接种量少，所以相应的种子罐也少。如谷氨酸生产中，茄子瓶斜面或摇瓶种子接入种子罐于32℃培养7～10h，菌体浓度达到10^8～10^9个/mL，即可作为种子接入发酵罐，这称为一级种子罐扩大培养，也可叫作二级发酵。生长较慢的菌种，如青霉素生产菌，其孢子悬浮液接入一级种子罐于27℃培养40h，此时孢子发芽，长出短菌丝，再移至含有新鲜培养基的二级种子罐于27℃培养10～24h，菌丝迅速繁殖，获得粗壮菌体，此菌丝可移至发酵罐作为种子，这称为二级种子罐扩大培养，也可称为三级发酵。一般50m^3发酵罐都采取三级发酵。如果是实验室的中试（5～30L），可以直接将孢子或菌体接入罐中发酵，即一级发酵。

为了更有效地实现发酵菌体质和量的积累，种子罐级数越少，越有利于简化工艺，便于控制，而且可以减少多次移种可能发生的染菌机会。当然，也要考虑尽可能地延长菌体在发酵罐中生产产物的时间，缩短种子增殖的非生产时间，提高发酵罐的生产率［产物/(mL·h)］。此外，种子罐的级数也可通过改善工艺条件，改变种子培养条件，加速菌体的增殖而改变。

3. 确定种子罐级数需要注意的问题

（1）种子罐的级数愈少，愈有利于简化工艺，便于控制。

（2）种子罐级数太少，接种量少，发酵时间延长，降低发酵罐的生产率，增加染菌机会。

（3）种子罐的级数由产物的品种及生产规模而定，也随着工艺条件的改变做适当的调整。例如，改变种子罐的培养条件、加速孢子的发育或改进孢子瓶的培养工艺后可大大增加孢子数量等，在此基础上均有可能使三级发酵简化为二级发酵 。

三、影响种子质量的主要因素

菌种扩大培养的关键就是搞好种子罐的扩大培养，影响种子罐培养的主要因素包括营养条件、培养条件、染菌的控制、种子罐的级数和接种量控制等。种子罐培养除了根据菌种特性或生产条件恰当选择外，还应为菌种的生长创造一个最合理的培养条件。

1. 培养基

培养基是微生物获得生存的营养来源，对微生物生长繁殖、酶的活性与产量都有直接的影响。不同微生物对营养的要求不一样，但它们所需的基本营养大体上是一致的，其中以碳源、氮源、无机盐、生长素和金属离子等最重要。不同类型的微生物所需要的培养基成分与浓度配比并不完全相同，必须按照实际情况加以选择。提高产量是选择培养基的一个重要标准，但同时还应当要求培养基组成简单、来源丰富、价格便宜、取材方便等。一般来说，种子罐是培养菌体的，培养基的糖分要少，而对微生物生长起主导作用的氮源要多，且其中无机氮源所占的比例要大些。种子罐和发酵罐的培养基成分相同，使处于对数生长期的菌种移植在适宜的环境中发酵，可以大大缩短其生长延滞期。其原因是执行代谢活动的酶系已经形成，可立即实施代谢功能，不需花费时间另建适宜新环境的酶系。因此，种子罐和发酵罐的培养基成分趋于一致较好，但各成分的数量（即原料配比）需根据不同的培养目的各自确定。任何生产所用培养基都没有一个可完全确定的配比，对于某一菌种和具体设备条件来说，最适宜的配比应进行多因素的优选，通过对比试验来确定。如果菌种的特性或设备条件（如罐型、搅拌的形式和转速等）变化较大，则培养基的配比应通过试验相应地变更。只有培养基各成分的关系选得比较恰当，才能最大限度地发挥菌种的特性，提高产量。

2. 接种龄和接种量

接种龄和接种量是种子制备过程中重要的控制指标。

接种龄是指种子罐中培养的菌体从开始移入下一级种子罐或发酵罐时的培养时间。在种子罐中，随着培养时间的延长，菌体量增加，基质消耗和代谢产物积累，菌体量不再增加，逐渐老化。因此，选择适当的接种龄是一个至关重要的因素。接种龄一般以菌体处于生长旺盛期，且培养液中菌体量还未达到最高峰时，即对数生长期最合适。如果种子过于年幼，接入发酵罐后，会出现前期生长缓慢，整个发酵周期拉长，产物开始形成的时间推迟，而过老的种子也会出现生产能力下降而使菌体自溶的现象。对于不同菌种、不同产品品种、不同工艺条件，其接种龄也不相同，具体的生产，接种龄要进行多次试验，从发酵产品产量的多少，即产率大小来确定最适接种龄。

接种量指的是移入的种子悬浮液体积和接种后培养液体积的比例。抗生素的工业生产，大多数发酵的最适接种量为7%～15%或更多。啤酒生产发酵的接种量为5%～10%，谷氨酸发酵接种量仅为1%。接种量大小取决于生产菌的生长繁殖速度。大接种量可以缩短发酵罐中菌体数达到高峰的时间，可以提早形成产物。这是因为种子液中含有胞外水解酶类，种子量大，酶量也多，有利于对基质的作用和利用，同时菌体量多，占有绝对生长优势，可以相对减少杂菌污染的机会。但接种量太大，也会造成菌体生长过速，溶解氧跟不上，从而影响产物的合成。

3. 温度

温度对微生物的影响，不仅表现在对菌体表面的作用，而且因热平衡的关系，热传递至菌体内，对菌体内部所有的物质都有作用。由于生物体的生命活动可以看作是相互连续进行的酶反应，任何化学反应又都和温度有关，通常在生物学范围内每升高10℃，生长速度就加快1倍，所以温度直接影响酶反应，进而影响着生物体的生命活动。对于微生物来说，温度直接影响其生长和合成酶活性。任何微生物的生长都需要有适宜的生长温度，在此温度范围内，微生物生长、繁殖最快。大多数微生物的最适生长温度在25～37℃范围内，细菌的最适生长温度大多比霉菌高些。如果所培养的微生物能承受稍高一些的温度进行生长、繁殖，可减少污染杂菌的机会，减少夏季培养所需降温的辅助设备，对工业生产有很大的好处。

温度和微生物生长的关系：一方面在其最适温度范围内，生长速度随温度升高而加快；另一方面，不同生长阶段的微生物对温度的反应不同。处于缓慢期的细菌对于温度的影响十分敏感，将其置于最适生长温度附近，可以缩短其生长的缓慢期；将其置于较低的温度，则会延长其缓慢期。孢子萌发的时间在一定温度范围内也随温度的上升而缩短。处于对数生长期的细菌，如果在略低于最适温度的条件下培养，即使在发酵过程中升温，其升温的破坏作用也显得较弱，因而在最适生长温度范围内，组成菌体的蛋白质很少变性，所以在最适温度范围内适当提高对数生长期的培养温度，既有利于菌体的生长，又能避免热作用的破坏。处于生长后期的细菌，一般来说其生长速度主要取决于溶解氧而不是温度，因此在培养后期可适当提高通气量。此外，不管微生物处于哪个生长阶段，每种微生物都有自己的最高生长温度和最低生长温度。为了使种子罐培养温度控制在一定的范围，生产上常在种子罐上安装热交换设备，如夹套、排管或蛇管等进行温度调节，冬季进风时还需加热。

4. pH值

培养基的氢离子浓度对微生物的生命活动有显著影响。各种微生物都有自己生长与合成酶的最适pH值。同一菌种合成酶的类型与酶系组成可随pH值的改变而产生不同程度的变化。例如，黑曲霉合成柚苷酶时，培养基在pH 6.0以上的环境中，果胶酶活性受到抑制，pH值改变到6.0以下就形成果胶酶，且酶系组成由pH值决定。泡盛酒曲霉突变株在pH 6.0条件下培养时以产生α-淀粉酶为主，糖化型淀粉酶与麦芽糖酶产生极少，在pH 2.4条件下培养，转向糖化型淀粉酶与麦芽糖酶的合成，α-淀粉酶受到抑制。

由此可见，培养基的pH值与微生物生命活动和酶系组成关系十分密切。培养基pH值在发酵过程中能被菌体代谢所改变，阴离子（如醋酸根、磷酸根）被吸收或氮源被利用后NH_3的产生，使pH值上升；阳离子（如NH_4^+、K^+）被吸收或有机酸的积累，使pH值下降。一般来说，高碳源培养基倾向于向酸性pH值转移，高氮源培养基倾向于向碱性pH值转移，这都跟碳氮比直接相关。因此，培养基必须保持适当的pH值，而调节pH值的方法有三种，即使用酸碱溶液、缓冲液以及各种生理缓冲剂（如生理酸性与生理碱性的盐类）。

5. 通气与搅拌

好氧菌或兼性需氧菌的生长与合成酶都需要供给氧气。不同微生物要求的通气量不同，即使是同一菌种，在不同生理时期对通气量的要求也不相同。因此，在控制通气条件时，必须考虑到既能满足菌种生长与合成酶的不同要求，又要节省电耗，以提高经济效益。通气可以供给大量的氧，而搅拌则能使通气的效果更好，并且搅拌有利于热交换，使培养液的温度较一致，有利于营养物质和代谢物质的分散。此外，选用挡板可使搅拌效果更好。通气量与菌种、培养基的性质以及培养阶段有关。在培养阶段的各个时期究竟如何选择通气量，要根据菌种的特性、罐的结构、培养基的性质等许多因素，通过试验确定。通气量的多少，最好按氧溶解的多少决定。只有氧溶解的速度大于菌体的吸氧速度时，菌体才能正常地生长和合成酶，否则氧的溶解比消耗少，氧的浓度降低，降到某一浓度（称溶解氧的临界点）时，菌体生长就减慢。因此，随着菌体繁殖、呼吸增强，必须按菌体的吸氧量加大通气量，以增加溶解氧的量。一般来说，培养罐深、搅拌转速大、通气管开孔面积小或数量多，气泡在培养液内停留时间就长，氧的溶解速度也就大，且在这些因素确定的条件下，培养基的黏度越小，氧的溶解速度也越大。因此，根据罐的结构考虑培养液的黏度，增加一定的通气量，可以达到菌体所需的溶解氧，满足菌体呼吸的需要。

搅拌可以提高通气效果，促进微生物的繁殖，但是剧烈搅拌会导致培养液大量涌泡，液膜表层的酶容易氧化变性，损伤微生物细胞，同时泡沫过多将增加杂菌污染的机会。

6. 泡沫

菌种培养过程中产生的泡沫与微生物的生长和合成酶有关。泡沫的持久存在影响微生物对氧的吸收，妨碍二氧化碳的排除，因而破坏其生理代谢的正常进行，不利于发酵。此外，由于泡沫大量地产生，致使培养液的容量一般只是种子罐容量的一半左右，大大影响设备的利用率，甚至发生跑料现象，导致染菌，使损失更大。

在菌种培养过程中产生泡沫的原因是很多的。通气、机械搅拌使液体分散和空气窜入形成气泡，培养基中某些成分的变化或微生物的代谢活动产生气泡，培养基中某些成分（如蛋白质及其他胶体物质）的分子在气泡表面排列形成坚固的薄膜，不易破裂，聚成泡沫层。

对菌种培养过程的消泡措施的研究，主要偏重于化学消泡和机械消泡，并取得了一定的进展。微生物工业目前使用的消泡剂，有各种天然的动植物油以及来自石油化工生产的矿物油、改性油、表面活性剂等，这类消泡剂往往因培养液的 pH 值、温度、成分、离子浓度以及表面性质的改变，在消泡能力上呈现很大的差别，在培养液内残留量也高，给净化处理造成不同程度的困难。而新型的有机硅聚合物如硅油、聚硅氧烷树脂等，则具有效率高、用量省、无毒性、无代谢性，同时兼有提高微生物合成酶活性等多种优良特性，是一类有发展前途的消泡剂。泡沫的控制除了添加消泡剂外，改进培养基成分也是相辅相成的一个重要方面。例如，在培养基配料中增加磷酸盐已在某些场合收到实效，可使消泡剂添加量大幅降低。

7. 染菌的控制

染菌是微生物发酵生产的大敌，一旦发现染菌，应及时进行处理，以免造成更大的损失。如果不是设备本身结构存在“死角”，染菌的原因归纳起来主要包括设备、管道、阀门漏损，灭菌不彻底，空气净化不好，无菌操作不严或菌种不纯等。因此，要控制染菌继续发展，必须及时找出染菌的原因，采取措施，杜绝染菌事故再现。菌种发生染菌会使各个发酵罐都染菌。因此，必须加强接种室的消毒管理工作，定期检查消毒效果，严格无菌操作技术。如果新菌种不纯，则需反复分离，直至完全纯粹为止。对于已出现杂菌菌落或噬菌体噬斑的试管斜面菌种，应予以废弃。在平时应经常分离试管菌种，以防菌种衰退、变异和污染杂菌。对于菌种扩大培养的工艺条件要严格控制，对种子质量更要严格掌握，必要时可将种子罐冷却，取样做纯菌试验，确认种子无杂菌存在，才能向发酵培养基中接种。

四、种子质量的控制措施

种子质量的优劣是通过它在发酵罐中所表示的生产率来体现的。因此必须保证生产菌种的稳定性，在种子培养期间保证提供适宜的环境条件，保证无杂菌侵入，从而获得优良的种子。因此，在生产过程中通常进行以下两项检查。

1. 菌种稳定性的检查

生产中所用的菌种必须保持稳定的生产能力，不能有变异种。尽管变异的可能性很小，但不能完全排除这一危险。所以，定期检查和挑选稳定菌株是必不可少的一项工作。方法是：将保藏菌株溶于无菌的生理盐水中，逐级稀释，然后在培养皿琼脂固体培养基上划线培养，长出菌落，选择形态优良的菌落接入锥形瓶进行液体摇瓶培养，检测出生产率高的菌种备用。这一分离方法适用于所有的保藏菌种，并且一年左右必须做一次。

2. 杂菌检查

在种子制备过程中，每移种一次都需要进行杂菌检查。一般的方法是：显微镜观察或平板培养试验（即将种子液涂在平板培养皿上划线培养，观察有无异常菌落，定时检查，防止漏检）。此外，也可对种子液的生化特性进行分析，如取样测其营养消耗速度，pH 变化，溶解氧利用情况，色泽、气味是否异常等。

由于菌种在种子罐中的培养时间较短，使种子的质量不容易控制，因此可分析的参数不多。一般在培养过程中要定期取样，测定其中的部分参数来观察基质的代谢变化以及菌体形态是否正常。例如酒精酵母的种子罐，一般定时测酸度变化、还原糖含量、耗糖率且进行镜检等，镜检内容包括测酵母细胞数、酵母出芽率、酵母形态（整齐、大小均匀、椭圆形或圆形）、是否有杂菌等。酶活力来判断种子的质量是一种新的判断，如土霉素发酵中，种子液的淀粉酶活力与发酵单位有一定关系，种子液淀粉能力强（淀粉酶活力高），则接入发酵罐后土霉素发酵单位也高，反之则低。因此，在选用种子时，用测定种子液中淀粉酶的活力来判断种子质量的方法是可行的。

五、种子质量标准

发酵工业上常见的微生物有细菌、酵母菌、霉菌和放线菌等类群。种子质量的最终指标是考察其在发酵罐中所表现出来的生产能力，种子质量的评价通常从细胞或菌体的形态、生化指标、产物生成量、酶活力这几个方面进行。

1. 细胞或菌体形态

主要考察菌丝形态、菌丝浓度和培养液外观（色素、颗粒等）。对于细菌、酵母菌等单细胞生物来说，要求菌体健壮、菌形一致、均匀整齐，有的还要求有一定的排列或形态；对于霉菌、放线菌，要求菌丝粗壮、对某些染料着色力强、生长旺盛、菌丝分支情况和内含物情况好。

2. 生化指标

生化指标包括种子液的糖、氮、磷的含量和 pH 值变化。

3. 产物生成量

在抗生素发酵中，产物生成量是考察种子质量的重要指标，因为种子液中产物生成量的多少间接反映种子的生产能力和成熟程度。

4. 酶活力

种子液中某种酶的活力，与目的产物的产量有一定的关联。

第三章

发酵培养基的制备与灭菌

培养基是人工配制的适合于不同微生物生长繁殖或积累代谢产物的营养基质。根据微生物对营养物质的需求，培养基包括碳源、氮源、无机盐、生长因子和水分。此外，根据微生物的要求，营养物质要配比恰当，有一定的酸碱度和渗透压，有时还要加入前体物质。在大规模生产时，发酵原料用量很大，如何选择合适的发酵原料对发酵生产和企业利润有很大的影响。目前，常用的发酵工业原料主要是淀粉质原料和糖蜜原料，发酵原料应该价廉易得，还应有利于下游工程的分离提取工作。

第一节　发酵工业原料

一、发酵工业原料选择的依据

发酵原料的营养成分对微生物的生长、繁殖及代谢的影响极大。微生物生长、繁殖以及代谢的要求不同，其发酵原料成分和含量的要求也存在差异。因此，原料的种类很多，但无论哪种原料，都应满足微生物生长、繁殖和代谢方面所需要的各种营养物质，如碳源、氮源、无机盐、生长因子和水。从工艺角度来看，凡是能被生物细胞利用并转化成所需的代谢产物或菌体的物料，都可作为发酵工业生产的原料。例如选择淀粉质原料生产酒精时，从工艺的角度着眼，任何含有可发酵性糖或可变为发酵性糖的原料，都可作为酒精生产的原料。

对于工业上大规模投入生产的原料，除了要提出工艺上的要求外，还要提出生产管理和经济上的要求，因此，在选择工业上大规模生产酒精的原料时，应考虑下列条件：

（1）因地制宜，就地取材，原料产地离工厂要近，便于运输，节省费用。

（2）营养物质的组成比较丰富，浓度恰当，能满足菌种发育和生长繁殖成大量有生理功能菌丝体的需要，更重要的是能显示出产物合成的潜力。

（3）原料资源要丰富，容易收集。由于酒精生产需要大量原料，要保证一定的库存量。

(4) 原料要容易贮藏　应考虑到新鲜原料内含水量多，不耐久藏，最好选择经干燥后含水极少的干原料，易于保藏，不易腐烂。

(5) 在一定条件下，所采用的各种成分（生产上常称为原材料）彼此之间不能发生化学反应，理化性质相对稳定。

(6) 生产过程中，既不影响通气与搅拌的效果，又不影响产物的分离精制和废物处理。

(7) 对人类的身体无损害，影响发酵过程的杂质含量应当极少，或者几乎不含。

(8) 原料价格低廉，可降低产品成本。

此外，还应当考虑大力节约粮食原料，尽量少用或不用粮食原料，充分利用当地的非粮食原料，广泛利用野生植物原料，同时利用农林副产物和植物纤维原料，以及亚硫酸盐纸浆废液等，这对于节约粮食原料有着重要意义。

二、培养基的营养成分

工业微生物绝大部分都是异养型微生物，它需要糖类、蛋白质和前体等物质提供能量。

(一) 基本营养源

基本营养源主要为微生物提供生长相应的营养条件，包括碳源、氮源、无机盐、生长因子和水分等。

1. 碳源

凡是能为微生物的生长和代谢提供碳来源的物质统称为碳源。因为微生物细胞的原生质体（细胞内碳架结构）以及几乎所有的代谢产物都是含有碳的有机物质，碳源是微生物细胞壁、荚膜和细胞贮藏物质的主要构成成分，且绝大多数微生物的碳源可以兼作能源。因此，碳源主要用来供给菌种生命活动所需的能量和构成菌体细胞以及代谢产物的物质基础。

常用的碳源物质有葡萄糖、蔗糖、甘蔗糖蜜、甜菜糖蜜及纤维素等。

(1) 纯糖原料　葡萄糖是碳源中最易利用的糖，它是由淀粉加工制备的，其产品有固体粉状葡萄糖和葡萄糖浆（含有少量的双糖）。几乎所有微生物都能利用葡萄糖，所以葡萄糖常作为培养基的一种主要成分，广泛运用于抗生素、氨基酸、有机酸、多糖、黄原胶等发酵生产中。但是过多的葡萄糖会过分加速菌体的呼吸，以致培养基中的溶解氧不能满足需要，使一些中间产物不能完全氧化而积累在菌体或培养基中（如丙酮酸、乳酸、乙酸等），导致pH值下降，影响某些酶的活性，从而抑制微生物的生长和产物的合成。

工业发酵中使用的蔗糖和乳糖既有纯制产品，又有含此两种糖的糖蜜和乳清，麦芽糖多用于制糖浆。它们主要用于抗生素、氨基酸、有机酸、酶类的发酵。

(2) 淀粉质原料　淀粉为白色无定形的结晶粉末，存在于各种植物组织中。在显微镜下观察，发现淀粉有圆形、椭圆形和多角形三种形状。淀粉的分子单位是葡萄糖，由许多葡萄糖脱水缩聚而成，其分子式可用 $(C_6H_{10}O_5)_n$ 表示。淀粉一般有直链淀粉和支链淀粉两种。直链淀粉由不分支的葡萄糖链构成，葡萄糖分子间以 α-1,4-糖苷键聚合而成，聚合度一般为100～6000。支链淀粉的直链由葡萄糖分子以 α-1,4-糖苷键相连接，而支链与直链葡萄糖分子以 α-1,6-糖苷键相连接，它的分子呈树枝状，形成分支结构。支链淀粉分子较大，聚合度为 1×10^3～3×10^6，一般在6000以上。

发酵生产的淀粉质原料，一般可分成几类，见表3-1。

表 3-1 淀粉质原料种类

种类	内容	种类	内容
薯类	甘薯、马铃薯、木薯、山药等	野生植物	橡子仁、葛根、土茯苓、蕨根、石蒜、金刚头、香附子等
粮谷类	高粱、玉米、大米、谷子、大麦、小麦、燕麦、黍和稷等	农产品加工副产物	米糠、米糠饼、麸皮、高粱糠、淀粉渣等

(3) 糖蜜原料　糖蜜是甘蔗或甜菜糖厂的一种副产物，又称橘水。糖蜜含糖量很高，这些糖分就目前制糖工业技术水平已不能或不宜用结晶方法进行回收。糖蜜是一种非结晶糖分，因其本身就含有相当数量的可发酵性糖，无须糖化。因此，糖蜜是微生物工业大规模发酵生产酒精、甘油、丙酮、丁醇、柠檬酸、谷氨酸、食用酵母及液态饲料等的良好原料。

糖蜜可分为甘蔗糖蜜和甜菜糖蜜。甘蔗糖蜜是以甘蔗为原料的糖厂的一种副产物。我国南方各省位于亚热带，气候温和，适于种植甘蔗，如广东、广西、福建、四川和台湾等地均盛产甘蔗，甘蔗糖蜜的产量为原料甘蔗的 2.5%～3%。甘蔗糖蜜中含有 30%～36%的蔗糖与 20%的转化糖。甜菜的种植以东北、西北、华北等地区为主，甜菜糖蜜为甜菜糖厂的一种副产物，它的产量为甜菜的 3%～4%。糖蜜中干物质的浓度很大，在 80～90°Bx，含 50%以上糖分、5%～12%的胶体物质以及 10%～12%的灰分，如果不进行预处理，则微生物无法生长和发酵，故糖蜜发酵前的处理非常重要。

(4) 纤维素原料　发酵工业是用粮最多的产业部门，每生产 1t 酒精，耗粮 3t 左右，每生产 1t 有机酸，耗粮 3～8t，抗生素、酶制剂等用粮量尤其大，全世界微生物工业消耗的粮食原料数量是十分惊人的。随着微生物工业的日益发展，面临着原料供应不足的问题，人们迫切需要开辟新的原料途径，如利用纤维素、石油等。虽然石油代粮发酵研究已取得大量可转化为生产的成果，但是由于石油储量和开采量的限制，特别是石油消耗加速而导致石油价格持续攀升，严重阻碍了石油代粮发酵的产业化步伐。因此，人们不得不重新寻找新的代粮发酵原料。

目前，纤维素成为最现实可行的天然资源。因为它是自然界最丰富的可再生资源，每年通过光合作用合成 1×10^{12}t 以上，这是世界粮食产量的几百倍。所以，开发纤维素代粮发酵的前景广阔，特别是 20 世纪 80 年代后，随着各国对环境问题的关注而更倾向于开发利用能够生物降解、环境协调良好且取之不尽、用之不竭的天然原料——纤维素。

纤维素是一种复杂的、天然的高分子多糖化合物，分子结构与淀粉相似，是由 D-吡喃葡萄糖环经 β-1,4-糖苷键组成的直链多糖，来源于棉花、木材、麻类、草类、某些海洋生物的外壳及各种农产品，其基本的结构单位是纤维二糖。纤维素的分子量可达几十万，甚至几百万，水解纤维素可得到葡萄糖。

木质纤维素的主要来源是农作物秸秆，是世界上最丰富的物质之一，全世界每年秸秆产量约为 29 亿吨。木质纤维素除纤维素外，还包括半纤维素和木质素。半纤维素是一大类结构不同的多聚糖的统称；木质素是一种高分子芳香族化合物，不能水解成糖，但可用作燃料。

酶解成本较高是纤维素代粮发酵的主要障碍，美国已投入上千万美元进行降低纤维素酶解成本的研究，一旦纤维素酶解成本降低到可经济生产，开发利用纤维素就进入产业化的实质阶段。由于酶解后的单糖非常容易被多种生物利用，所以可进行多种发酵产品的开发应用。

(5) 其他碳源　乙醇、甘露醇和甘油可作为微生物的碳源和能源。除乙酸已用作微生物的培养基外，其他有机酸比糖类较难被微生物吸收，作为碳源的效果不如糖类。脂类物质更难被微生物作为碳源利用，但并不是不能利用，低浓度的高级脂肪酸还可刺激某些细菌的生长。少数自养型微生物以 CO_2 或碳酸盐作为唯一或主要的碳源，因为这两者为碳的最高氧化形式，必须经过预还原才能转化为细胞有机物质的碳架，这个过程需要能量。大多数需要有机碳源的微生物（指异氧型）也需要 CO_2，因为有些生物合成反应（如丙酮酸的羧化和脂肪酸的合成）需要 CO_2，只是需要量较少而已。虽然这些生物合成反应所需的 CO_2 可以从有机碳源和能源的代谢中获取，但如果完全排除 CO_2，往往会推迟或阻止微生物在有机培养基中的生长。少数细菌和真菌需要环境中含有较多的 CO_2（5%～10%）才能在有机培养基中生长。

2. 氮源

凡是能为微生物的生长和代谢提供氮来源的物质统称为氮源，氮是组成微生物细胞的第二大要素。氮源主要用来构成菌体细胞物质和代谢产物，即蛋白质及氨基酸之类的含氮代谢物。一般来说，一个细菌细胞中氮元素的含量约占细胞干重的12%。

发酵工业生产中的氮源有以下几种：

无机氮源：氨水、硫酸铵、尿素、硝酸钠、硝酸铵、磷酸氢二铵等。无机氮源的利用速度一般比有机氮源快，因此无机氮源又被称作速效氮源。

有机氮源：利用缓慢，包括蛋白胨、牛肉膏、花生饼粉、黄豆饼粉、棉籽饼粉、玉米浆、酵母粉、麸皮水解液、鱼粉、蚕蛹粉、发酵菌丝体和酒糟等。工业上常用的有机氮源及含氮量见表3-2。

表3-2　工业上常用的有机氮源及含氮量

氮源	含氮量/%	氮源	含氮量/%
大麦	1.5～2.0	花生粉	8.0
甜菜糖蜜	1.5～2.0	燕麦粉	1.5～2.0
蔗糖糖蜜	1.5～2.0	大豆粉	8.0
玉米浆	4.5	乳清粉	4.5

（1）玉米浆　是一种用亚硫酸浸泡玉米而得的浸泡水浓缩物，含丰富的氨基酸、核酸、维生素、无机盐等，它的平均化学组成见表3-3。

表3-3　玉米浆的平均化学组成　　单位：%

水分	氨基氮	还原糖	总糖	溶解磷	总酸	铁	总灰分
43	3.9～4.0	1.9～2.32	3.6～3.7	1.25～1.52	10～11	0.05～0.5	20

（2）黄豆饼粉　水分11%，总氮11.2%，类脂物0.6%，总糖30%，灰分6.5%。

（3）麸皮水解液　可以代替玉米浆，但蛋白质、氨基酸等营养成分比玉米浆少。

（4）尿素　菌体必须含脲酶方可使用。

（5）氨水　是一种无机氮源，目前常在生产中使用高浓度液氨，因分解，容易带来pH波动的问题。

天然原料中的有机氮源由于产地不同，加工方法不同，其质量不稳定，常引起发酵水平波动。因此，在选择有机氮源时要注意品种、产地、加工方法、贮藏条件对发酵的影响。凡能利用无机氮源的微生物，一般也能利用有机氮源，但有些微生物在只含无机氮源的培养基中不能繁殖，因为它们没有将无机氮化合物转化为有机氮化合物的能力。在发酵工业上，常常需要注意氮源与菌体生长和代谢产物合成的相关性。

3. 无机盐

无机盐类是微生物生命活动所不可缺少的物质，其主要功能是构成菌体的成分，作为酶的组成部分或维持酶的活性，调节渗透压、pH 值、氧化还原电位等。无机盐类中的元素可分为主要元素和微量元素两大类，主要元素有 P、S、Mg、K、Ca 等，微量元素有 Fe、Cu、Zn、Mn 等。在制备培养基时，通常加入 K_2HPO_4（或 KH_2PO_4）、$MgSO_4$ 就可满足制备条件，但是菌种不同，需要的各种无机盐类和微量元素的浓度也不同，必须根据具体情况予以控制。

4. 生长因子

生长因子一般指微生物生长所不可缺少的，能调节微生物的代谢活动，不能从一般的碳源和氮源物质合成，必须另外添加的微量有机物，一般指 B 族维生素，也有氨基酸、嘌呤和嘧啶。

在微生物的科研和生产中，酵母膏、玉米浆、肝脏浸出液等，通常被作为生长因子的来源物质。事实上，许多作为碳源和氮源的天然成分，如麦芽汁、牛肉膏、麸皮、米糠、土豆汁等本身就含有极为丰富的生长因子，一般在这类培养基中，无须再另外添加生长因子。

5. 水分

水既是微生物细胞的重要组成成分，占细胞总量的 80%～90%，又是微生物体内和体外的溶剂，营养物质只有溶解于水才能被细胞吸收；同时，一定量的水分是维持细胞渗透压的必要条件，代谢产物也只有通过水才能排出菌体外。由于水的比热容高，因此水又是热的良导体，能够有效调节细胞的温度。

（二）前体、促进剂和抑制剂

发酵培养基中某些成分的加入有助于调节产物的形成，并不促进微生物的生长，这些添加的物质包括前体、抑制剂和促进剂（包括诱导剂、生长因子）等。

1. 前体

前体指某些化合物加入到发酵培养基中，能直接被微生物在生物合成过程中结合到产物分子上，而其自身的结构并没有多大变化，但是产物的产量却因加入前体而有较大的提高。前体最早是从青霉素的生产中发现的，在青霉素生产中，人们发现加入玉米浆后，青霉素产量可大大提高，进一步研究后发现发酵单位增长的主要原因是玉米浆中含有苯乙胺，它被优先结合到青霉素分子中去，从而提高了青霉素的产量。

2. 促进剂和抑制剂

促进剂和抑制剂是指通过促进或抑制某一反应的发生来调节微生物的代谢，使生化反应集中在目标产物的形成上，从而提高产品的产量和质量的物质，前者称为促进剂，后者称为抑制剂。例如加巴比妥盐能使利福霉素的发酵单位增加等。

在发酵过程中除了要加入上述物质外，有时还要加入消泡剂、表面活性剂等物质，以提高发酵罐的装料量和使产物析出。

三、常用发酵原料的化学组成

发酵原料所含的化学成分，不仅关系着生产率的高低，同时也影响生产的工艺过程。常用原料中主要的化学成分见表 3-4～表 3-6。

表 3-4 薯类干原料的组成 单位：%

原料名称	水分	糖类	粗蛋白	粗脂肪	粗纤维	粗灰分
甘薯干	12.9	76.7	6.1	0.5	1.4	2.4
马铃薯干	12.0	74.0	7.4	0.4	2.3	3.9
木薯干	15.28	77.33	4.0	—	—	3.39

表 3-5　某些谷物原料的组分　　单位：%

种类	水分	糖类	粗蛋白	粗脂肪	粗纤维	粗灰分
燕麦	10.3	67.7	16.6	3.5	—	1.9
黑麦	13.6	77.7	6.6	1.2	—	0.9
大米	14.0	75.2	7.7	0.4	2.2	0.5
小米	10.9	76.2	9.7	1.7	0.1	1.4
大麦	11.9	66.3	10.5	2.2	6.5	2.6
小麦	12.9	71.9	10.4	2.2	1.2	1.4

表 3-6　几种野生植物的淀粉含量与淀粉利用率　　单位：%

种类	淀粉含量	淀粉利用率	曾使用过的地区
橡子	46～52	65.27	河南南阳
土茯苓	55.76	67.96	广东广州
蕨根	24	74.13	四川广元
菱角	—	76.00	浙江温州
枇杷核	27.19	75.10	上海

1. 糖类

原料中所含的淀粉，或与淀粉类似的菊糖、蔗糖、麦芽糖、果糖及葡萄糖等，都可以发酵生成产品，同时也是霉菌和酵母的营养及能源，原料中含这些物质越多，生成的酒精也就越多，所以它和产量有着密切的关系。糖类中的五碳糖多存在于原料的皮层，如麸皮、高粱糠、谷糠、花生壳等，它不但影响淀粉含量，发酵中也易生成有害的糠醛。纤维素虽属于糖类，但不被淀粉水解，只起填充作用，对于发酵没有直接影响。

2. 蛋白质

原料含有的蛋白质，在发酵生产过程中，经蛋白酶水解后，可作为微生物生长繁殖的重要营养成分，而微生物细胞中，30%～50%（干重）是蛋白质。一般来说，当培养基内氮的含量适当，则微生物生长旺盛，酶的含量也较高。有些原料所含蛋白质有时不能满足微生物生长和繁殖的要求，则应从外界加入氮源。氮源一般包括有机氮源和无机氮源两种，根据不同情况，添加不同种类的氮源。

3. 脂肪

脂肪对发酵有影响，如高粱糠、米糠等含油脂多，则产酸较快，产酸幅度也较大。一些发酵工厂如采用玉米作为原料，需要把玉米胚芽除去。

4. 灰分

灰分中的磷、硫、镁、钾、钙等是构成菌体细胞和辅酶的重要成分。另外，灰分还有调节培养基渗透压的作用，是微生物生长不可缺少的。在一般原料中，灰分的含量通常足够。

四、培养基的类型

在微生物发酵工业中，培养基是决定发酵生产效率的关键因素之一，培养基的成分和配比合适与否对生长菌的生长繁殖、代谢产物的发酵提取工艺及最终产品的产量和质量都产生相当大的影响。良好的培养基能充分发挥生产菌种的生物合成能力，与有效的培养条件相配合就可达到最大的生产效率。因此，在发酵工业中，培养基的组成是决定生产成本的关键因素，合理配比对发酵生产具有重要意义。

1. 根据营养物质的不同来源

（1）天然培养基　是用各种植物和动物组织或微生物的浸出物、水解液等物质（如牛肉膏、酵母膏、麦芽汁、米曲汁、蛋白胨等）以及天然的含有丰富营养的有机物质（如马铃薯、玉米粉、麸皮、花生饼粉等）制成的培养基。天然培养基在发酵工业中普遍使用，优点是配制方便、经济、营养丰富，适合于微生物生长。但是，它的化学成分不清楚或不稳定（受产地、品种、保存加工方法等因素影响）。

（2）合成培养基　使用成分完全了解的化学药品配制而成的培养基称为合成培养基。合成培养基的特点是化学成分明确、稳定，重复性好，但价格较贵，培养的微生物生长较慢。合成培养基适用于实验室进行微生物生理、遗传育种及高产菌种性能的研究；在生产某些疫苗过程中，为防止异性蛋白等杂质混入，也经常使用。培养放线菌的高氏一号培养基和培养真菌的察氏培养基都属于合成培养基。

（3）半合成培养基　以天然的有机物作为碳源、氮源及生长因子的来源，并适当加入一些化学药品以补充无机盐成分，使其更能充分满足微生物对营养的需求。例如，培养真菌用的马铃薯蔗糖培养基等。此类培养基的特点是配制方便、成本低、微生物生长良好、应用很广，大多数微生物都能在此类培养基上生长。发酵生产和实验室中应用的大多数培养基都属于半合成培养基。

2. 根据培养基的用途

（1）基础培养基　基础培养基又称最低限度培养基，指能满足某菌种的野生型（原养型）菌株最低营养要求的合成培养基。不同微生物的基础培养基不相同，有的极为简单，如大肠杆菌的基本培养基；有的极为复杂，如一些乳酸菌、酵母菌或梭菌的基本培养基。基本培养基有时也需要添加生长因子等。

若在基础培养基中加入富含氨基酸、维生素、碱基等生长因子的营养物质，如蛋白胨、酵母膏等，就可满足各种营养缺陷型菌株的生长需求，这种培养基称为完全培养基。若在基础培养基中只是针对性地加入一种或几种营养成分，以满足相应的营养缺陷型菌株生长，那么，这种培养基称为补充培养基。

（2）增殖培养基　增殖培养基又名富集培养基。富集培养基是在普通培养基中加入血液、动（植）物组织液或其他营养物（或生长因子）的一类营养丰富的培养基。它主要用于培养某种或某类营养要求苛刻的异养型微生物，或者用来选择性培养（分离、筛选、富集）某种微生物。增殖培养基具有助长某种微生物的生长，抑制其他微生物生长的功能。广义上讲，保藏培养基和鉴别培养基也属于富集培养基。

（3）鉴别培养基　在培养基中添加某种或某些化学试剂后，某种微生物生长过程中产生的特殊代谢产物会与加入的这些化学试剂反应，依靠指示剂的显色反应，借以鉴别不同种类的微生物。这种培养基称为鉴别培养基。

例如：检测饮用水、乳品中是否含肠道致病菌的伊红-美蓝乳糖培养基，即 EMB（eosin methylene blue）培养基。其成分是：蛋白胨 10g，乳糖 10g，K_2HPO_4 2g，2%伊红 20mL，0.325%美蓝 20mL，蒸馏水 1000mL，pH 7.2。

其中的伊红和美蓝两种苯胺染料可以抑制革兰氏阳性菌和一些难培养的革兰氏阴性菌。试样中的多种肠道菌会在 EMB 培养基上产生相互易区分的特征菌落，因而易于辨认。尤其是大肠杆菌，因其强烈分解乳糖而产生大量混合酸，使菌体带 H^+，很容易染上酸性染料伊红，伊红又与美蓝结合，其复合物为黑色，所以，大肠杆菌的菌落呈紫黑色并带金属光泽，其菌落较小。产气杆菌产生少量酸，菌落呈棕色；变形杆菌不能发酵乳糖，菌落无色、透明。

（4）选择培养基　根据某种或某类微生物的特殊营养要求，或对某些物理、化学条件的抗性而设计的培养基，称为选择培养基。利用这种培养基可以把某种或某类微生物从混杂的微生物群体中分离出来。常用抑菌剂或杀菌剂（如染色剂、抗生素等）来抑制不需要的菌的生长，而促进某种需要的菌的生长。

3. 根据培养基的物理形状

（1）液体培养基　各营养成分按一定比例配制而成的水溶液或液体状态的培养基称为液体培养基。工业上绝大多数发酵都采用液体培养基。实验室中微生物的生理、代谢研究和获取大量菌体也常利用液体培养基。

（2）固体培养基　在液体培养基中加入一定量的凝固剂（如琼脂、明胶等）配制而成的固体状态的培养基。固体培养基在科学研究和生产实践中具有很多用途，例如它可用于菌种分离、鉴定、菌落计数、检测杂菌、选种、育种、菌种保藏、抗生素等生物活性物质的效价测定及获取孢子等。在发酵工业常用固体培养基进行固体发酵。

琼脂是最好的凝固剂。它是从海藻中提取的多糖类物质，主要由琼脂糖和琼脂胶两种多糖组成。除极少数菌外，大多数微生物无法降解琼脂。琼脂在45℃固化，约100℃才熔化，灭菌过程中不会被破坏，并且价格低廉。培养基中加0.5%琼脂可以获得半固体培养基，加入1.5%～2.0%琼脂即获得固体培养基，加8%琼脂则获得硬固体培养基。

明胶也是一种凝固剂。它是由动物的皮、骨、韧带等煮熬而成的一种蛋白质，含有多种氨基酸，可作为许多微生物的氮源。明胶在20℃凝固，28～35℃熔化，所以，只能在20～25℃温度范围作凝固剂使用，适用面很窄，但可用于特殊检验。

硅胶是硅酸钠（Na_2SiO_3）和硅酸钾（K_2SiO_3）与盐酸和硫酸中和反应时凝结成的胶体。因为它属于完全的无机物质，在研究分离自养菌时用作培养基的凝固剂。硅胶一旦凝固后，就无法再熔化。

（3）半固体培养基　半固体培养基是指琼脂加入量为0.2%～0.5%而配制的固体状态的培养基。半固体培养基有许多特殊的用途，如可以通过穿刺培养观察细菌的运动能力，进行厌氧菌的培养及菌种保藏等。

4. 根据培养基在发酵生产中的应用

（1）繁殖和保藏培养基　主要用于微生物细胞生长、繁殖和保藏，大部分情况下是斜面培养基，包括细菌、酵母菌等的斜面培养基以及霉菌、放线菌产孢子培养基或麸曲培养基等。此类培养基的特点是：①富含有机氮源，少含碳源；②所用无机盐的浓度要适量；③pH值和湿度要适中。

（2）种子培养基　种子培养基是适合微生物菌体生长的培养基，目的是为下一步发酵提供数量较多、强壮而整齐的种子细胞。种子培养基的一般要求：①氮源、维生素丰富，氮源含量高些，总浓度稀薄；②少量碳源，若糖分过多，菌体代谢活动旺盛，产生有机酸，使pH值下降，菌种容易衰老；③种子培养基成分应与发酵培养基的主要成分相近，以缩短发酵阶段的适应期（延滞期）。谷氨酸发酵不同培养基的组成，见表3-7。

表3-7　谷氨酸发酵不同培养基组成

培养基成分	种子培养基	发酵培养基	培养基成分	种子培养基	发酵培养基
淀粉水解糖/%	2.5	12.5	$MgSO_4$/%	0.04	0.06
玉米浆/%	2.5～3.5	0.5～0.8	尿素/%	0.4	3
K_2HPO_4/%	0.15	0.15	Fe^{2+}、Mn^{2+}/(mg/L)	各2	各2

（3）发酵培养基　用于生产预定发酵产物的培养基。因此必须根据产物合成的特点来设

计培养基。一般的发酵产物以碳为主要元素，所以，发酵培养基中的碳源含量往往高于种子培养基。若产物的含氮量高，应增加氮源。在大规模生产时，原料应该价廉易得，还应有利于下游的分离提取工作。

第二节　发酵工业培养基的设计

一、发酵培养基设计的目的

不同微生物对培养基的需求是不同的，不同的发酵生产所需要的原料也不同。工业生产上选用的培养基，必须根据生产菌的营养特性和生产工艺的要求来进行选择。一个合适的培养基，应该能够充分满足生产菌生长、代谢的需求，能达到高产、高质、低成本的目的，其选择的一般原则如下：

（1）能够满足生产菌的生长、代谢的需要　各种生产菌对营养物质的要求不尽相同，有共性，也有各自的特性，且每种生产菌对营养物质的要求在生长、繁殖阶段与产物代谢阶段有可能不同。实际生产中，应根据生产菌的营养特性、生产目的来考虑培养基的组成。

（2）目的代谢产物的产量最高　氨基酸发酵生产上，生产菌的氨基酸代谢量与培养基组成有较大关系。在满足生产菌的生长、代谢需求的前提下，应选择能够大量积累代谢产物的培养基，以达到产量最高的目的。

（3）产物得率最高　产物得率高低与生产菌株的性能、培养基的组成以及发酵条件有关，对于某一菌株在某种发酵条件下，培养基的选择十分重要。底物能够最大限度地转化为代谢产物，有利于降低培养基成本。

（4）生长菌生长及代谢迅速　保证微生物在所选的培养基上生长、代谢迅速，能够在较短时间内达到发酵工艺要求的菌体浓度，并能在较短时间内大量积累代谢产物，可有效地缩短发酵周期，提高设备的周转率，提高产能。

（5）减少代谢副产物生成　培养基选择适当，有利于减少代谢副产物的生成。代谢副产物生成量最小，可最大限度地避免培养基营养成分的浪费，并使发酵液中代谢产物的纯度相对提高，对产物的提取操作和产品的纯度有利，同时可降低发酵成本和提取成本。

（6）廉价并具有稳定的质量　选择价格低廉的培养基原料，有利于降低发酵生产的培养基成本。同时，也应要求培养基原料的质量稳定。因为工业规模发酵生产中，培养基原料质量的稳定性是影响生产技术指标稳定性的重大因素之一。特别是对于一些营养缺陷型菌株，培养基原料的组分、含量直接影响到菌体的生长，若原料质量经常波动，则发酵条件较难确定。

（7）来源广泛且供应充足　培养基原料一般采用来源广泛的物质，并且根据工厂所在的地理位置，选择当地或者附近地域资源丰富的原料，最好是一年四季都有供应的原料。一方面，可保证生产原料的正常供应，另一方面可降低采购、运输成本。

（8）有利于发酵过程的溶解氧及搅拌　氨基酸发酵是好氧发酵，主要采用液体深层培养方式，在发酵过程中需要不断通气和搅拌，以供给微生物生长、代谢所需的溶解氧。培养基的黏度等直接影响到氧在培养基中的传递以及微生物细胞对氧的利用，从而会影响发酵产率。因此，选择培养基还应考虑这方面的因素。

（9）有利于产物的提取及纯化　培养基杂质过多或存在某些对产物提取具有干扰的成分，不利于提取操作，使提取步骤复杂，导致提取率低、提取成本高、产物纯度低等。因此，选择发酵培养基时，也要考虑发酵后是否有利于产物的提取。

（10）废物的综合利用性强，且处理容易　提取产物后的废液是否可以综合利用，废液综合利用的程度直接影响到环境的保护。考虑到环保因素，选择适合的培养基，使提取废液的综合利用变得容易，不但可以减轻废物处理的负荷，降低废物处理的运行费用，而且副产品可以产生经济效益，对降低整个生产成本十分有益。

二、发酵培养基设计的基本原则

1. 根据生产菌株的营养特性配制培养基

首先要了解生产菌株的生理生化特性和对营养的需求，还要考虑产物的合成途径和产物的化学性质等方面，设计一种既有利于菌体生长又有利于代谢产物合成的培养基。

2. 营养成分的配比恰当

无论是菌体生长还是代谢产物形成，营养物质之间都应有合适的配比。浓度太低，则不能满足微生物生长的需要，浓度太高，又会抑制微生物的生长。一般情况下，用于培养菌体的种子培养基营养成分应丰富，尤其是氮源含量宜高，即 C/N 值低。相反，用于积累大量生产代谢产物的发酵培养基，它的氮源一般应比种子培养基稍低，即 C/N 值高。当然，若发酵产物是含氮化合物时，有时还应该提高培养基的氮源含量。

在设计培养基时，还应特别考虑到代谢产物是初级代谢产物，还是次级代谢产物。若是次级代谢产物，还要考虑是否加入特殊元素（如维生素 B_{12} 中的 Co）或特定的前体物质（如生产青霉素时，应加入苯乙酸或苯乙酰胺等前体物质）。

在设计培养基尤其是大规模发酵生产用的培养基时，还应重视培养基中各种成分的来源和价格，应该优先选择来源广泛、价格低廉的培养基，提倡“以粗代精”“以废代好”。因此，应针对不同菌株、不同时期的营养需求对培养基的营养物质进行配比。

3. 渗透压

对生产菌株来说，培养基中任何营养物质都有一个适合的浓度。从提高发酵罐单位容积的产量来说，应尽可能提高底物浓度，但底物浓度太高，会造成培养基的渗透压太大，从而抑制微生物的生长，反而对产物代谢不利。例如，在谷氨酸发酵中，葡萄糖浓度超过 200g/L 时，菌体生长明显缓慢。但营养物质浓度太低，有可能不能满足菌体生长、代谢的需求，发酵设备的利用效率不高。为了避免培养基初始渗透压过高，又要获得发酵单位容积内的高产量，目前倾向于采用补料发酵工艺，即培养基底物的初始浓度适中，然后在发酵过程中通过流加高浓度营养物质进行补充。

在设计营养物配比时，还应该考虑避免培养基中各成分之间的相互作用。如蛋白胨、酵母膏中含有磷酸盐时，会与培养基中的钙离子或镁离子在加热时发生沉淀反应。在高温下，还原糖与蛋白质或氨基酸也会相互作用，产生褐色物质。

4. 适宜的 pH 值

各生产菌株都有其生长最适 pH 值和产物合成最适 pH 值，为了满足微生物的生长和代谢的需要，培养基配制和发酵过程中应及时调节 pH 值，使之处于最适 pH 值范围。这是因为微生物在生长代谢过程中营养物质的利用和代谢产物的形成往往会改变环境中的 pH 值。例如，培养基中的蛋白质或氨基酸经发酵后，会产生氨，从而有升高培养基 pH 值的趋势。

培养基的灭菌过程也会引起培养基的pH值发生变化。高温处理过程中，一些大分子发生分解，造成pH值下降。部分微生物生长的最适pH值，见表3-8。

表3-8 部分微生物生长的最适pH值

微生物种类	最适pH值	微生物种类	最适pH值
放线菌	7.5～8.5	霉菌	4.0～5.8
细菌	6.5～7.5	酵母菌	3.8～6.0

三、发酵培养基设计的方法

培养基的组成必须满足菌体细胞生长繁殖和产物合成代谢的元素需求，要提供维持细胞生命活动和产物合成代谢所需要的能量。在设计各种培养基（种子培养基、发酵培养基）时，要充分考虑细胞的元素组成状况。在实验分析某些细菌细胞的元素组成与培养基中一些元素浓度的相关性时发现，培养基中某些元素如P、K等是超量的，某些元素Zn、Cu等接近最大需求量，P浓度的变化使许多培养液缓冲能力发生变化。细菌、酵母菌和霉菌细胞的元素组成（干重）见表3-9。

表3-9 细菌、酵母菌和霉菌细胞的元素组成（干重） 单位：%

元素	细菌	酵母菌	霉菌	元素	细菌	酵母菌	霉菌
C	50～53	45～50	40～43	K	1～4.5	1～4	0.2～2.5
H	7	7	—	Na	0.5～1	0.01～0.1	0.02～0.5
N	12～15	7.5～11	7～10	Ca	0.01～1.10	0.1～0.3	0.1～1.4
P	2～3	0.8～2.6	0.4～4.5	Mg	0.10～0.50	0.10～0.5	0.10～0.5
S	0.2～1	0.01～0.24	0.1～0.5	Fe	0.02～0.2	0.01～0.5	0.01～0.2

对于微生物生长后期能合成某种或某些代谢产物的发酵来说，设计的培养基不仅要考虑细胞组成所需要的元素，而且还要认真分析组成代谢产物的元素种类和数量，同时分析何种营养物质与代谢产物合成有内在联系。一般来说，设计的培养基应具备这样的效果：菌体对数生长期开始时，有生理功能的菌体迅速生长繁殖，对数生长期末能迅速转入代谢产物合成的生产期，并使产物合成速率保持一适宜的线性关系，此种线性关系能维持相当长时间，可获得最大的产物合成量。

确定一种适合于工业生产的孢子培养基、种子培养基、发酵培养基、补料培养基等，仅仅按照微生物细胞营养元素理论值的条件还不能进行培养基的设计，因为微生物的品系不同，其生理特异性差异较大，产物的合成代谢途径比较复杂，所以还必须对微生物种类、生理特性、一般营养需求、产物的组成和生物合成途径、产品的质量要求等进行深入分析。同时，也要考虑所采用的发酵设备和培养条件、原材料的来源等。上述工作完成后才能进行基础培养基组成的设计。设计的基础培养基组成要经过一定时间的摇瓶实验考察，根据菌种的生长动力学、产物合成动力学以及两者的内在联系及其与环境条件的关系，进一步修改其组成，使之适合菌体生长和产物合成的要求。

培养基的基本组成确认后，还要进一步考察所选用的原材料的配比关系，发酵培养基的各种原材料浓度配比恰当，既利于菌体的生长，又能充分发挥菌体合成代谢产物的潜力。如果各种营养物质配比失调，就会影响发酵水平。其中碳源与氮源的比例影响最为显著，碳氮比偏小，能导致菌体的旺盛生长而造成菌体提前衰老自溶，影响产物的积累；碳氮比过大，菌体繁殖数量少，不利于产物的积累；碳氮比合适，而碳源、氮源浓度过高，仍能导致菌体的大量繁殖，增大发酵液黏度，影响溶解氧浓度，容易引起菌体的代谢异样，影响产物合成；碳氮比合适，但碳源、氮源浓度过低，会影响菌体的繁殖，同样不利于产物的积累。因此，发酵培养基中的碳氮比是一个重要的控制指标。另外，生理酸性物质和生理碱性物质的用量也要适当，否则会引起发酵过程中发酵液的 pH 值大幅度波动，影响菌体生长和产物合成。无机盐的浓度不合适也会影响菌体生长和产物合成。

四、发酵培养基的优化

目前还不能完全从生化反应的基本原理来推断和计算某一菌种的培养基配方，只能用生物化学、细胞生物学、微生物学等的基本理论，参照前人所使用的较适合某一类菌种的经验配方，再结合所用菌种和产品的特性，采用摇瓶、玻璃罐等小型发酵设备，按照一定的实验设计和实验方法筛选出较为合适的培养基。在筛选培养基中使用的原材料种类和浓度配比时，经常采用的方法有单因子实验法、正交实验设计、均匀设计和响应面分析等等。

一般培养基设计要经过以下几个步骤：

① 根据前人的经验和培养要求，初步确定可能的培养基组分用量。

② 通过单因子实验最终确定最为适合的培养基组分。

③ 当确定培养基成分后，再以统计学方法确定各成分最适合的浓度。

1. 单因子实验

单因子实验是传统的有效方法，适用于培养基组成和单一营养成分的选择。在确认培养基基本组成之后，逐个改变某一种营养成分的品种或浓度进行实验，分析比较实验所得的菌种生长情况、碳氮代谢规律、pH 值变化情况、产物合成速率等结果，从中确定应采用的原材料品种或配比浓度。单因子实验法在考察较少因素影响时经常被采用，此法消耗大量的人力、物力和时间，其实验结果的准确性不同。

2. 正交实验设计

正交实验设计是根据正交性准则来选择有代表性的实验点，这些实验点具备“均匀分散，整齐可比”的特点，有效地解决了实验因素较多而产生的多因素完全实施方案过大的矛盾，具体实验实施时采用规格化的正交表来安排多因素实验，并对实验结果进行统计分析，找出最优实验方案，广泛应用于科学研究和工农业生产中。采用正交实验设计可以达到省时、省力、省钱的效果，同时又能保证得到基本满意的实验结果。

3. 均匀设计

均匀设计和正交实验设计相比，只考虑实验点在实验范围内“均匀分散”，而不要求“整齐可比”，也是通过一套精心设计的均匀设计表来进行实验设计。均匀设计实验结果的统计分析一般采用非线性的二次响应曲面回归分析，可考察各因素的重要程度和因素间的交互作用。如果符合线性回归条件，也可采用多重线性回归分析。回归分析，不但可以筛选自变量，还可以根据回归方程找出“最佳组合”，但要注意回归方程的不可外延性。

4. 响应面分析

(1) Plackett-Burman (PB) 实验设计法是主要针对因子数较多，且未确定众因子相对于响应变量的显著性而采用的实验设计方法，可以分清实验因素对指标影响的大小，找出主要因素，抓住主要矛盾。用此方法可以使实验次数减少，而影响因素的主要效果得到尽可能准确的估计，能从众多的考察因素中尽快而有效地筛选出最为重要的几个因素，以便后面进一步研究。

(2) 根据 Plackett-Burman (PB) 实验设计找出显著因素后，安排最陡爬坡试验，要先逼近最佳区域后再建立有效的响应面拟合方程。最陡爬坡法试验值变化的梯度方向为爬坡方向，根据各因素效应值的大小确定变化步长，能快速、经济地逼近最佳区域。可以了解实验因素与实验指标影响的规律性，即每个因素的水平改变时，指标是怎样变化的。

(3) Box-Benhnken Design (BBD) 法是利用合理的实验设计并通过实验得到一定数据，采用多元二次方程来拟合因素和响应面值之间的函数关系，通过对回归方程的分析来寻求最优提取条件，解决多变量问题的一种统计学方法。与其他方法相比，BBD 实验减少了实验次数，周期短，得到的回归方程精确度高，又能研究好几个因素之间的交互作用，是解决生产过程中实际问题的一种有效办法。

第三节　发酵工业原料的预处理

发酵工厂在进行生产之前，必须将使用的原料（如大麦、大米、玉米、地瓜干等）中混杂的小铁钉、杂草、泥块和石头等杂质除去，保证后续工序生产的正常和顺利进行，同时还需对原料进行粉碎等适当加工。常用的除杂方法有筛选、风选和磁力除铁三种。为保证生产环境的清洁，必须采用适当的输送方式将原料从仓库运送至配料罐或反应器，所采用的运输方式通常为机械输送、气流输送。气流输送又分为压力输送、真空输送、压力真空输送三种。常用的输送机械为带式输送机、斗式提升机和螺旋输送机。

一、发酵工业原料的除杂

1. 筛选和风选

气流-筛式分离机主要用于谷物原料除杂。凡是厚度和宽度或空气动力学性质（悬浮速度）与所用谷物不同的杂质，都可用气流-筛式分离机将其分离。

2. 磁力除铁

金属杂质通常用磁力除铁器进行分离，磁力除铁器分永久性磁力除铁器和电磁除铁器两种。

(1) 永久性磁力除铁器　永久性磁力除铁器通常安装在原料输送槽的底部，原料顺槽输送，其中的铁质杂质流动到永久性磁铁处被除铁器吸住。定期人工清除被吸住的铁质杂质。永久性磁力除铁器具有结构简单、使用维护简便和不耗电能等优点，但磁力较弱，磁性会退化。

(2) 电磁除铁器　电磁除铁器是具有固定不变磁场的除铁器，要比永久性磁力除铁器更为完善。这种除铁器由圆柱形鼓和内部的电磁铁组成。圆柱形鼓用非磁性材料制成，内部的电磁铁则产生磁场。电磁铁磁力稳定，性能可靠，但必须保证一定的电流强度，且结构复杂。圆柱形鼓以一定的速度按顺时针方向旋转。原料落在鼓上，厚度不应超过 5mm，在磁力的作用下，磁性杂质被吸附在转鼓的表面。当转鼓转 180°以后，磁场消失，磁性杂质从鼓表面坠落下来。

二、发酵工业原料的运输

（一）机械输送

为了使物料能混合搅拌和输送，固体输送主要是采用机械输送。发酵厂内固体输送大多采用带式输送机、斗式提升机、螺旋输送机。如果在绞龙上加盖铁板，则在密闭系统内进行物料输送，对粉状物料而言，可以防止运转时粉尘的飞扬。

带式输送机是一种广泛应用的连续输送机械，如图 3-1 所示，可用于输送块状和粒状物流，如谷物、地瓜干、煤块等，也可用于整件物料的输送，如麻袋包、瓶箱等。输送的方向可根据输送物料的情况进行角度的调整，然后进行水平或倾斜方向的输送。

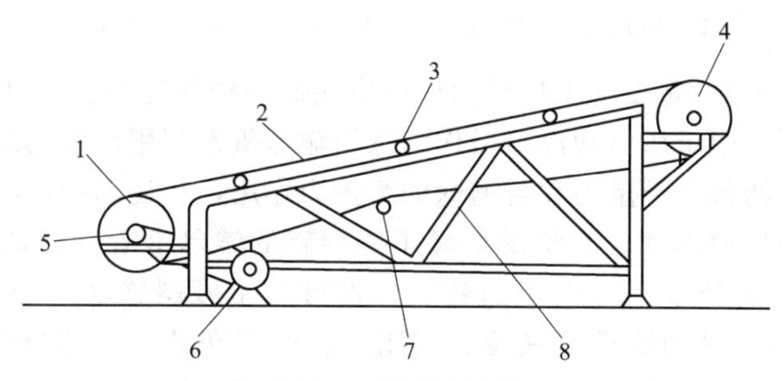

图 3-1 带式输送机

1—主动轮；2—输送带；3—托辊；4—磁选轮；5—链轮；6—电机；7—调节轮；8—支架

带式输送机的工作原理是利用一根封闭的环形带，由鼓轮带动运行，物料放在上面，靠摩擦力随带前进，到达带的另一端（或规定位置）靠自重（或卸料器）卸下。带式输送机的优点是结构比较简单、工作可靠、输送能力大、动力消耗低、适应性广。其缺点是造价较高，若改向输送，需多台机器联合使用。

斗式提升机是一种垂直输送（也可倾斜输送）散装物料的连续输送机械，如图 3-2 所示。它用胶带或链条作牵引件，将一个个料斗固定在牵引件上，牵引件由上下转毂张紧并带动运行。物料从提升机下部加入料斗内，提升至顶部时，料斗绕过转毂，物料便从斗内卸出，从而达到将低处物料提升至高处的目的。这种机械的运行部件安装在机壳内，防止灰尘飞出，在适当的位置装有观察孔。

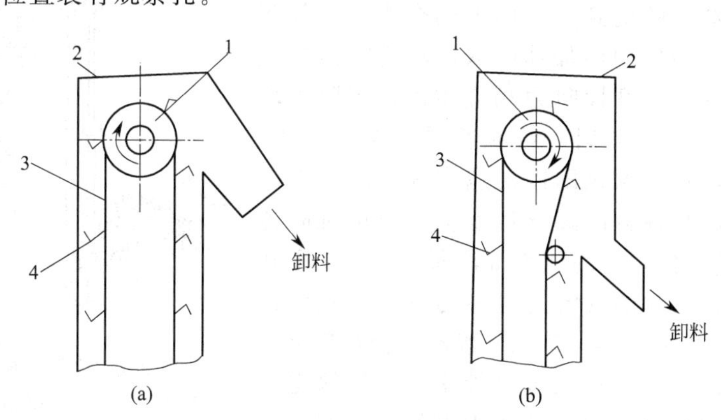

图 3-2 斗式提升机

（a）离心式卸料法；（b）重力式卸料法

1—主动轮；2—机壳；3—带；4—料斗

根据物料性质的不同，可分别选取离心式卸料法和重力式卸料法。离心式卸料法用于提升速度较快的场合，当料斗运行至转毂处，斗内物料便受到离心力的作用。若离心力大于重力，物料就向料斗的外壁运动，从而实现离心式卸料。重力式卸料就是料斗绕过转毂至完全翻转时，物料靠自重卸出，重力式卸料适用于黏度较大或较重而不易甩出的物料。

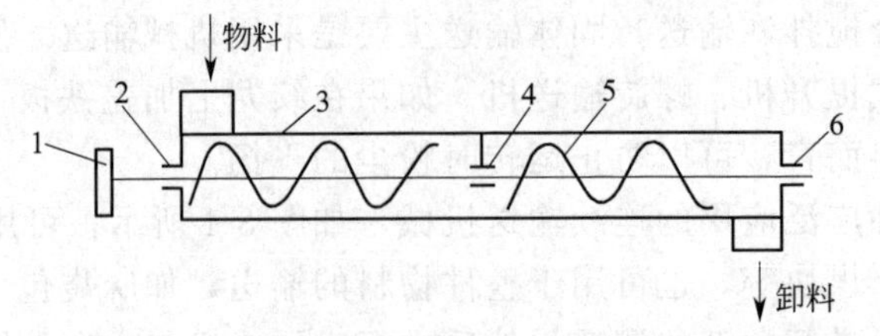

图 3-3　螺旋输送机

1—皮带轮；2，6—轴承；3—机槽；4—吊架；5—螺旋

螺旋输送机（图 3-3）是发酵工厂较为广泛应用的一种输送机械，如啤酒厂常用于输送大麦和麦芽，此外还可用于加料和混料操作。螺旋输送机是利用旋转的螺旋，推送散状物料沿金属槽向前运动。物料由于重力和与槽壁的摩擦力作用，在运动中不随螺旋一起旋转，而是以滑动形式沿着物料槽移动，其情况好像不能旋转的螺母沿着旋转的螺杆做平移运动一样。螺旋输送机主要用于水平方向运送物料，也可用于倾斜输送，但倾斜角度一般小于20°。螺旋输送机的优点是构造简单紧凑、封闭好、便于在若干位置进行中间装载和卸载、操作安全方便。其缺点是：输送物料时，由于物料与机壳和螺旋间都存在摩擦力，因此单位动力消耗较大；物料易受损伤或破碎，螺旋叶及料槽也易受摩擦；输送距离不宜太长，一般在 30m 以下（个别情况可达 50～70m）。原料机械输送流程图见图 3-4。

（二）气流输送

气流输送又称风送，或称气力输送。气流输送借助强烈的空气流沿管道流动，把悬浮在气流中的物料送至所需的地方。气流输送原理是借助气流的动能，使管道中的物料被悬浮输送。一个小颗粒在静止气流中降落时，颗粒受到重力、浮力和阻力的作用。如果重力大于浮力，颗粒就受到一个向下的合力（它等于重力与浮力之差）的作用而加速降落。随着降落速度的增加，颗粒与空气的摩擦阻力相应增加，当阻力增大到等于重力与浮力之差时，颗粒所受的合力为零，因而加速度为零，此后颗粒即以加速度为零时的瞬时速度等速降落，这时颗粒的降落速度称为自由沉降速度（u_t）。若气流具有向上的速度 u，而 $u=u_t$，则颗粒在气流中静止，这时的气流速度称为颗粒的悬浮速度，它在数值上等于 u_t。若 $u>u_t$，颗粒就会被气流带动而实现气流输送，这就是在垂直管中，气流输送颗粒物料的流体力学条件。例如甘薯干的块状原料，利用风动运送，由引风机把甘薯干运进料管，从低位向高位运送上去，而原料中的铁皮、石块等杂物，因

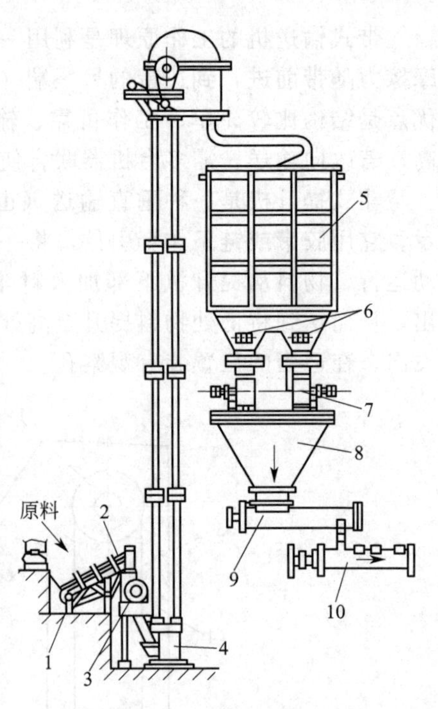

图 3-4　原料机械输送流程图

1—带式输送机；2—磁选装置；3—粗碎机；4—斗式提升机；5—贮料仓；6—空气；7—细碎机；8—贮粉仓；9—螺旋输送机；10—螺旋混合器

密度较大，不能被气流所带走，而自动掉落在地上。风送特别适于输送散粒状或块状的物料，是一种较好的输送方式。

气流输送可分为真空输送、压力输送和压力真空输送三种形式。

1. 优缺点

气流输送的优点是设备简单，占地面积小，费用少，连续化、自动化改善了劳动条件，输送能力和距离有较大的变动范围，在气流输送的同时，还可对物料进行加热、冷却、干燥等操作。其缺点是动力消耗较大，不适合输送潮湿和黏滞的物料。

2. 气流输送的流程

（1）真空输送　真空输送方式是将空气和物料吸入输料管中，在负压下输送到指定的地点，然后将物料从气流中分离出来，再经过排料器将物料卸出来。从分离器分离出来的空气，再经过净化除尘之后，用真空泵抽出。真空输送设备出口装有分离器和能封闭空气的卸料器。由于输送系统为真空，消除了物料的外漏，保持了室内的清洁，如图 3-5 所示。

（2）压力输送　这种输送方式是将空气和物料送入输料管中，物料被送到指定位置之后，经分离器自动排出，分离出来的空气净化后放空。在加料处要用封闭较好的加料器，防止物料反吹，空气用鼓风机送入系统中，如图 3-6 所示。

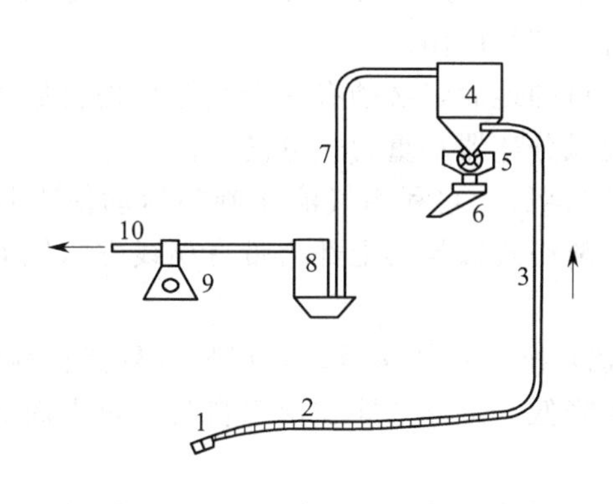

图 3-5　真空输送

1—吸嘴；2—软管；3—固定管；4—分离器；5—旋转加料器；6—排料斗；7—吸出排风管；8—空气过滤器；9—真空泵；10—排风管

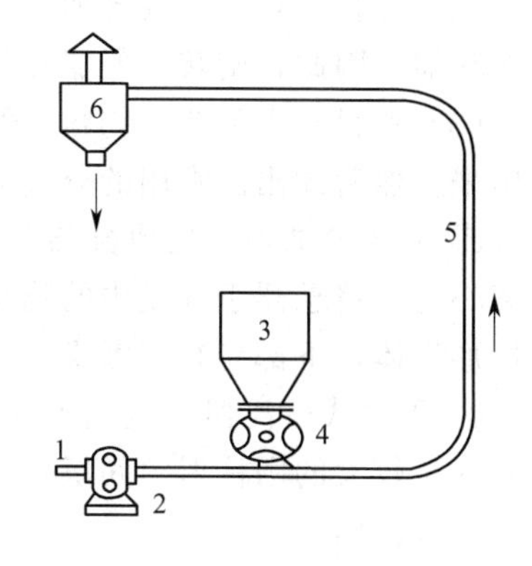

图 3-6　压力输送

1—空气入口；2—鼓风机；3—加料斗；4—旋转加料器；5—输料管；6—分离器

（3）压力真空输送系统　压力真空输送系统又称混合式气流输送流程，兼有吸引式和压送式的特点，可以从数点吸入物料和压送至较远、较高的地方，见图 3-7。

真空输送系统供料器结构简单，但要有封闭较好的排料器（闭风器）。与此相反，压力输送不需排料器，但要有封闭较好的加料器。从几个不同的地方向一个卸料点送料时，真空输送系统较适合；从一个加料点向几个不同地方送料时，压力输送系统较适合。具体到输送方式选择时，必须对输送物料的性质、形状、尺寸、输送量、输送距离、线路状况、动力消耗等因素，结合实际综合考虑。采用气流输送时应注意：物料水分含量超过 16％的粉末原料，不宜采用气流输送；整个输送原料的管道中，要尽量减少 90°的弯角和阀门。一般对于大麦、大米等松散的颗粒物料，最适宜用气流输送；而较大的块状物料或过细的粉末状物料，气流输送时困难大。输送量大且能连续运行的操作，宜用气流输送；输送量小而且是间歇的操作，不宜用气流输送。

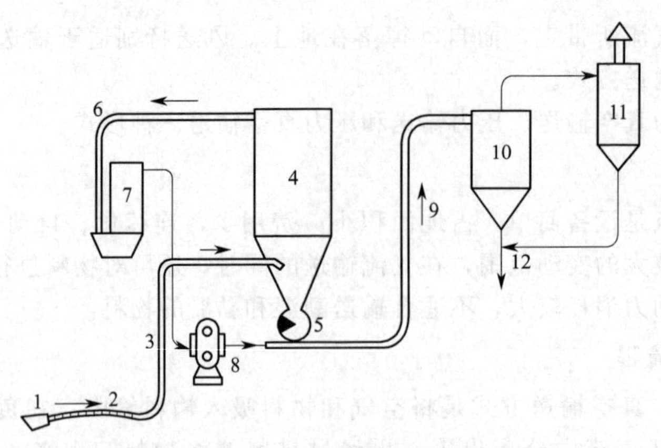

图 3-7　压力真空输送系统

1—吸嘴；2—软管；3—吸入侧固定管；4—分离器；5—旋转卸（加）料器；6—吸出排风管；
7—过滤器；8—鼓风机；9—压出侧固定管；10—压出侧分离器；11—二次分离器；12—排料口

3. 气流输送系统的组成设备

（1）进料装置　包括单管形吸嘴、带二次空气进口的单管形吸嘴、喇叭形双筒吸嘴、固定式吸嘴。

（2）旋转加料器　旋转加料器在真空输送系统中可用作卸料器，在压力输送系统中可用作加料器。因此，旋转加料器在气流输送中得到广泛应用。

（3）物料分离装置　物料沿管道被输送到目的地后，必须有一个装置将物料从气流中分离出来，然后卸出。常用的分离器有两种：旋风分离器和重力式分离器。

① 旋风分离器　旋风分离器又叫离心式卸料器，它利用气流作旋转运动使物料颗粒产生离心力，将悬浮于气流中的物料分离出来。离心式卸料器上部为带有切线方向气流入口的圆柱形壳体，下部连有倒圆锥形的壳体。

② 重力式分离器　重力式分离器实质上就是沉降式卸料器，它将带有悬浮物料的气流，送入一个较大的圆柱形空间里，气流速度大大降低，悬浮的颗粒由于自身的重力而沉降，气体由上部排出。

（4）空气除尘器　气流输送系统中应装有空气除尘器。空气除尘器的作用是：进一步回收粉状物料，减少损失；净化排放的空气，以免污染环境；防止尘粒损坏真空泵。

常用的除尘器有袋滤器（图 3-8）、湿式除尘器（图 3-9）、离心式除尘器（旋风分离器）（图 3-10）。

三、发酵工业原料的粉碎

1. 原料粉碎的目的

把原料进行粉碎后成为粉末原料，其目的是要增加原料受热面积，有利于淀粉颗粒的吸水膨胀、糊化，提高热处理效率，缩短热处理时间。另外，粉末状原料加水混合后容易流动输送。

对于一些带壳的原料，如高粱、大麦，在粉碎前，则要求先把皮壳破碎，除去皮壳后再进行粉碎。如果不把皮壳原料的外层去掉，有如下几个缺点：

（1）皮壳本身毫无营养价值，在发酵过程中对微生物没有好处，皮壳在醪液中会阻碍液体的流动。

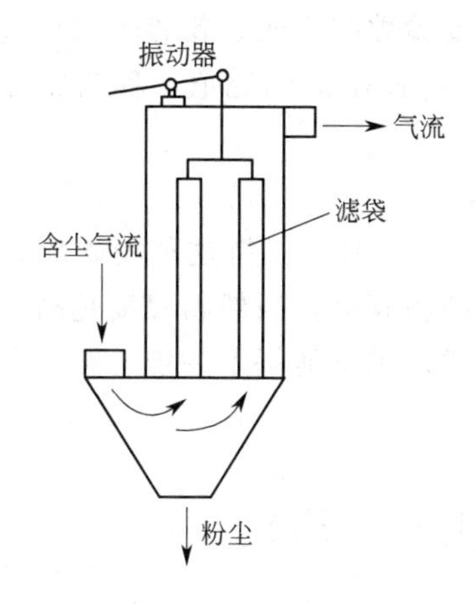

图 3-8　袋滤器

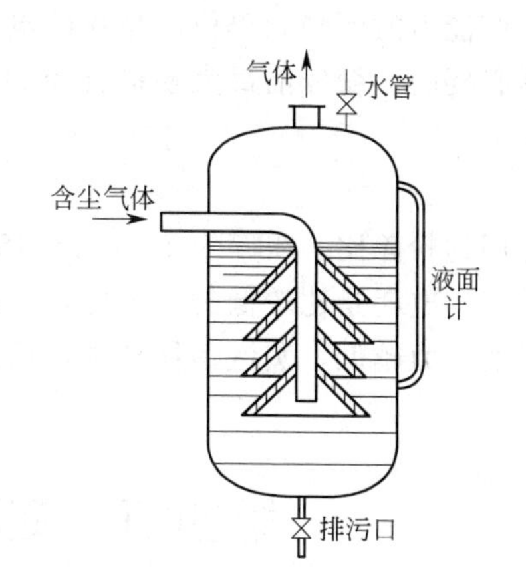

图 3-9　湿式除尘器

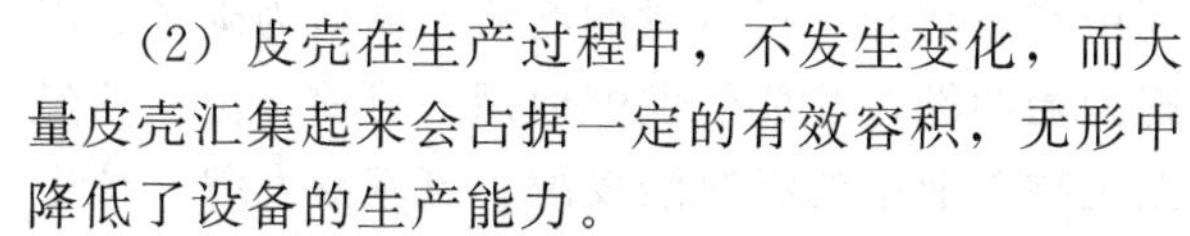

（2）皮壳在生产过程中，不发生变化，而大量皮壳汇集起来会占据一定的有效容积，无形中降低了设备的生产能力。

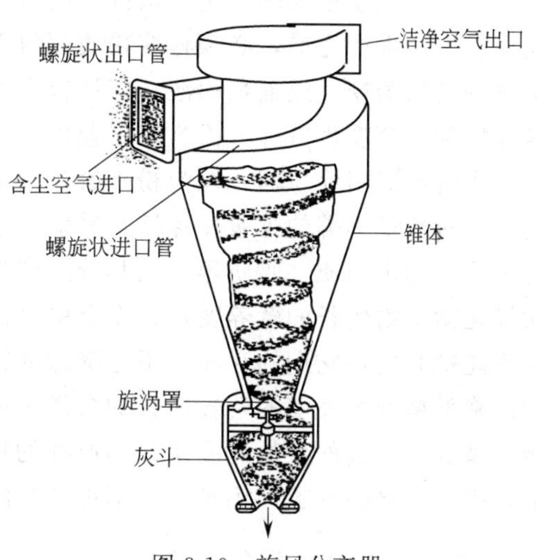

图 3-10　旋风分离器

（3）醪液糖化后进行发酵时，皮壳会聚集在液面上，形成较厚的醪盖，醪盖会妨碍热量的逸散和 CO_2 的放出，致使液体温度升高，细菌容易繁殖，特别是醋酸菌，出现这些现象，都会对发酵不利。

（4）皮壳会使蒸馏塔及冷却器等设备发生阻塞。皮壳积多，需要停机清理，会给生产带来损失。

一般对于带皮壳的原料，要先行破碎，脱去皮壳后再行粉碎。

2. 粉碎方法

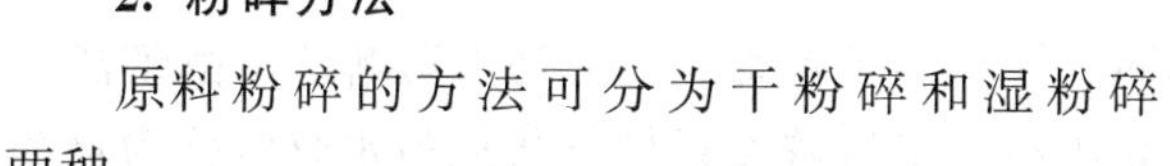

原料粉碎的方法可分为干粉碎和湿粉碎两种。

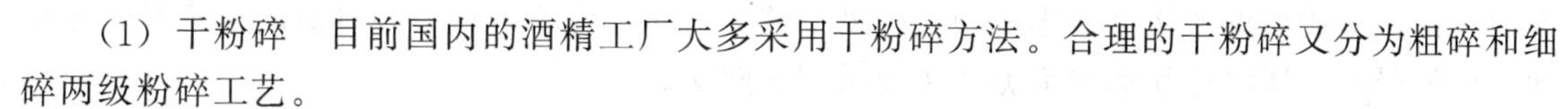

（1）干粉碎　目前国内的酒精工厂大多采用干粉碎方法。合理的干粉碎又分为粗碎和细碎两级粉碎工艺。

① 粗碎　原料过磅称重后，进入输送带，电磁除铁后进行粗碎。粗碎后的物料，以薯干为例，应能通过 6～10mm 的筛孔，然后再送去进行细碎。

② 细碎　经过粗碎的原料进入细碎机，细碎后的原料颗粒一般应能通过 1.2～1.5mm 的筛孔，也有采用 1.8～2.0mm 筛孔的。

（2）湿粉碎　当采用湿粉碎时，将拌料用水和原料一起加入粉碎机中粉碎，这种方法可以加工水分较多的原料，原料粉末不会飞扬，减少原料的损失，改善劳动条件，省去除尘通风设备，但是湿粉碎所得到的粉碎原料，只能用于立即生产，不易贮藏，且耗电量较干粉碎高 8%～10%，同时锤式粉碎机容易产生堵塞现象。

3. 原料的粉碎比

在大块原料粉碎时，不应要求经一次粉碎就将原料粉碎到所需要的细度，否则就会引起粉碎生产能力的下降和单位产品粉碎电耗的急剧上升。实验数据表明，粉碎时保持适当的粉碎比是必要的。粉碎前最大物料直径 D 与粉碎后最大物料直径 d 的比值，称为粉碎比，以 X 表示：

$$X=D/d$$

常用的粉碎比，粗碎为1∶(10～15)，细碎为1∶(30～40)。保持这种粉碎比时，单位产品粉碎的电耗是比较低的。另外，不应片面追求过高的粉碎度，虽然粉碎度越高，蒸煮时所需要的压力越低，蒸汽消耗越少，但由于粉碎电耗剧增，综合能耗不一定合算。

第四节　淀粉质原料的加工方法

微生物工业中大多数生产菌都不能直接利用或只能利用极少量的淀粉、糊精为碳源。因此，在发酵生产之前，必须将淀粉质原料水解为葡萄糖，才能供发酵使用。目前，由淀粉经水解制备葡萄糖（或葡萄糖液）广泛应用于微生物工业中的谷氨酸发酵、氨基酸发酵、抗生素发酵和葡萄糖生产等方面。在工业生产上将淀粉水解为葡萄糖的过程称为淀粉的糖化，制得的水解糖液叫淀粉糖。在淀粉水解糖液中，主要的糖类是葡萄糖，此外根据水解条件的不同，尚有数量不等的少量麦芽糖及其他一些二糖、低聚糖、复合糖类，除此以外，原料带来的杂质（如蛋白质、脂肪等）及其分解产物也混于糖液中。葡萄糖、麦芽糖、氨基酸、脂肪酸等是微生物生长的营养物，在发酵中易被生产菌利用，而一些低聚糖类及复合糖类等杂质并不能被利用，它们的存在，不但降低淀粉的利用率，增加粮食消耗，而且常影响糖液的质量，降低糖液可发酵的营养成分的含量。在发酵生产中，淀粉水解糖液质量的高低，往往直接关系到生产菌的生长速度及代谢产物的积累。如何提高淀粉的出糖率，保证水解糖液的质量，满足发酵的要求，仍是一个不可忽视的重要环节。

一、淀粉水解的理论基础

根据原料淀粉的性质和采用的催化剂不同，淀粉制备葡萄糖的方法有酸解法、酶解法和酸酶结合法三种。但由于酸解法是在高温、高压和一定酸浓度条件下将淀粉水解转化为葡萄糖的方法，生成的副产物多，影响糖液纯度，使淀粉实际收率降低，而且对淀粉原料的颗粒度要求较严格，所以淀粉的水解方法主要采用酶解法。

酶解法用淀粉酶将淀粉水解转化为葡萄糖。酶解法制葡萄糖分为两步：第一步为液化过程，第二步为糖化过程。淀粉的液化和糖化都是在微生物酶的作用下进行的，故酶解法又称为双酶法。

1. 淀粉的糊化和液化

淀粉的液化过程是利用液化酶将淀粉液化，转化为糊精及低聚糖。淀粉颗粒在受热过程中吸水膨胀，体积迅速增大，晶体结构被破坏，颗粒外膜裂开，形成黏稠的液体，这个过程称为糊化。糊化的淀粉在酶的作用下，淀粉分子链被切断、分子量变小、黏度迅速降低的过程称为液化。液化的关键就是液化酶的应用，液化酶即 α-淀粉酶，学名 α-1,4-葡萄糖-4-葡聚糖水解酶。它是一种内切酶，其作用机制是能够随机水解淀粉链中的 α-1,4-葡萄糖苷键，使淀粉迅速被水解成可溶性糊精、低聚糖和少量葡萄糖，同时淀粉的黏度迅速下降。

2. 淀粉的糖化

经过液化以后的料液，加入一定量的糖化酶，使溶解状态的淀粉变为可发酵的糖类，这种利用糖化酶将糊精或低聚糖进一步水解转变为葡萄糖的过程称为糖化。糖化的关键因素就是糖化酶的应用。糖化酶又称葡萄糖淀粉酶，它能将淀粉从非还原性末端水解 α-1,4-葡萄糖苷键，转化为葡萄糖。

（1）双酶水解法制葡萄糖的优点

① 淀粉水解是在酶的作用下进行的，酶解的反应条件比较温和。

② 微生物作用的专一性强，淀粉的水解副反应少，因而水解糖液纯度高，淀粉的转化率高。

③ 可在较高淀粉浓度下水解。酸解法中的淀粉含量为 18%～20%；酶解法中淀粉含量为 34%～40%，而且可采用粗原料。

④ 由于微生物酶制剂中菌体细胞的自溶，糖液的营养物质较丰富，可简化发酵培养基的组成。

⑤ 用酶解法制得的糖液颜色浅、较纯净、无苦味、质量高，有利于糖液的精制。

（2）双酶水解法制葡萄糖的缺点　酶解反应时间较长（从投料到糖化完毕需 2～3d）、使用的设备较多、需具备专门培养酶的条件，且由于酶本身是蛋白质，易造成糖液过滤困难。

二、淀粉的液化方法与设备

液化分类方法很多，以水解动力不同可分为酸法、酸酶法、酶法及机械液化法；以生产工艺不同可分为间歇式、半连续式和连续式；以设备不同可分为管式、罐式、喷射式；以加酶方式不同可分为一次加酶、二次加酶、三次加酶液化法；以酶制剂耐温性不同可分为中温酶法、高温酶法、中温酶与高温酶混合法；以原料精粗不同可分为淀粉质原料直接液化法与精制淀粉液化法等。每一种方法又可分为几小类方法，并且各分类方法又存在交叉现象。

目前，在众多技术和工艺中，很成功的一种就是喷射液化工艺。它的问世，逐步取代了其他液化工艺。所谓喷射液化工艺，就是采用高压泵，将已经预液化的原料，在一定的温度和流速下，依次通过喷射器，物料在一定的压力下，经内喷嘴加速达 70～80m/s，侧面形成负压，使蒸汽形成膜状，加热均匀。在喷射器内产生强烈的挤压作用下，物料与 α-淀粉酶紧密接触，喷出的物料受压力变化，所产生的剪切力打开淀粉颗粒（细胞）；在通过喷射器后，急速膨化减压，产生出较松散和比表面积增大的效果，在较短时间保压后，流入常压的后液化罐内，再次与新添加的新鲜 α-淀粉酶作用，使之彻底完成液化工作。

喷射液化有许多分类方法，可以根据喷射液化的次数分为一次喷射液化和二次喷射液化，也可以按照加酶的方式不同分为一次加酶和二次加酶。

一次加酶、一次喷射液化工艺是目前工厂采用最多的一种液化工艺，它最显著的特点就是工艺简单、操作方便、节约蒸汽、效果稳定。它利用喷射器只进行一次高温喷射，在高温淀粉酶的作用下，通过高温维持、闪蒸和层流罐液化，完成对淀粉的液化。具体方法是：酶制剂一次性添加在配料罐中，搅拌均匀后，通过泵的输送进入喷射器与蒸汽进行气液交换，淀粉乳迅速升温至 105℃，经过 5min 左右的带压位置后，经过闪蒸器的分离，料液温度回到 95～100℃，进入层流罐继续维持液化，经过 90～120min 后，结束液化，进入后道工序［图 3-11(a)］。

二次加酶、一次喷射液化工艺［图 3-11(b)］与一次加酶、一次喷射液化工艺的区别是将一次加酶分成两次加酶。有时为了液化效果更好，将液化温度控制在 108～110℃，这样

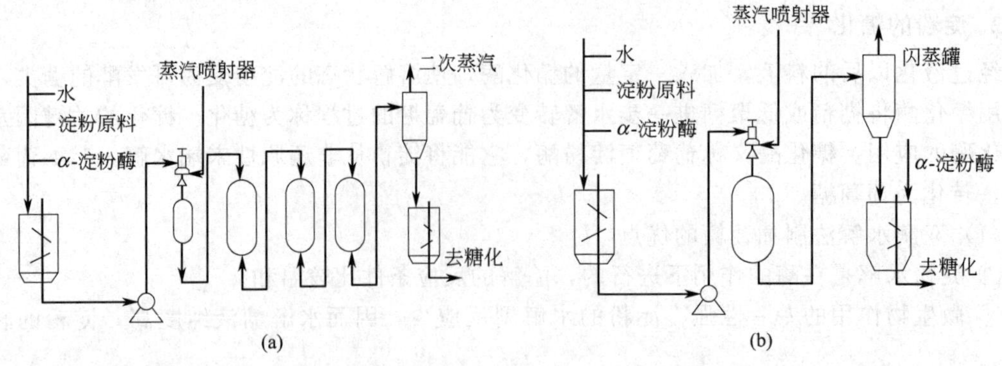

图 3-11 一次加酶喷射液化工艺流程（a）和二次加酶喷射液化工艺流程（b）

的高温对酶的热稳定性有一定的影响，可能会影响到整个液化效果。为此，将酶制剂分两步添加，即在调浆时加入 1/2 或 2/3 的酶，在闪蒸后进入层流罐之前再加入余下的酶。这种改进既保证了酶制剂最低程度的失活，又不会影响到整个液化的效果。

三、淀粉的糖化方法与设备

糖化的方法可分为间歇糖化法和连续糖化法。间歇糖化法是将液化后的料液一次性放到糖化锅中，温度冷却到 62℃左右，调节 pH 值到 4.0～4.5，加入糖化酶，保温搅拌，温度维持在 58～60℃，糖化一定时间，然后冷却到发酵温度并送到发酵罐中，结束糖化。连续糖化法，即混合前冷却的连续糖化工艺。所谓混合前冷却，即利用原有的糖化锅，锅内盛有温度为 60℃左右的糖化醪，约占糖化锅的 2/3，然后从后熟器或蒸汽分离器沿切线方向进入真空冷却器后，受离心力作用被甩向四周，沿壁流下后就从底部的排醪管排出。由于器内是真空，醪液进入后，压力骤降，急速蒸发，此种蒸发称为闪急蒸发，所产生的二次蒸汽从顶部抽气管排走。醪液自蒸发产生大量的蒸汽，这样便消耗了醪液大量的热能，于是醪液温度在瞬间降低到与器内真空度相对应的沸点温度。蒸煮醪液会使其浓度相应增加，为了不使醪液的浓度增加，可在糖化酶中多加一些水。冷却好的醪液从真空管沿卸料管不断进入糖化锅，糖化锅内装有搅拌器与冷却管，为使糖化温度得到保证，糖化锅内维持温度为 58～60℃，糖化时间为 30min 左右，糖化完的醪液由糖化锅底经泵送至喷淋冷却器，冷却至发酵温度并送往发酵罐。

糖化锅的结构比较简单，由夹套罐体、搅拌器、蛇管冷却器组成，见图 3-12。糖化后的液体经过滤冷却后进入贮存罐中贮存备用。

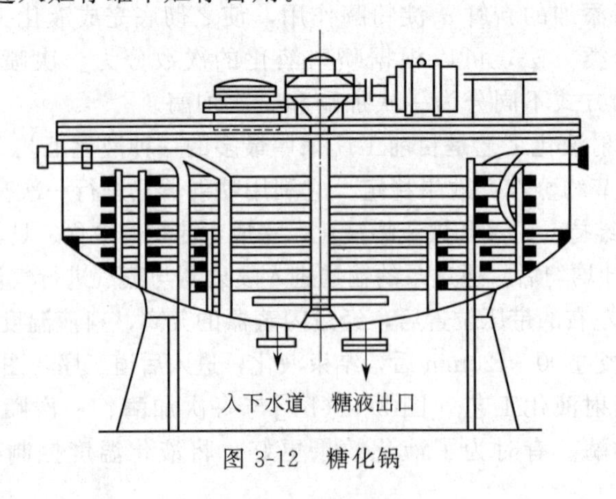

图 3-12 糖化锅

第五节　糖蜜原料的预处理

一、糖蜜的来源与特点

糖蜜是甘蔗或甜菜制糖厂的一种副产物，糖蜜含有丰富的糖、氮化合物和无机盐、维生素等营养物质，见表3-10。这些物质由于技术和成本经济核算等原因，一般不再用于煮制糖品，是微生物工业大规模发酵生产中价廉物美的发酵基质。目前，糖蜜已广泛用于如下发酵产品的大规模生产：酒精、丙酮、柠檬酸、谷氨酸、甘油、乙酸、乳酸、食用酵母及多种抗生素。

在酒精生产中若用糖蜜代替甘薯淀粉，则可省去蒸煮、制曲糖化等过程，简化生产工艺。由于糖蜜中干物质浓度很大（约在80～90°Bx）、糖分高（含糖50%以上）、胶体物质与灰分多（含5%～12%的胶体物质，含10%～12%灰分）、产酸细菌多，如果不进行预处理，则微生物是无法生长和发酵的。预处理包括稀释、酸化、灭菌及澄清等过程。

表3-10　甘蔗糖蜜和甜菜糖蜜的成分

糖蜜名称 成分	甘蔗糖蜜		甜菜糖蜜
	亚硫酸法	碳酸法	
锤度/°Bx	83.83	82.00	79.6
全糖分/%	49.77	54.80	49.4
蔗糖/%	29.77	35.80	49.27
转化糖/%	20.00	19.00	0.13
纯度/%	59.38	59.00	62.0
pH值	6.0	6.2	7.4
胶体/%	5.87	7.5	10.00
硫酸灰分/%	10.45	11.1	10.00
总氮量/%	0.465	0.54	2.16
总磷量/%	0.595	0.12	0.035

二、糖蜜前处理的方法

由于糖蜜干物质浓度很大，糖分高，胶体物质与灰分多，产酸细菌多，因此发酵前必须进行预处理，包括稀释、酸化、灭菌及澄清等过程，常用的方法有下面几种。

（1）加酸通风沉淀法　此法又称为冷酸通风处理法，是将糖蜜加水稀释至50°Bx左右，加入0.2%～0.3%浓硫酸，通入压缩空气1h，静置澄清8h，取出上清液用于制备糖液。通风可除去SO_2或NO_2等有害气体以及挥发性物质，并可增加糖液的含氧量，以利于微生物的生长和繁殖。

（2）加热加酸沉淀法（热酸通风沉淀法）　此法又称为热酸处理法，在较高的温度和酸度下进行，可起到灭菌和澄清沉淀的作用，胶体物质、灰分杂质的沉降和澄清作用均较强。采用热酸处理法，通常是酸化、灭菌和澄清同时进行，工艺上在稀释原糖蜜时采用阶段稀释法，第一阶段先用60℃温水将糖蜜稀释至55～58°Bx，同时添加浓硫酸调整酸度至pH=5～6进行酸化，然后静置5～6h；第二阶段则将已酸化的糖液再稀释到发酵所需的浓度。

（3）添加絮凝剂澄清处理法　添加聚丙烯酰胺（PAM）絮凝剂进行稀糖液的澄清处理，

可大大缩短澄清时间。PAM是无色无臭的黏性液体，可作为絮凝剂加速糖蜜中胶体物质、灰分和悬浮物的絮凝，缩短澄清时间，提高糖液纯度。添加絮凝剂的澄清工艺如下：先将糖蜜加水稀释至30～40°Bx，加一定硫酸调pH值至3～3.8，加热至90℃，添加8×10^{-6}PAM，搅拌均匀，澄清静置1h，取清液即可用于制备稀糖液。

国内大多数糖蜜酒精厂只考虑对用作酒母的稀糖液进行澄清处理，而基本糖液则不经澄清处理，这样可大大简化生产流程，提高效率，酒精发酵生产也不受影响。

第六节 培养基的分批灭菌和连续灭菌

自从发酵技术应用纯种培养后，要求发酵的全过程只能有生产菌，不允许其他微生物存在。如污染上其他微生物，则这种被污染的微生物称为“杂菌”。为了保证纯种培养，在生产菌接种培养之前，要对培养基、空气系统、消泡剂、流加料、设备、管道等进行灭菌，还要对生产环境进行消毒，防止杂菌和噬菌体大量繁殖。只有不受杂菌污染，发酵才能正常进行。

如有杂菌，可引起以下的后果：①由于杂菌的污染，使生物反应中的基质或产物因杂菌的消耗而损失，造成生产能力的下降；②由于杂菌所产生的一些代谢产物，或在染菌后改变了培养液的某些理化性质，加大了产物提取和分离的困难，造成产品收率降低或质量下降；③杂菌的大量繁殖，会改变培养液的pH值，从而使生物反应发生异常变化；④杂菌可能会分解产物，从而使生产过程失败；⑤发酵如果污染了噬菌体，可使生产菌株发生溶菌现象，从而导致发酵失败。

一、几个易混淆的概念

在介绍培养基的灭菌方法之前，首先介绍几个容易混淆的概念：

1. 灭菌

灭菌是指用物理或化学的方法杀灭或去除物料及设备中一切有生命的有机体的过程，对微生物而言是指杀死一切微生物，不分杂菌或非杂菌、病原微生物或非病原微生物。灭菌实质上可分为杀菌和溶菌两种，前者指菌体虽死，但形体尚存；后者指菌体被杀死后，其细胞发生溶化、消失的现象。

2. 消毒

消毒是利用物理或化学的方法杀死物体或环境中病原微生物的措施，并不一定能杀死含芽孢的细菌或非病原微生物。

3. 除菌

除菌是利用过滤的方法去除环境中的微生物及其孢子。

4. 防腐

防腐是利用物理或化学的方法杀死或抑制微生物的生长和繁殖。

其中，消毒与灭菌的区别在于，消毒仅仅是杀灭生物体或非生物体表面的微生物，而灭菌是杀灭所有的生命体。因此，灭菌特别适合培养基等物料的无菌处理。

为保证工业生产上纯种发酵的要求，必须在生产菌种接种之前对发酵培养基、发酵罐、管道系统、空气系统及流加料等进行严格的灭菌，同时还要对环境进行消毒，防止杂菌和噬菌体的大量繁殖。在生产中，为了防止杂菌或噬菌体的污染，通常采用消毒与灭菌技术，两者合称为发酵生产中的无菌技术。在工业实际生产过程中想达到每批次发酵都完全无杂菌污染的程度是不现实的，所以一般采用“污染概率”作为一个评价的标准。发酵工业中允许的污染概率是 10^{-3}，即灭菌 1000 批次的发酵中只允许有一次染菌。所以，在规模化的工业发酵生产中，应尽可能地保持完全无杂菌的状态，不断提高生产技术水平。一旦发生染菌，要尽快找到染菌原因，采取相应的有效措施，把染菌造成的损失降到最低，以利于工业发酵生产的正常进行。

二、灭菌的方法

灭菌方法主要有干热灭菌法、湿热灭菌法、射线灭菌法、化学药品灭菌法等，还有过滤除菌法。根据灭菌的对象和要求选用不同的灭菌方法。

(一) 加热灭菌

微生物细胞是由蛋白质组成的，加热可导致蛋白质变性，从而达到消灭微生物的目的。微生物对高温的敏感性大于对低温的敏感性，所以采用高温灭菌是一种有效的灭菌方法。根据加热方式不同，加热灭菌可分为干热灭菌和湿热灭菌两类。

1. 干热灭菌

(1) 灼烧和焚烧　灼烧是直接用火焰杀死微生物，灭菌迅速彻底，适用于微生物实验室的接种针、接种环、接种铲、小刀、镊子等不怕热的金属器材及试管、玻璃棒、锥形瓶等玻璃器皿的灭菌。焚烧是彻底的消毒方法，但只限于处理废弃的污染物品，如无用的衣物、纸张、垃圾等。焚烧应在专用的焚烧炉内进行。

(2) 干热灭菌　利用电热或红外线在一定设备内加热到一定温度把微生物杀死，一般用于不宜直接用火焰灭菌、要求灭菌后保持干燥状态的物料的灭菌。干热灭菌必须采用高温，一般在 160～170℃维持 1～2h，常用于空的玻璃器皿（如培养皿、锥形瓶、试管、离心管、移液管等）、金属用具（如牛津杯、镊子、手术刀等）以及其他耐高温的物品（如陶瓷培养皿盖、菌种保藏采用的砂土管、石蜡油、碳酸钙）等的灭菌。其优点是灭菌器皿保持干燥，但带有胶皮和塑料的物品、液体及固体培养基不能用干热灭菌的方法。

干热灭菌需要的温度和时间，见表 3-11。

表 3-11　干热灭菌需要的温度和时间

灭菌温度/℃	170	160	150	140	121
灭菌时间/min	60	120	150	180	过夜

2. 湿热灭菌

(1) 高压蒸汽灭菌　高压蒸汽灭菌是借助蒸汽释放的热能使微生物细胞中的蛋白质、酶和核酸分子内部的化学键，特别是氢键受到破坏，引起不可逆的变性，使微生物死亡。高压蒸汽灭菌是微生物学实验、发酵工业生产以及外科手术器械等方面最常用的一种灭菌方法，一般培养基、玻璃器皿、无菌水、无菌缓冲液、金属用具、接种室的实验服等都可以用此法灭菌。根据被灭菌物品的不同，选择不同温度的蒸汽进行灭菌，是工业上常用的灭菌方法。如卵蛋白含水量与凝固温度的关系，见表 3-12。

表 3-12　卵蛋白含水量与凝固温度的关系

卵蛋白含水量/%	50	25	15	5	0
凝固温度/℃	56	76	96	149	165

高压蒸汽灭菌有以下优点：①蒸汽来源容易，操作费用低廉，本身无毒；②蒸汽具有很强的穿透力，灭菌更彻底；③蒸汽具有很大的潜热，冷凝会放出2093kJ/kg的热量，冷凝后的水分又有利于湿热灭菌；④蒸汽输送可借助本身的压强，调节方便，技术管理容易。

高压蒸汽灭菌的缺点是：①设备费用高；②不能用于怕受潮的物料灭菌。

(2) 丁达尔灭菌法　丁达尔灭菌法又称为间歇灭菌法，是依据芽孢在100℃的温度下较短时间内不会失去生活力而各种微生物的营养体半小时内即被杀死的特点，利用芽孢萌发成营养体后耐热特性随即消失，通过反复培养和反复灭菌而达到杀死芽孢的目的。不少物质在100℃以上温度灭菌较长时间会遭到破坏，如明胶、维生素、牛乳等，采用此法灭菌效果比较理想。常压蒸汽灭菌时，用普通蒸笼即可，但手续烦琐、时间长，一般能用高压蒸汽灭菌锅的均不采用丁达尔灭菌法。

(3) 巴斯德消毒法　此法是以结核杆菌在62℃下15min致死为依据，利用较低温度处理牛乳、酒类等饮料，杀死其中可能存在的无芽孢的病原菌如结核杆菌、伤寒沙门菌等，而不损害饮料的营养和风味。此法一般采用63～66℃、30min或71℃、15min处理牛乳、饮料，然后迅速冷却，即可饮用。

(4) 煮沸消毒法　一般煮沸15～30min，可杀死细菌的营养体，但对其芽孢往往需要煮沸1～2h。如果在水中加入2%碳酸钠，可促使芽孢死亡，亦可防止金属器械生锈。

(二) 射线灭菌

1. 紫外线

紫外线的特点是对芽孢和营养细胞都能起作用，但细菌芽孢和霉菌孢子对其抵抗力大，且紫外线穿透力极低，所以只能用于表面灭菌，对固体物质灭菌不彻底。一般无菌室、超净工作台和摇瓶间等可采用30W紫外线灯泡照射20～30min，以波长2600Å (1Å＝0.1nm) 左右灭菌效果最好。

2. 红外线

红外线辐射使用0.77～1000μm波长的电磁波，有较好的热效应，尤以1～10μm波长的热效应最强，亦被认为是一种干热灭菌方法。红外线由红外线灯泡产生，不需要经空气传导，所以加热速度快，但热效应只能在照射到的表面产生，因此不能使一个物体的前后左右均匀加热。

红外线的杀菌作用与干热灭菌相似，利用红外线烤箱灭菌所需温度和时间亦同于干热灭菌，多用于医疗器械的灭菌。人受红外线照射时间较长会感觉眼睛疲劳及头疼，长期照射会造成眼内损伤。因此，工作人员至少应戴能防红外线伤害的防护镜。

3. 微波

微波是一种波长为1mm～1m的电磁波，频率较高，可穿透玻璃、塑料薄膜与陶瓷等物质，但不能穿透金属表面。微波能使介质内杂乱无章的极性分子在微波场的作用下，按波的频率往返运动、互相冲撞和摩擦而产生热，介质的温度可随之升高，因而在较低的温度下能起到消毒作用。

一般认为微波杀菌机理除热效应以外，还有电磁共振效应、场致力效应等的作用。消毒中常用的微波有2450MHz与915MHz两种。微波照射多用于食品加工，在医院中可用于检验室用品、非金属器械、无菌病室的食品食具、药杯及其他用品的消毒。微波长期照射可引起眼睛的晶状混浊、睾丸损伤和神经功能紊乱等症状，因此必须关好门后再开始操作。

（三）化学药剂灭菌

化学药剂根据其抑菌或杀死微生物的效应分为杀菌剂、消毒剂、防腐剂三类。凡杀死一切微生物及其孢子的药物称为杀菌剂；只杀死感染性病原微生物的药剂称为消毒剂；而只能抑制微生物生长和繁殖的药剂称为防腐剂。但三者界限往往很难区分，化学药剂的效应与药剂浓度、处理时间长短和菌的敏感性等均有关系，主要取决于药剂浓度，大多数杀菌剂在低浓度下只能起抑菌作用或消毒作用。

化学药剂灭菌适用于生产车间环境灭菌、人们进行接种操作前双手的灭菌、小型器具的灭菌等。化学药剂灭菌根据灭菌对象的不同，有浸泡、添加、擦拭、喷洒、气态熏蒸等方法。

1. 表面消毒剂

（1）高锰酸钾　高锰酸钾溶液的灭菌作用是使蛋白质、氨基酸氧化，使微生物死亡，质量分数为0.1%～0.25%，用于皮肤、水果及饮具的消毒。

（2）漂白粉　漂白粉的化学名称是次氯酸盐（次氯酸钠NaClO），它是强氧化剂，也是廉价易得的灭菌剂。漂白粉溶液在碱性无其他金属离子的避光条件下很稳定，加入次氯酸钙可增加其稳定性。其杀菌作用是次氯酸钠分解为次亚氯酸，后者不稳定，在水溶液中分解为新生态氧和氯，使细菌受强烈氧化作用而导致死亡，对杀死细菌和噬菌体均有效。

（3）75%酒精　75%（质量分数，下同）酒精溶液的杀菌作用在于使细胞脱水，引起蛋白质凝固变性。无水酒精杀菌能力很低，因为高浓度酒精使细胞表面形成一层膜，酒精不能进入细胞内部，达不到杀菌作用。75%酒精溶液对营养细胞、病毒、霉菌孢子均有杀灭作用，但对细菌芽孢的杀灭能力较差，常用于皮肤和器具表面的杀菌。

（4）新洁尔灭和杜灭芬　新洁尔灭（十二烷基二甲基苯甲基溴化铵）和杜灭芬（十二烷基二甲基乙苯氧乙基溴化铵）是表面活性剂类洁净消毒剂。新洁尔灭和杜灭芬在水溶液中以阳离子形式与菌体表面结合，引起菌体外膜损伤和蛋白质变性，作用10min后能杀灭营养细胞，但对细菌芽孢几乎没有杀灭作用，一般用于器具和生产环境消毒，不能与合成洗涤剂合用，不能接触铝制品，使用时其体积分数为0.25%。

（5）甲醛　甲醛（HCHO）是强还原剂，能与蛋白质的氨基结合，使蛋白质变性，对氨基酸和蛋白质的变性有较强活性，这是用甲醛作为灭菌剂的依据。气态甲醛与甲醛水溶液所产生的甲醛蒸气的灭菌效果基本相同。甲醛灭菌的缺点是穿透力差。

（6）戊二醛　戊二醛是近年来广泛使用的一种广谱、高效、速效杀菌剂，其使用范围正在逐渐扩大。戊二醛在酸性条件下不具有杀死芽孢的能力，只有在碱性条件（加入碳酸氢钠或碳酸钠）下才具有杀死芽孢的能力，常用的体积分数为2%，常用于器皿、仪器和工具等的灭菌。

（7）来苏尔　即非典时期大量用的84消毒液，用于皮肤、桌面及用具等的消毒。

（8）苯酚（二元酚或多元酚）　苯酚作为消毒剂和杀菌剂已有百年历史，但苯酚的毒性较大，易污染环境，且水溶性差，使应用受到限制，而酚类衍生物的使用扩大了其作为消毒剂的使用范围。如甲酚经磺化得到甲酚磺酸，其水溶性有所提高，且毒性降低，使用量为0.1%～0.15%，作用10～15min可杀灭大肠杆菌。

2. 抗代谢药物

抗代谢药物在化学结构上与微生物所必需的代谢物类似，能够竞争性地与特定酶结合而阻碍酶的活性作用，通过干扰正常代谢来抑制或杀死正常细胞。例如，磺胺类化合物取代对氨基苯甲酸对病原性球菌、痢疾杆菌起作用，抗硫胺素取代硫胺素对金黄色葡萄球菌起作用，异烟肼取代吡哆醇对结核杆菌起作用。总之，能够针对部分细菌起作用的抗代谢药物很多，在实际生产中可针对性地选择使用。

3. 抗生素

抗生素是一类重要的抑制或杀死细菌的化学治疗剂。自从青霉素问世以来，人类已经找到了 9000 多种新的抗生素，并合成超过 70000 多种半合成抗生素，其中有几十种抗生素可在实验或生产中使用。例如，青霉素抑制细胞壁合成而作用于革兰氏阳性菌 G（+）和部分革兰氏阴性菌 G（—），链霉素、卡那霉素等干扰蛋白质合成而作用于革兰氏阳性菌 G（+）、革兰氏阴性菌 G（—）、结核分枝杆菌，制霉菌素损害细胞膜而作用于酵母菌、白色念珠菌，创新霉素抑制 RNA 合成而作用于大肠杆菌等。总之，抗生素种类繁多，生产上可针对性地选用，保证灭菌效果。

（四）熏蒸消毒

1. 甲醛熏蒸消毒法

甲醛是强还原剂，其杀菌机理是破坏蛋白质的氢键，并与氨基结合，从而造成蛋白质变性。它的杀菌效果较好，对营养体和孢子都有作用。甲醛灭菌的缺点是穿透力差。工厂和实验室常采用甲醛熏蒸进行空间消毒。熏蒸的要求是空间的甲醛浓度达到 $6g/m^3$，熏 8～12h。甲醛熏蒸对人的眼、鼻有强烈刺激，在相当时间内不能入室工作，为减弱甲醛对人的刺激作用，甲醛熏蒸后 12h，再量取与甲醛等量的氨水，迅速放于室内与之中和。

2. 硫黄熏蒸消毒法

利用硫黄燃烧产生 SO_2，后者遇水或水蒸气产生 H_2SO_3。SO_2 和 H_2SO_3 还原能力强，使菌体脱氧而致死，可用于接种室或培养室空气的熏蒸灭菌。硫黄浓度一般为 $2\sim3g/m^3$。为了防止 H_2SO_3 和 H_2SO_4 对金属腐蚀，熏蒸前应将金属制品妥善处理。

（五）过滤除菌法

过滤除菌法是利用过滤方法阻留微生物以达到除菌目的，分为绝对过滤和介质过滤两种方法。此法仅适用于不耐高温的液体培养基组分和空气的过滤除菌。工业上常用过滤法大量制备无菌空气，供好氧微生物的液体深层发酵。

1. 培养基的过滤除菌

对于含酶、血清、维生素和氨基酸等热敏物质的培养基，无法采用高温灭菌法，但可以通过过滤手段除去菌体。过滤介质有醋酸纤维素、硝酸纤维素、聚醚砜、尼龙、聚丙烯腈、聚丙烯、聚偏氟乙烯等膜材料，也有石棉板、烧结陶瓷和烧结金属等深层过滤材料。

2. 空气过滤除菌

绝大多数工业生产菌是好氧菌。因此，发酵过程中必须通入无菌空气来满足生产菌的生理需求。工业发酵中的空气系统通常采用过滤法去除空气中的菌体、灰尘和水分等。实验室中的超净工作台和超净室也通过空气过滤系统送入无菌空气。

三、湿热灭菌的基本原理

湿热灭菌就是直接用高温高压蒸汽灭菌，蒸汽在冷凝时释放出大量潜能，并且蒸汽具有强大穿透力，蒸汽的湿热破坏菌体蛋白质和核酸的化学键，使酶失活，微生物因代谢障碍而死亡。用湿热法处理培养基时，在微生物被杀死的同时，培养基成分也受到一定的破坏。对于灭菌的要求是既要达到灭菌的目的，又要使培养基成分破坏尽可能减小到最低程度。因此，灭菌和营养成分的破坏成为灭菌工作中的主要矛盾，恰当掌握加热程度和受热时间是灭菌工作的关键。

1. 微生物的热阻

每一种微生物都有一定的适宜的生长温度范围。当温度超过最高限度时，细胞中原生质体和酶的基本成分——蛋白质就发生不可逆的凝固变性，使微生物在很短时间内死亡。加热灭菌就是根据微生物的这一特性进行湿热灭菌的。一般微生物的营养细胞在60℃下加热10min会全部死亡。但细菌芽孢能耐较高的温度，在100℃下需要几分钟，甚至几小时才能被杀灭。极少数嗜热菌的芽孢在120℃下需30min甚至更长时间才能被杀灭。

杀死微生物的极限温度称为致死温度。在致死温度下，杀死全部微生物所需要的时间称为致死时间。在致死温度以上，温度愈高，致死时间愈短。不同种类的微生物对热的抵抗力不同，微生物对热的抵抗力称为热阻。

2. 培养基灭菌条件的选择

（1）杀菌锅内灭菌　固体培养基灭菌蒸汽压力为0.098MPa，维持20～30min；液体培养基灭菌蒸汽压力为0.098MPa，维持15～20min。

（2）种子培养基实罐灭菌　从夹层通入蒸汽间接加热至80℃，再从取样管、进风管、接种管通入蒸汽，进行直接加热。同时关闭夹层蒸汽进口阀门，升温至121℃，维持30min。谷氨酸发酵的种子培养基实罐灭菌温度为110℃，维持10min。

（3）发酵培养基实罐灭菌　从夹层或盘管通入蒸汽，间接加热至90℃，关闭夹层蒸汽，从取样管、进风管、放料管三路通入蒸汽，直接加热至121℃，维持30min。谷氨酸发酵培养基实罐灭菌温度为105℃，维持5min。

（4）发酵培养基连续灭菌　一般培养基灭菌温度为130℃，维持5min。谷氨酸发酵培养基灭菌温度为115℃，维持6～8min。

（5）消泡剂灭菌　直接加热至121℃，维持30min。

（6）补料实罐灭菌　根据料液不同而异，淀粉料液灭菌温度为121℃，维持5min。

（7）尿素溶液灭菌　灭菌温度为105℃，维持5min。

四、发酵工业培养基的灭菌

发酵工业培养基的灭菌常用的是湿热灭菌，根据灭菌流程不同又分为分批灭菌和连续灭菌。

（一）分批灭菌

分批灭菌，又称为实消、间歇灭菌，将培养基置于反应器中用蒸汽加热，达到预定灭菌温度后维持一定时间，再冷却到发酵温度，然后接种发酵，这叫分批灭菌。分批灭菌不需其他设备，操作简单易行，省去了连消设备和操作，节省了劳动力和厂房，投资少，对蒸汽的要求也比较低。分批灭菌的缺点是升温慢、降温也慢，增加了发酵前的准备时间，延长了发

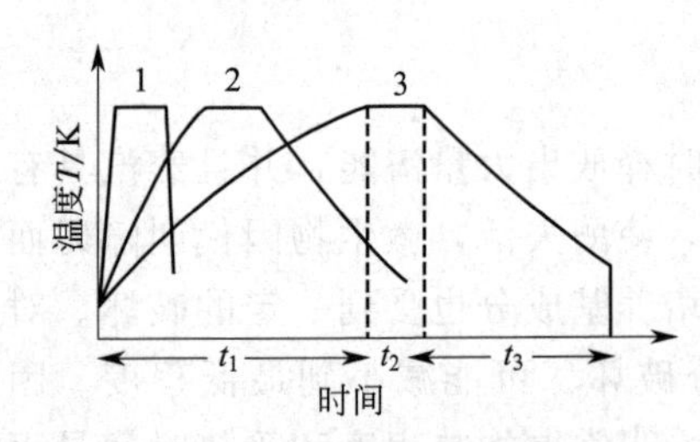

图 3-13　加热灭菌时的温度变化
1—连续灭菌；2—少量培养基的分批灭菌；3—大量培养基的分批灭菌

酵周期，设备利用率低，而且无法采用高温短时灭菌，因而不可避免地使培养基中营养成分遭到一定程度的破坏。但是国外通过采取增大搅拌功率、增大冷却面积等措施，充分利用其优点而避免其缺点，即使大罐也可采用实消。因此，分批灭菌是中小型发酵工厂经常采用的一种培养基灭菌方法。加热灭菌时的温度变化见图 3-13。

总灭菌时间 t＝加热时间 t_1＋维持时间 t_2＋冷却时间 t_3

对于工业规模的灭菌操作，完成整个灭菌周期一般需 3～5h，其各阶段对灭菌效果贡献大致如下：$V_{加}/V_{总}=0.2$，$V_{保}/V_{总}=0.75$，$V_{冷}/V_{总}=0.05$。

可见，分批灭菌过程保温阶段是主要的，加热和冷却特别是冷却阶段的灭菌作用很小。

(二) 连续灭菌

连续灭菌，简称连消，将配制好的培养基在罐外连续进行加热、维持和冷却，然后进入发酵罐中进行杀菌。连续灭菌可以采用高温短时法，使培养基成分的破坏减小到最低限度，从而提高生产率，并且缩短发酵周期。培养基采用连续灭菌时，需在培养基进入发酵罐前，直接用蒸汽进行空罐灭菌（简称空消），用无菌空气保压，待培养基流入罐后，开始冷却。对于黏度过大或固体成分较多的培养基，要实现连续灭菌困难较大，设备较复杂，投资大，且在发酵罐外附加的设备可能造成二次污染的机会。连续灭菌因加热和冷却设备的不同，可有各种流程形式。一般在连续灭菌时，应采用新型的热交换设备，以缩短升温和杀菌后的冷却时间。

培养基连续灭菌的基本流程如图 3-14 所示，连续灭菌的基本设备一般包括：①配料罐，将配好的料液预热到 60～70℃，以避免连续灭菌时由于料液与蒸汽温度相差过大而产生水汽撞击声；②加热塔，其作用主要是使高温蒸汽与料液迅速接触混合，并使料液的温度很快（20～30s）升高到灭菌温度（126～132℃）；③维持罐，连消塔加热的时间很短，光靠这段时间的灭菌是不够的，维持罐的作用是使料液在灭菌温度下保持 5～7min，以达到灭菌的目的；④冷却管，从维持罐出来的料液要经过冷却排管进行冷却，生产上一般采用冷水喷淋冷却，冷却到 40～50℃后，输送到预先已经灭过菌的罐内。

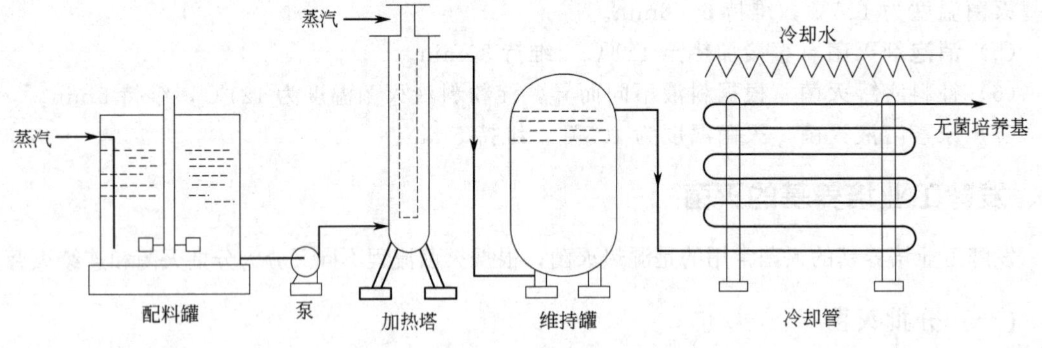

图 3-14　培养基连续灭菌的基本流程

除了上述的基本流程外，实际生产中还有其他三种流程，如图 3-15～图 3-17 所示。

1. 连消塔-喷淋冷却流程

喷淋冷却流程是国内味精厂普遍采用的连续灭菌流程，如图 3-15 所示。培养基用泵打入连消塔与蒸汽直接混合，达到灭菌温度后进入维持罐，维持一定时间后经喷淋冷却器冷却至一定温度后进入发酵罐。该流程是比较陈旧的设计，设备较庞大；维持罐直径较大，不能保证物料先进先出，易发生局部过热或灭菌不足的现象；喷淋冷却管道很长，对于黏度较高、固形物含量较多的培养基极易堵塞。

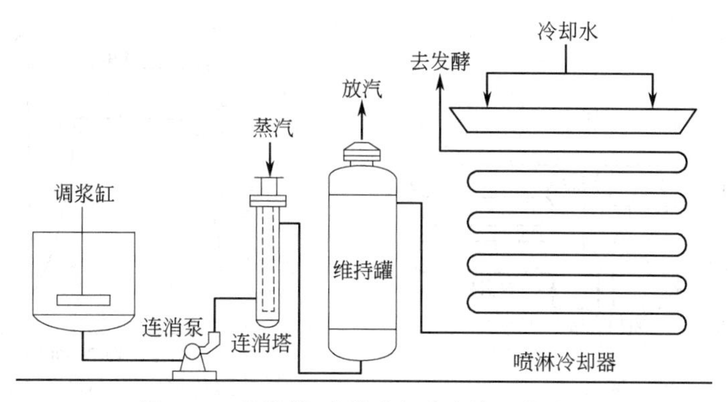

图 3-15　连消塔-喷淋冷却式连续灭菌流程

2. 喷射加热-真空冷却流程

喷射加热、管道维持、真空冷却的连续灭菌流程，如图 3-16 所示。生培养液即配制好的培养液先用泵打入喷射加热器，以较高速度自喷嘴喷出，借高速流体的抽吸作用与蒸汽混合后进入管道维持器，经一定时间后通过一膨胀阀进入真空闪急蒸发器而冷却至 70～80℃，再进入发酵罐冷却到接种温度。加热和冷却在瞬间完成，营养成分破坏少，可以采用高温灭菌，把温度升高到 140℃而不至于引起培养基营养成分的严重破坏。设计合适的管道维持器能保证物料先进先出，避免过热。但如果维持时间较长时，维持管长度就很长，安装和使用不便，所以酒精厂的醪液蒸煮等大多仍采用维持罐。灭菌温度取决于喷射加热器中加入蒸汽的压力和流量。要保持灭菌温度恒定，就要使蒸汽压力及培养基流量稳定，故宜设置自控装置，如自控的滞后较大，也会引起操作不稳定而产生灭菌不透或过热现象。由于真空的影响，需要在蒸发室下面装一台出料泵，或将蒸发室置于离发酵罐液面 10m 以上的高处，否则物料就不能流进发酵罐而进入真空系统，给生产带来不便。尤其对于已经灭菌好的培养基来说，出料泵的密封程度要求很高才能避免重新污染，这个问题也是目前许多工厂不采用真空冷却的原因之一。

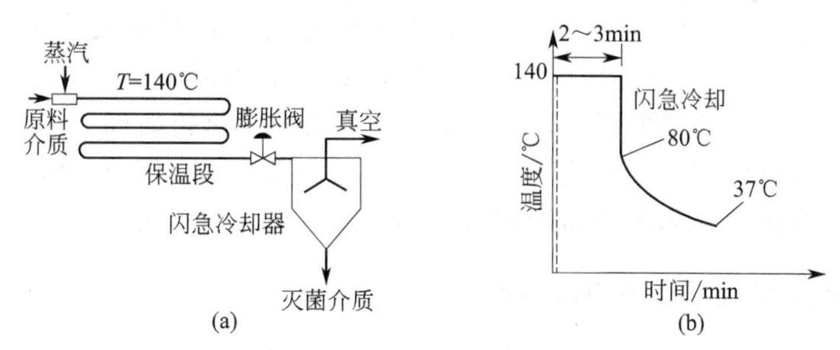

图 3-16　喷射加热-真空冷却式连续灭菌流程

（a）灭菌装置；（b）培养基温度变化曲线

3. 板式换热器连续灭菌流程

板式换热器由于具有设备紧凑、占地面积少、拆洗方便、传热面积和热导率高、不使热敏物料产生局部过热现象等优点，被广泛用于食品、发酵、制药、化工行业作为加热、冷却或灭菌用。采用板式换热器的连续灭菌流程（图 3-17），生培养液进入板式换热器进行热回收与熟培养液先进行一次热交换达到预热，以便提高热量的利用率，然后进入加热阶段到灭菌温度后进入维持器进行保温，灭菌好的熟培养液再进入热回收段作为生培养液的加热介质，同时本身也得到一定程度的冷却，最后进入冷却阶段用冷却水冷却到所需培养温度。

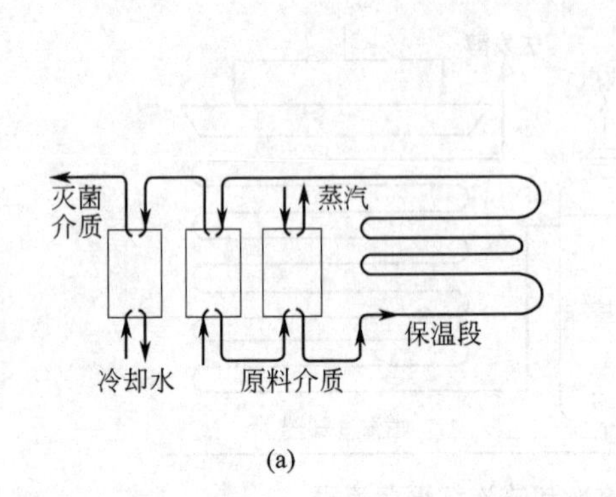

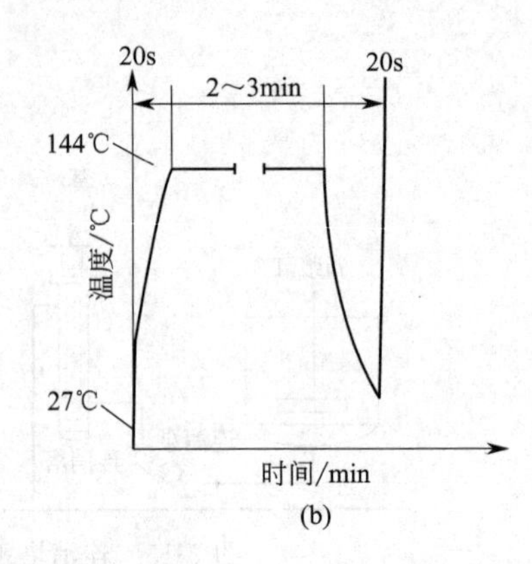

图 3-17　板式换热器连续灭菌流程

（a）灭菌装置；（b）培养基温度变化曲线

板式换热器的特点是：培养基在设备中同时完成预热、灭菌及冷却过程。虽然加热和冷却生培养液所需时间比使用喷射式连续灭菌的时间长，但灭菌周期比分批灭菌小得多。由于生培养基的预热过程即为灭菌培养基的冷却过程，所以节约了蒸汽及冷却水的用量。板式换热器的缺点是制造加工复杂，必须由专业厂成批生产，密封要求高，密封填圈易损坏，需经常调换。连续灭菌过程中，加热和冷却所需时间极短，为简化计算，可以把加热和冷却阶段效果略去。因而，只有维持器的计算与灭菌程度相关。维持器分维持罐和维持管两种。

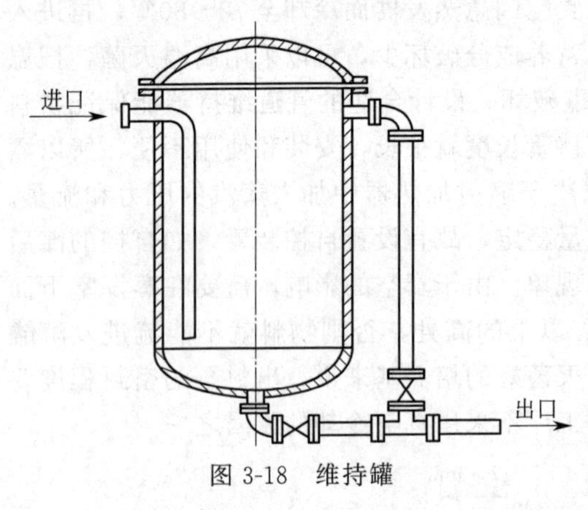

图 3-18　维持罐

（1）维持罐　根据流量和维持时间可定出维持罐的装料容积。但要考虑返混现象，有可能有部分物料为达到所要求的灭菌程度而过早流出，如图 3-18 所示。

（2）维持管　管道维持器的设计，不但要保证所要求的维持时间，而且要使物料在管道中的流动形式尽量接近活塞流。在这种情况下培养基在维持管中停留的时间等于所有培养基的受热时间，故能避免因局部过热而造成营养成分破坏或灭菌不足。

（三）分批灭菌与连续灭菌的比较

连续灭菌与分批灭菌比较具有很多优点，尤其在大规模生产中，其优点更为显著，主要体现在以下几方面：①可采用高温短时灭菌，培养基受热时间短，营养成分破坏少，有利于提高发酵产率；②发酵罐利用率高；③蒸汽负荷均衡；④采用板式换热器时节约大量能源；⑤适宜自动控制，劳动强度小。

当培养基中含有固体颗粒或培养基有较多泡沫时，采用分批灭菌为好，因为连续灭菌容易灭菌不彻底。对于容积小的发酵罐，连续灭菌的优点不明显，分批灭菌则比较方便。

第四章 发酵过程控制

微生物发酵生产的水平取决于生产菌种的性能，但有了优良的菌种之后，还需要有最佳的环境条件即发酵工艺加以配合，才能使其生产能力充分表现出来。发酵过程的反应速度、目的产物浓度、生产强度、反应物质向目的产物的转化率、培养基浓度、菌体浓度、温度、压力、pH 值、溶解氧、CO_2 等生物反应过程的环境因子都是影响生物过程生产水平的重要因素。

人们在实践中通过观察和控制这些工艺条件从而控制和完成发酵过程，并且发现这些条件相互联系、相互影响。所以，为了很好地控制发酵过程，需要认真研究发酵过程的建模和优化控制，并研发所必需的分析和传感仪表，如温度电极、溶氧电极、pH 电极等，及时检测各种发酵参数随时间的变化，将生物发酵过程准确地控制在最优的环境或操作条件下，最终实现工业生产“低投入、高产出”的目标。

第一节　发酵过程主要控制参数及检测

一、发酵的相关参数

微生物发酵过程中，其代谢变化可通过各种状态参数反映出来。根据参数的性质特点，与微生物发酵有关的参数可分为物理参数、化学参数和生物参数三类。

1. 物理参数

（1）温度（℃）　温度的高低与发酵过程的酶反应速率、氧在培养液中的溶解度和传递速率、菌体生长速率和产物合成速率等有密切关系。不同的菌种、不同产品、不同发酵阶段所维持的温度亦不相同。

（2）压力　罐内维持正压可以防止外界空气中杂菌的侵入而避免污染，以保证纯种培养。同时，罐压的高低还与氧和 CO_2 在培养液中的溶解度有关，间接影响菌体的代谢。

（3）空气流量　空气流量是指每分钟内每单位体积发酵液通入空气的体积，也称为通风比，是需氧发酵的控制参数。

（4）搅拌转速　对好氧性发酵，在发酵的不同阶段控制不同的转速，以调节培养基中的溶解氧。搅拌转速是指搅拌器在发酵过程中的转动速度，通常以每分钟的转数来表示。它的大小与氧在发酵液中的传递速率和发酵液的均匀性有关。

(5) 搅拌功率　指搅拌器搅拌时所消耗的功率，常指每立方米发酵液所消耗的功率。

(6) 黏度　黏度大小可作为细胞生长或细胞形态的一项标志，也能反映发酵罐中菌丝分裂过程的情况，通常用表观黏度表示。它的大小可改变氧传递时的阻力，表示相对菌体浓度。

(7) 料液流量　是控制流体进料的参数。

2. 化学参数

(1) pH 值（酸碱度）　发酵液的 pH 值是发酵过程中各种生化反应的综合结果，它是控制发酵工艺的重要参数之一。pH 值的高低与菌体生长和产物合成有着重要的关系。

(2) 溶解氧浓度　溶解氧是需氧菌发酵的必备条件。

(3) 基质含量　是指发酵液中糖、氮、磷等重要营养物质的浓度。它们的变化对生产菌的生长和产物的合成有着重要的影响，也是提高代谢产物产量的重要控制手段。因此，在发酵过程中，必须定时测定糖（还原糖和总糖）、氮（氨基氮或铵氮）等基质的浓度。

(4) 浊度　浊度是能及时反映单细胞生长状况的参数，对氨基酸、核苷酸等产品的生产是极其重要的。

(5) 产物的浓度　是发酵产物产量高低或合成代谢正常与否的重要参数，也是决定发酵周期长短的根据。

(6) 氧化还原电位　培养基的氧化还原电位是影响微生物生长及其生化活性的因素之一。对不同的微生物，培养基最适宜的电位与所允许的最大电位值，应与微生物本身的种类和生理状态相关。氧化还原电位常作为控制发酵过程的参数之一，特别是某些氨基酸发酵是在限氧条件下进行的，氧电极已不能精确使用，这时用氧化还原参数控制较为理想。

(7) 废气中的氧和 CO_2 含量　测定废气中的氧和 CO_2 含量可以算出生产菌的呼吸商，从而了解生产菌的呼吸代谢规律。

3. 生物参数

(1) 菌丝形态　丝状菌发酵过程中菌丝形态的改变是生化代谢变化的反映。常以菌丝形态作为衡量种子质量、区分发酵阶段、控制发酵代谢变化和决定发酵周期的依据之一。

(2) 菌体浓度　菌体浓度是控制微生物发酵的重要参数之一，特别是对抗生素次级代谢产物的发酵。它的大小和变化速度对菌体的生化反应都有影响，测定菌体浓度具有重要的意义。菌体浓度与培养液的表观黏度有关，间接影响发酵液的溶解氧浓度。在生产上，常常根据菌体浓度来决定适合的补料量和供氧量，以保证生产达到预期的水平。

根据发酵液的菌体量和单位时间的菌体浓度、溶解氧浓度、糖浓度、氮浓度和产物浓度等的变化值，即可分别算出菌体的比生长速率、氧比消耗速率、糖比消耗速率、氮比消耗速率和产物比生成速率。这些参数也是控制生产菌的代谢、决定补料和供氧工艺条件的主要依据，多用于发酵动力学的研究。

除上述外，还有跟踪细胞生物活性的其他化学参数，如 NAD-NADH 体系、ATP-ADP-AMP 体系、DNA、RNA、生物合成的关键酶等。

二、发酵过程参数的检测

工业发酵的目标是利用微生物最经济地获得高附加值产品，为实现此目标，人们采用许多办法，如菌种选育、培养基改良、发酵条件的优化与控制等。其中，发酵参数的测定是发酵控制的重要依据。发酵过程参数的检测分为三种形式：原位检测、在线检测、离线检测。原位检测通过安装在发酵罐内的原位传感器直接对发酵液进行测量，对发酵过程不产生影响，常用于pH、溶解氧、罐压的测量。在线检测是利用连续的取样系统和相关的分析器相连，取得测量信号的参数检测方法，常用的分析仪器有各种传感器，如pH、溶解氧、温度、液位、泡沫等电极，以及尾气分析仪等。离线检测是指在一定的时间内离散取样，采用常规的化学分析法和自动的分析系统，在发酵罐外进行样品的处理和分析测定，如分光光度法、电位分析法、重量法、气相色谱法等。目前，除了温度、压力、pH、溶解氧、尾气等参数可利用自动检测系统进行在线检测外，多数化学和生物参数仍需要通过定时取样方法离线检测，如发酵液中的基质（糖类、脂类、盐等）、前体和代谢产物（如酶、抗生素、有机酸和氨基酸等）以及菌量的检测主要还依赖人工取样，然后在罐外分析。

三、发酵过程常用的传感器

传感器即参量变送器（电极或探头），能感受到被测量的信息并按照一定规律将其转换成可用信号（主要是电信号）的器件或装置，它通常由敏感元件、转换元件及相应的机械结构和电子线路所组成。

生物传感器是利用酶、抗体、微生物等作为敏感材料，将所感受的生物体信息转换成电信号进行检测的传感器。生物传感器巧妙地利用了生物所特有的生物化学反应，有针对性地对有机物进行简便而迅速的测定。与通常的化学分析仪器相比，生物传感器除了满足常规要求，诸如可靠性、准确性、精确度、响应时间、分辨能力、灵敏度、测量范围、特异性、可维修性等，还应当满足一些特殊要求，如一般要求传感器能与发酵液同时进行高压蒸汽灭菌，在发酵过程中保持无菌。传感器易被培养基和细胞沾污，寿命较短。

发酵过程中常用的在线测量传感器有：pH传感器、溶解氧传感器、氧化还原电位传感器、溶解二氧化碳传感器。

四、发酵过程优化控制实施的具体步骤

通过发酵动力学，建立能定量描述发酵过程的数学模型，并借助现代过程控制手段，为发酵生产的优化控制提供技术和条件支持。通常，一种发酵过程的优化控制实施的具体步骤可以通过以下四步来完成：首先确定能反映过程变化的各种理化参数及其检测。其次研究这些参数的变化对发酵生产水平的影响及机制，获取最佳范围和最适水平。然后，建立数学模型定量描述各参数之间随时间变化的量化关系，为发酵过程优化控制提供依据。最后，通过计算机实施在线自动检测和控制，验证各种控制模型的可行性及其适用范围，实现发酵过程的最优控制。

第二节　培养基和菌体浓度对发酵过程的影响

微生物同其他生物一样，其生长繁殖依赖于从外界吸收营养物质，进而通过新陈代谢来获取能量和中间产物以合成新的细胞物质。培养基是人工配制的供微生物（或动植物细胞）生长、繁殖、代谢和合成人们所需目的产物的营养物质和原料。同时，培养基也为微生物等

细胞的生长提供了营养以外所必需的环境。由于微生物种类繁多，所以它们对培养基种类的需求和利用也不尽相同。

一、培养基（基质）的基本成分

基质即培养微生物的营养物质。对于发酵控制来说，基质是生产菌代谢的物质基础，既涉及菌体的生长繁殖，又涉及代谢产物的形成。因此，选择适当的基质和控制适当的浓度是提高代谢产物产量的重要方法。在分批发酵中，当基质过量时，菌体的生长速率与营养成分的浓度直接相关；对于产物的形成，培养基过于丰富，有时会使菌体生长过旺、黏度增大、传质变差，菌体不得不花费较多的能量来维持其生存环境，即用于非生产的能量大量增加。所以，控制合适的基质浓度对菌体的生长和产物的形成都有利。

二、碳源种类和浓度对发酵过程的影响和控制

1. 碳源种类对发酵过程的影响和控制

碳源种类对发酵的影响主要取决于碳源自身的性质。按碳源利用快慢程度，分为快速利用的碳源和缓慢利用的碳源。前者能较迅速地参与代谢、合成菌体和产生能量，并产生分解产物（如丙酮酸等），对菌体生长有利，但有的分解代谢产物对产物的合成可能产生阻遏作用；而缓慢利用的碳源多数为聚合物，菌体利用缓慢，有利于延长代谢产物的合成时间，特别是延长抗生素的分泌期，这为许多微生物药物的发酵所采用。例如，乳糖、蔗糖、麦芽糖、玉米油及半乳糖分别是青霉素、头孢菌素C、核黄素及生物碱发酵的最适碳源。因此，选择最适碳源对提高代谢产物的产量非常重要。

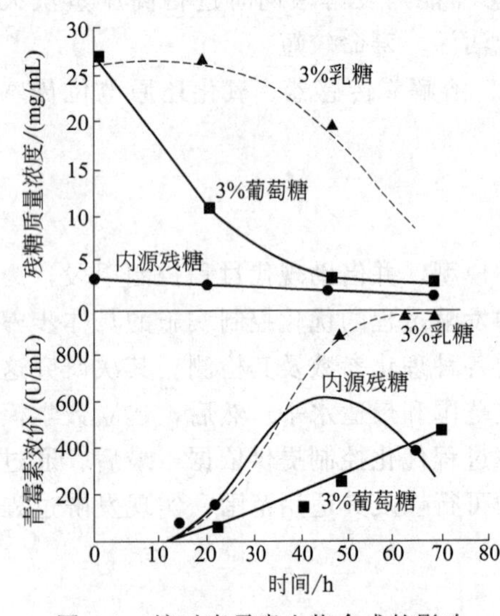

图 4-1　糖对青霉素生物合成的影响

在青霉素发酵的早期研究中，就认识到了碳源的重要性，在迅速利用的葡萄糖培养基中，菌体生长良好，但青霉素合成量很少；在缓慢利用的乳糖培养基中，菌体生长缓慢，但青霉素的产量明显增加。它们的代谢变化如图 4-1 所示。从图 4-1 可知，糖的缓慢利用是青霉素合成的关键因素。在其他抗生素发酵及初级代谢中也有类似情况，如葡萄糖完全阻遏嗜热脂肪芽孢杆菌产生胞外生物素——同效维生素（其化学构造及生理作用与天然维生素相类似）的合成。因此，控制使用能产生阻遏作用的碳源是非常重要的。在工业上，发酵培养基中常采用快速利用和缓慢利用的混合碳源，就是根据这个原理来控制菌体的生长和产物的合成的。

2. 碳源浓度对发酵过程的影响和控制

碳源浓度对微生物生长和产物合成有明显的影响，如培养基中碳源含量超过5%时，细菌的生长速率会因细胞脱水而下降。酵母菌或霉菌可耐受更高的葡萄糖浓度，达到20%，这是因为它们对水的依赖性较低。因此，控制碳源浓度对发酵的进行至关重要。目前，碳源浓度的优化控制可采用经验法和发酵动力学法，即在发酵过程中采用中间补料的方法进行控制。在采用经验法时，可根据不同的代谢类型确定补糖时间、补糖量和补糖方式；而发酵动力学法则要根据菌体的比生长速率、糖比消耗速率

及产物的比生成速率等动力学参数来控制碳源的浓度。

三、氮源种类和浓度对发酵过程的影响和控制

1. 氮源种类对发酵过程的影响和控制

氮源可分为无机氮源和有机氮源两大类，不同种类和不同浓度的氮源都能影响产物合成的方向和产量。例如，在谷氨酸发酵中，当 NH_4^+ 供应不足时，促使形成 α-酮戊二酸；过量的 NH_4^+ 反而促使谷氨酸转变成谷氨酰胺。控制适当的 NH_4^+ 浓度才能获得谷氨酸的最大产量。在研究螺旋霉素的生物合成中，发现无机铵盐不利于螺旋霉素的合成，而有机氮源（如鱼粉）则有利于产物的形成。像碳源一样，氮源也有快速利用的氮源和缓慢利用的氮源。前者如氨基（或铵）态氮的氨基酸（或硫酸铵等）和玉米浆等；后者如黄豆饼粉、花生饼粉、棉籽饼粉等。它们各有自己的作用，快速利用的氮源容易被菌体所利用，促进菌体生长，但对某些代谢产物的合成，特别是某些抗生素的合成产生调节作用而影响产量。例如，链霉菌的竹桃霉素发酵中，采用促进菌体生长的铵盐，能刺激菌丝生长，但抗生素的产量反而下降。铵盐对柱晶白霉素、螺旋霉素、泰洛星等的合成有调节作用。缓慢利用的氮源对延长次级代谢产物的分泌期、提高产物的产量是有好处的，但一次性的投入也容易促进菌体生长和养分过早耗尽，导致菌体过早衰老而自溶，从而缩短产物的分泌期。综上所述，对微生物发酵来说需要优化选择适当的氮源及其浓度。

2. 氮源浓度对发酵过程的影响和控制

发酵培养基一般选用含有快速利用和慢速利用的混合氮源。例如，氨基酸发酵用铵盐（硫酸铵或乙酸铵）和麸皮水解液、玉米浆作为氮源，链霉素发酵采用硫酸铵和黄豆饼粉作为氮源，但也有使用单一铵盐或有机氮源（如黄豆饼粉）的情况。为了调节菌体生长和防止菌体衰老自溶，除了基础培养基中的氮源外，还要通过补加氮源来控制浓度。生产上常采用以下方法：

（1）补加有机氮源　根据生产菌的代谢情况，可在发酵过程中添加某些具有调节生长代谢作用的有机氮源，如酵母粉、玉米浆、尿素等。例如，在土霉素发酵中，补加酵母粉可提高发酵单位；青霉素发酵中，后期出现糖利用缓慢、菌浓度变稀、pH 值下降的现象，补加尿素就可改善这种状况并提高发酵产量。

（2）补加无机氮源　补加氨水或硫酸铵是工业上常用的方法，氨水既可作为无机氮源，又可以调节 pH 值。在抗生素发酵工业中，补加氨水是提高发酵产量的有效措施，如果与其他条件相配合，有些抗生素的发酵单位可提高 50%。但当 pH 值偏高而又需补氮时，就可补加生理酸性物质的硫酸铵，以达到提高氮含量和调节 pH 值的双重目的。因此，应根据发酵控制的需要来选择与补充其他无机氮源。

四、磷酸盐的浓度对发酵过程的影响和控制

磷是微生物生长繁殖所必需的成分，也是合成代谢产物所必需的。微生物生长良好时所允许的磷酸盐浓度为 0.32～300mmol/L，但次级代谢产物合成良好时所允许的最高平均浓度仅为 1.0mmol/L，提高到 10mmol/L 可明显抑制其合成。相比之下，菌体生长所允许的浓度比次级代谢产物合成所允许的浓度要大得多，相差几十倍，甚至几百倍。因此，控制磷酸盐浓度对微生物次级代谢产物发酵来说是非常重要的。磷酸盐浓度对于初级代谢产物合成的影响，往往是通过促进生长而间接产生的，对于次级代谢产物，其影响机制更为复杂。

对磷酸盐浓度的控制，一般是在基础培养基中采用适当的浓度。对抗生素发酵来说，常常是采用生长亚适量（对菌体生长不是最适合但又不影响生长的量）的磷酸盐浓度。其最适浓度取决于菌种特性、培养条件、培养基组成和原料来源等因素，并结合具体条件和使用的原材料进行实验来确定。培养基中的磷含量还可能因配制方法和灭菌条件不同而有所变化。在发酵过程中，若发现代谢缓慢的情况，还可补加磷酸盐。例如，在四环素发酵中，间歇添加微量 KH_2PO_4，有利于提高四环素的产量。

除碳源、氮源和磷酸盐等主要影响因素外，在培养基中还有其他成分影响发酵。例如，Cu^{2+} 在以乙酸为碳源的培养基中，能促进谷氨酸产量的提高，而 Mn^{2+} 对芽孢杆菌合成杆菌肽等次级代谢产物具有特殊的作用，必须达到足够的浓度才能促进它们的合成等。

总之，控制基质的种类及各成分的浓度是决定发酵是否成功的关键，必须根据生产菌的特性和产物合成的要求进行深入细致的研究，以取得最满意的结果。

五、菌体浓度对发酵过程的影响

菌体浓度（cell concentration）是指单位体积中菌体的含量，它是发酵工业中一个重要的控制参数。它不仅代表菌体细胞的多少，而且反映菌体细胞生理特性不完全相同的分化阶段。在发酵动力学研究中，常利用菌体浓度来计算菌体的比生长速率和产物的比生成速率等动力学参数以及相互关系。菌体浓度与菌体生长速率直接相关，而菌体生长速率与微生物的种类和自身的遗传特性有关。菌体生长速率首先取决于细胞结构的复杂程度和生长机制。例如，细菌、酵母菌、霉菌和原生动物的倍增时间分别为45min、90min、3h和6h左右，即随着物种等级的升高，细胞结构越复杂，细胞增殖速率越慢。其次菌体生长速率与营养物质和环境条件有密切关系，营养物质丰富有利于细胞的生长，但也存在基质抑制作用，即营养物质存在上限，当超过此上限时会引起生长速率的下降，可能引起高渗透压、抑制关键酶或细胞结构的改变。总之，控制营养条件是微生物发酵研究和生产中的重要环节。

菌体浓度的大小对发酵产物得率会产生重要的影响。氨基酸等初级代谢产物的产率与菌体浓度成正比，而抗生素等次级代谢产物则存在浓度范围，当菌体浓度过高可能引起培养液中营养成分明显改变和有毒物质积累，导致菌体代谢途径改变，特别是溶解氧传递的限制，可引发早期酵母细胞生长停滞，生成乙醇等，抗生素发酵受到限制使产量下降。因此，采用临界菌体浓度——摄氧速率与传氧速率相平衡时的菌体浓度，即摄氧速率随菌体浓度变化的曲线与传氧速率随菌体浓度变化的曲线交点所对应的菌体浓度，来获得最高生产率。发酵过程应设法控制菌体浓度在合适的范围内，主要通过控制培养基中营养物质的含量来控制。首先，确定培养基中各种成分的配比；其次，采用中间补料的方式进行控制。在生产上可采用菌体代谢产生的 CO_2 量来控制生产过程的补糖量，以控制菌体的生长和浓度。总之，可根据不同的菌种和产品，采用不同的方法控制最适的菌体浓度。

第三节　温度的控制

在发酵过程中需要维持生产菌的生长和产物合成的适当发酵条件，温度是影响有机体生产繁殖最重要的因素之一，因为任何生物的酶促反应强弱都与温度有直接的关系。对微生物发酵来说，严格保持菌种的生长繁殖和生物合成所需的最适温度，对稳定发酵过程、缩短周期、提高发酵产量等都具有重要意义。所以，发酵过程中必须保证稳定和最适宜的温度环境。

可以通过水银温度计、热电偶、热敏电阻和金属电阻温度计监测发酵系统中的温度，并通过与其相偶联的执行机构（如改变冷却水阀门的开度）对发酵温度进行自动控制。

一、温度对发酵的影响

温度对发酵的影响是多方面且错综复杂的，主要表现在对细胞生长、产物形成、发酵液的物理性质和生物合成等方面。

1. 温度对微生物细胞生长的影响

随着温度的上升，细胞的生长繁殖加快。这是由于生长代谢以及繁殖都是酶促反应。根据酶促反应的动力学来看，温度升高，反应速率加快，呼吸强度加强，必然最终导致细胞生长繁殖加快。但随着温度的上升，酶失活的速度也越快，菌体衰老提前，发酵周期缩短，这对发酵生产是极为不利的。

2. 温度对产物形成的影响

有人考察了不同温度（13～35℃）对青霉菌的生长速率、呼吸强度和青霉素合成速率的影响，结果是温度对它们的影响是不同的。按照阿伦尼乌斯方程式计算，青霉菌生长的活化能 $E=34$kJ/mol，呼吸活化能 $E=71$kJ/mol，青霉素合成的活化能 $E=112$kJ/mol。活化能的大小表明温度变化引起酶反应速率变化的大小。从这些数据得知，青霉素合成速率对温度的影响最为敏感，微小的温度变化，就会引起生产速率产生明显的改变，偏离最适温度就会使产物产量发生比较明显的下降。这说明次级代谢发酵温度控制的重要性。

3. 温度对发酵液物理性质的影响

温度除了影响发酵过程中各种反应速率外，还可以通过改变发酵液的物理性质，间接影响微生物的生物合成。例如：温度对氧在发酵液中的溶解度就有很大的影响，随着温度的升高，气体在溶液中的溶解度变小，氧的传递速率也会改变。温度还影响基质的分解速率，比如菌体对硫酸盐的吸收在25℃时最小。并且大多数的发酵液都是非牛顿型流体（流体的黏度不仅仅是温度的函数，而且随流体的状态而异），流体的黏度随着温度的变化而变化。黏度大，不利于搅拌，基质不能很好地混合，也不利于氧的溶解，同时副产物大量积累，给后提取带来了极大的不便。

4. 温度对生物合成方向的影响

温度影响生物合成或代谢调节的方向和最终产物，这点不难理解，因为温度会影响生物体内酶的活性。例如，在四环素类抗生素发酵中，金色链丝菌能同时产生四环素和金霉素，在30℃以下时，金色链丝菌主要合成金霉素。随着温度升高，合成四环素的比例提高。当温度超过35℃时，金色链丝菌只产生四环素而停止生成金霉素。对微生物代谢调节的研究发现，温度与微生物的调节机制关系密切。例如，在20℃时，氨基酸末端产物对其合成途径的第一个酶的反馈抑制作用，比在其正常生长温度37℃时更大。根据这一发现，可以考虑在抗生素发酵后期降低温度，加强氨基酸的反馈抑制作用，从而提前使一些蛋白质和核酸的合成途径关闭，使代谢更有效地转向抗生素的合成。

当然，除了温度对产物形成有影响外，其他因素如生长速率、溶解氧浓度等都与产量有直接的关系，但温度的影响仍是不可忽视的重要因素。

二、影响发酵温度的因素

微生物在培养的过程中，随着它对培养基的利用，以及通气搅拌的作用，产生一定的热量，使罐温逐渐上升。微生物繁殖越快，菌体细胞越多，代谢越旺盛，大量产生发酵热，罐温上升变快。发酵的温升主要是微生物代谢活动（生物热）的结果，而生物热的形成受菌种性能、种子量多少、菌体浓度、培养基成分和培养条件等许多因素的影响。发酵热是发酵过程中释放出来的净热量，以 $J/(m^3 \cdot h)$ 为单位，它是由产热因素和散热因素两方面决定的，可表示如下：

$$Q_{发酵}=Q_{生物}+Q_{搅拌}-Q_{蒸发}-Q_{辐射}-Q_{显}$$

其中显热为排出气体的热散失，一般很小，可忽略不计。

由于 $Q_{生物}$ 和 $Q_{蒸发}$ 在发酵过程中是随时间变化的，因此发酵热在整个发酵过程中，也是随时间变化的。整个发酵过程温升的变化是这样的：发酵开始时因微生物数量少，释放热量小，尚需加热提高温度，以满足菌体生长的需要；当微生物进入生长旺盛期，菌体进行呼吸作用和发酵作用放出大量的热，温度剧烈上升；发酵后期逐渐缓和，释放热量减少。若前期温升剧烈，可能是杂菌感染。

为了使发酵维持在适当的温度下进行，必须采取措施——在夹套或蛇管内通入冷却水加以控制。过去大多是根据发酵液的温度变化情况，采用人工手动来开大或关小冷却水的阀门。目前，我国不少发酵工厂采用自动调节系统来自动控制发酵液的温度。

1. 生物热（$Q_{生物}$）

微生物在生长繁殖过程中，本身产生的大量热量称为生物热。这种热量主要来源于营养物质如糖类、蛋白质和脂肪等的分解，这些热量部分被用于合成高能化合物，并被消耗在各种代谢途径中，如合成新的细胞组分、膜的运输功能、细胞物理和化学完整性的维持、运动性细胞器的活动、合成次级代谢产物等。除此之外，在一些代谢途径中，高能磷酸键能可以以热的形式散发出去。

生物热的大小还随培养时间不同而不同，当菌体处在孢子发芽和滞后期，产生的生物热是有限的，进入对数生长期后，就释放出大量的热能，并与细胞的合成量成正比，对数期后，热量随菌体逐步衰老而减少。因此，在对数生长期释放的发酵热为最多，常作为发酵热平衡的主要依据。并且生物热也随着培养基的不同而不同。在相同的培养条件下，培养基成分越丰富，营养被利用的速度越快，产生的生物热就越大。

2. 搅拌热（$Q_{搅拌}$）

好气培养的发酵罐都装有大功率的搅拌器。搅拌带动液体作机械运动，造成液体之间、液体与设备之间发生摩擦，这样机械搅拌的动能以摩擦放热的方式，使热量散发在发酵液中。

3. 蒸发热（$Q_{蒸发}$）

通气时进入发酵罐的空气与发酵液可以进行热交换，使温度下降，并且空气带走了一部分水蒸气，这些水蒸气由发酵液蒸发时，带走了发酵液中的热量，也使温度下降。被排出的水蒸气和空气夹带着部分显热（$Q_{显}$），散失到罐外的热量称为蒸发热。因为空气的温度和湿度随着季节的变化而不同，所以蒸发热和 $Q_{显}$ 也会随之变化。

4. 辐射热（$Q_{辐射}$）

因发酵罐温度与罐外温度不同，即存在着温差，发酵液中有部分热量通过罐壁向外辐射，这些热量称为辐射热。辐射热的大小取决于罐内外的温差，会受环境温度变化的影响，冬天影响大一些，夏季影响小一些。

三、最适温度的选择与发酵温度的控制

所谓的最适温度就是最适于菌体生长和产物合成的温度。不同的菌体、不同的培养条件、不同的酶反应、不同的生长阶段，最适温度应是不同的，而且菌体生长的最适温度不一定等于产物合成的最适温度。如青霉素生产菌的最适生长温度是30℃，而最适青霉素合成温度为20℃。乙醇生产菌的最适生长温度为30℃，最适合成温度为33℃。所以在接种的初始阶段，应考虑生长菌体为主，优先调节适于生长的温度，待到产物合成阶段，即调节最适合成温度，以满足生物合成的需要。

此外，根据环境条件的优劣，可以通过调节温度来加以弥补。如通气条件较差或溶解氧较低时，可适当降低温度，因为降低温度可以提高氧的溶解度。又如培养基浓度较低或培养基较易被菌体利用时，提高培养基温度会使养分提前耗竭，菌体生长过盛，易发生自溶，使产物产量降低。

工业上使用大体积发酵罐的发酵过程，一般不需加热，因为释放的发酵热常常超过微生物的最适培养温度，所以需要冷却水的情况居多。

第四节　pH值对发酵的影响及控制

发酵液中营养物质的代谢吸收是引起pH值变化的重要原因，发酵液的pH值对菌体的生长繁殖和产物积累的影响极大，因此是一项重点检测的发酵参数。任何微生物进入生产之前，都必须进行生长和产物形成最适pH值的研究和实验，以便于掌握发酵过程中pH值变化的规律，及时对其进行检测，并加以合理的控制。

pH值可用耐灭菌的玻璃电极和银-汞参比电极以及pH测量仪表的检测系统检测，可连续指示罐内酸碱变化。

一、pH值对发酵的影响

pH值对微生物繁殖和产物形成的影响主要有以下几个方面：

（1）影响酶的活性，当环境pH值抑制菌体内某些酶的活性时，就会阻碍菌体的新陈代谢；微生物的生长和生物合成都有其最适合能够耐受的pH值范围。但菌体生长阶段和产物合成阶段的pH值不一定一致。

（2）影响微生物细胞膜所带电荷的状态，改变细胞的通透性，影响微生物对营养物质的吸收和代谢产物的分泌；对发酵产物的稳定性也有影响。例如，在噻孢霉素的发酵中，pH值在6.7～7.5之间时，抗生素的产量相近，稳定性未受到影响，半衰期也没有太大的变化。但pH值超出这个范围，即或高或低，合成就受到抑制；当pH值大于7.5时，抗生素的稳定性下降，半衰期缩短，产量也下降。

（3）影响菌体的形态，例如，产黄青霉细胞壁的厚度随着pH值的升高而减小。

（4）pH值不同，往往引起菌体代谢过程的不同，使代谢产物的质量和比例发生改变。例如，丙酮丁醇发酵中，细菌增殖的pH值以5.5～7.0为好，发酵后期pH值为4.3～5.3时积累丙酮丁醇，pH值升高则丙酮丁醇产量减少，而丁酸、乙酸含量增加。

从以上可以看出，为更有效地控制生产过程，必须充分了解微生物生长和产物形成的最适pH值范围。

二、影响发酵 pH 值的因素

发酵过程中，pH 值的变化是微生物在发酵过程中代谢活动的综合反映，其变化的根源取决于培养基的成分和微生物的代谢反应。比如，在青霉素合成中，发酵中以乳糖作为碳源，乳糖被缓慢利用，丙酮酸积累较少，pH 值维持在 6～7 之间，利于青霉素的积累；如以葡萄糖为碳源，葡萄糖被利用的速度很快，丙酮酸迅速积累，使 pH 值下降到 3.6，从而抑制青霉素的合成。

一般来说，有机氮源和某些无机氮源的代谢起到升高 pH 值的作用，例如氨基酸的氧化、硝酸钠的还原、玉米浆中的乳酸被氧化等，这类物质被微生物利用后，可使 pH 值升高，这些物质即被称为生理碱性物质。碳源的代谢往往起到降低 pH 值的作用，例如糖类不完全氧化时产生的有机酸、脂肪不完全氧化时产生的脂肪酸、铵盐氧化后产生的硫酸等，这些物质即被称为生理酸性物质。此外通气条件的变化、菌体自溶或杂菌污染都可能引起发酵液的 pH 值变化。总之，发酵液的 pH 值变化是菌体代谢反应的综合结果。据此我们也可以从发酵过程中 pH 值的变化情况推测发酵罐中各种生化反应的进展和 pH 值变化异常的可能原因。在发酵过程中，要选择好发酵培养基的成分及配比，并控制好发酵工艺条件，才能保证 pH 值不会产生明显的波动。

三、最适 pH 值的选择和控制

选择最适 pH 值的原则是既有利于菌体的生长繁殖，又可以最大限度地获得高的产量。一般最适 pH 值是根据实验结果来确定的，通常将发酵培养基调成不同的起始 pH 值，在发酵过程中定时检测，并不断调节 pH 值，以维持其最适起始 pH 值，或者利用缓冲剂来维持发酵液的 pH 值。同时观察菌体的生长情况。菌体生长达到最大值的 pH 值即为菌体生长的最适 pH 值。产物形成的最适 pH 值也可以如此检测。

在测定了发酵过程中不同阶段的最适 pH 值之后，便可以采用各种方法来控制。在工业生产中，调节 pH 值的方法不仅仅是采用酸碱中和，因为酸碱中和虽然可以迅速中和培养基中当时存在的过量酸碱，但是却不能阻止代谢过程中连续不断的酸碱变化，酸碱中和不能根本改善代谢状况。因为发酵过程中引起 pH 值变化的根本原因是微生物代谢营养物质的结果，因此最根本的措施是考虑培养基中生理酸性物质与生理碱性物质的配比，然后通过中间补料进一步加以控制。

在补料过程中，常使用生理酸性物质［如 $(NH_4)_2SO_4$］和生理碱性物质（如氨水），这些物质不仅可以调节 pH 值，还可以补充氮源。当 pH 值和氨氮含量均低时，补加氨水；若 pH 值较高，而氨氮含量较低时，应补加 $(NH_4)_2SO_4$。在青霉素发酵中，采用自动化补料工艺，通过控制葡萄糖的补加速率来控制发酵的 pH 值；在氨基酸发酵中，采用流加尿素的方法来调节 pH 值。流加发酵既可以达到稳定 pH 值的目的，又可以不断地补充营养物质，还可以解除由于底物的阻遏作用而对发酵产生的抑制，从而提高产量。补料发酵可以同时实现补充营养、延长发酵周期、调节 pH 值和调节培养液的特性等几个目的。

第五节　发酵供氧

好气性微生物的生长发育和代谢活动都需要消耗氧气，因为好气性微生物只有在氧分子存在情况下才能完成生物氧化作用，因此供氧对需氧微生物是必不可少的，在生物反应过程中必须供给适量无菌空气，才能使菌体生长繁殖和积累所需要的代谢产物。需氧微生物的氧化酶存在于细胞内原生质中，因此，微生物只能利用溶解于液体中的氧气。随着高产菌株的广泛利用和丰富培养基的采用，对氧气的要求更高。即使培养基被空气饱和，它所贮存的氧量仍然是很少的，在发酵旺盛时期，一般也只能维持正常呼吸15～30s，其后微生物的呼吸就会受到抑制。

一、微生物对氧的需求

氧是很难溶解的气体，在25℃、100MPa下，空气中的氧在水中的溶解度为0.25mmol/L。微生物会不断消耗发酵液中的氧，所以，发酵液中氧的溶解度很低，而微生物在人工环境内比较集中，所以浓度较大；另外在这种稠厚的培养液中氧的溶解度比在水中小，必须采用强化供氧，即采用通气搅拌的方式。氧的供应不足可能引起生产菌种的不可弥补的损失或可能导致细胞代谢转向所不需的化合物的产生。了解长菌阶段和代谢产物形成阶段的最适需氧量，就可能分别合理地供氧。纯氧在水、盐或酸中的溶解度，见表4-1。

表4-1　纯氧在水、盐或酸中的溶解度（1×10^5Pa）

温度/℃	在水中的溶解度/(mmol/L)	在25℃溶液中的溶解度/(mmol/L)			
		浓度	盐酸	硫酸	氯化钠
0	2.18	0	1.26	1.26	1.26
10	1.70				
15	1.54	0.5	1.21	1.21	1.07
20	1.38				
25	1.26	1.0	1.16	1.12	0.89
30	1.16				
35	1.09	2.0	1.12	1.02	0.71
40	1.03				

事实上并不需要发酵液中氧的浓度达到饱和浓度，只要维持在氧的临界浓度以上即可。微生物的耗氧速率受发酵液浓度的影响，各种微生物对发酵液中溶解氧浓度有一个最低要求，这一溶解氧浓度叫作“临界氧浓度”。不同微生物的呼吸强度不同，并且随着培养液中溶解氧浓度的增加而增加，直到临界氧浓度为止。同一种微生物的需氧量，随菌龄和培养条件不同而异，菌体生长和形成代谢产物的耗氧量也往往不同。因此，应尽可能了解发酵过程中菌的临界氧浓度和达到最高发酵产物的临界氧浓度，即菌的生长和发酵产物形成过程中的最高需氧量，以便分别合理地供给足够氧气。某些微生物的临界氧浓度，见表4-2。生物氧化中氧吸收的效率多数低于2%，通常情况下常常低于1%。也就是说，通入发酵罐约99%的无菌空气被白白浪费掉。而且大量无用空气还会引起泡沫的产生。所以通气效率的改进可减少空气的使用量，从而减少泡沫的形成和杂菌污染的机会。

表4-2　某些微生物的临界氧浓度

微生物名称	温度/℃	$c_{临界}$/(mol/L)	微生物名称	温度/℃	$c_{临界}$/(mol/L)
固氮菌	30	0.018～0.049	酵母菌	34.8	0.0046
大肠杆菌	37.8	0.0082	酵母菌	20	0.0037
大肠杆菌	15	0.0031	橄榄型青霉菌	24	0.022
黏性赛氏杆菌	31	0.015	橄榄型青霉菌	30	0.009
黏性赛氏杆菌	30	0.009	米曲霉	30	0.02

二、溶解氧浓度的变化及其控制

正常发酵条件下，每种产物发酵的溶解氧浓度变化都有自己的规律。如图 4-2 和图 4-3 所示，在谷氨酸和红霉素发酵前期，生产菌大量繁殖，需氧量不断增大，此时的需氧量超过供氧量，使溶解氧浓度明显下降，出现一个低峰，生产菌的摄氧率同时出现一个高峰，发酵液中的菌浓度也不断上升，并出现一个高峰。黏度一般在这个时期也会出现一个高峰阶段，这都说明生产菌正处在对数生长期。过了生长阶段，需氧量有所减小，溶解氧经过一段时间的平稳阶段（如谷氨酸发酵）或随之上升（如抗生素发酵）后，就开始形成产物，溶解氧也不断上升。谷氨酸发酵的溶解氧低峰在 6～20h，而抗生素的溶解氧低峰在 10～70h，低峰出现的时间和低峰溶解氧随菌种、工艺条件和设备供氧能力的不同而异。发酵中后期，对于分批发酵来说，溶解氧变化比较小。因为菌体已繁殖到一定浓度，进入静止期，呼吸强度变化也不大，如不补加基质，发酵液的摄氧率变化也不大，供氧能力仍保持不变，溶解氧变化也不大。当外界进行补料（包括碳源、前体、消沫油）时，则溶解氧发生改变，其变化大小和持续时间的长短随补料时的菌龄、补入物质的种类和剂量不同而不同。如补加糖后，发酵液的摄氧率增加，引起溶解氧下降，经过一段时间后又逐步回升；继续补糖，溶解氧甚至降至临界氧浓度以下，因而成为生产上的限制因素。在生产后期，由于菌体衰老，呼吸强度减弱，溶解氧也会逐步上升，一旦菌体自溶，溶解氧更会明显上升。

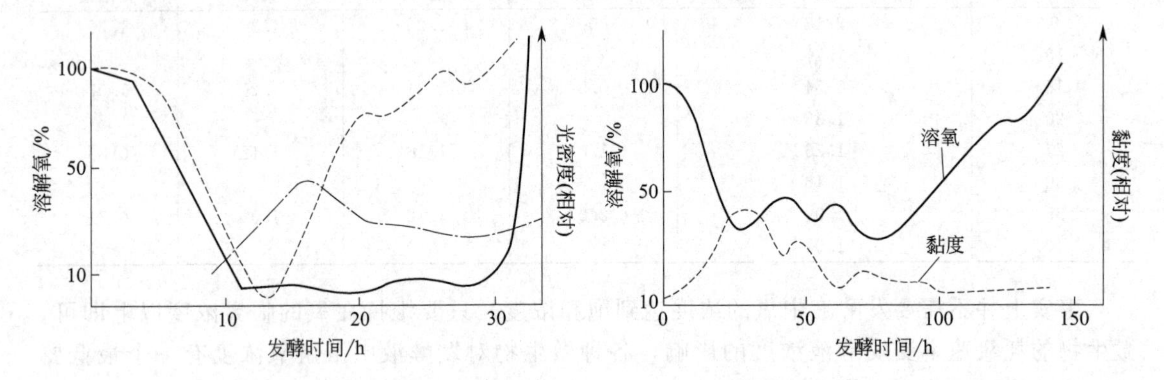

图 4-2　谷氨酸发酵时正常和异常的溶解氧曲线

—— 正常发酵溶解氧曲线；---- 异常发酵溶解氧曲线；

-·- 异常发酵光密度曲线

图 4-3　红霉素发酵过程中溶解氧和黏度的变化

在发酵过程中，有时出现溶解氧明显降低或明显升高的异常变化，常见的是溶解氧下降。造成异常变化的原因有两方面：耗氧或供氧出现了异常或发生了障碍。

据已有资料报道，引起溶解氧异常下降，可能有下列几种原因：

① 污染好气性杂菌，大量的溶解氧被消耗掉，可能使溶解氧在较短时间内下降到接近零。

② 菌体代谢发生异常现象，需氧量增加，使溶解氧下降。

③ 某些设备或工艺控制发生故障或变化，引起溶解氧下降，如搅拌功率消耗变小或搅拌速度变慢，影响供氧能力，使溶解氧降低。又如消泡剂因自动加油器失灵或人为加入量太多，也会引起溶解氧迅速下降。其他影响供氧的工艺操作，如停止搅拌、闷罐（罐排气封闭）等，都会使溶解氧发生异常变化。

引起溶解氧异常升高的原因，在供氧条件没有发生变化的情况下，主要是耗氧出现改变，如菌体代谢出现异常，耗氧能力下降，使溶解氧上升。特别是污染烈性噬菌体，影响最为明显，生产菌尚未裂解前，呼吸已受到抑制，溶解氧有可能上升，直到菌体破裂后，完全失去呼吸能力，溶解氧就直线上升。

由此可知，从发酵液中溶解氧浓度的变化，就可以了解微生物生长代谢是否正常、工艺控制是否合理、设备供氧能力是否充足等问题，查出发酵不正常的原因，控制好发酵生产。

第六节　二氧化碳对发酵的影响及控制

一、 CO_2 的来源及对发酵的影响

CO_2 是微生物的代谢产物，同时也是某些合成代谢过程的一种基质，它是细胞代谢的重要指示。溶解在发酵液中的 CO_2 对氨基酸、抗生素等微生物发酵具有刺激或抑制作用。

（1）通常 CO_2 对菌体生长具有抑制作用，当排气中 CO_2 的浓度高于4%时，微生物的糖代谢和呼吸速率下降。

（2）CO_2 对微生物发酵也有影响，如牛链球菌发酵、精氨酸发酵需要一定的 CO_2，才能获得最大产量。

（3）CO_2 对某些发酵还产生抑制作用，如对肌苷、异亮氨酸、组氨酸、抗生素的发酵，特别是抗生素的发酵。

（4）CO_2 除影响菌体的生长、形态及产物合成外，还会影响发酵液的酸碱平衡，使发酵液的pH下降。CO_2 与其他化学物质发生化学反应，与生长必需金属离子形成碳酸盐沉淀。氧的过分消耗会引起溶解氧浓度下降等。这些因素都会造成间接作用而影响菌体生长和产物合成。

二、 CO_2 的控制

CO_2 在发酵液中的浓度变化不像溶解氧那样有一定的规律，它的大小受许多因素的影响，如细胞的呼吸强度、发酵液的流变学特性、通气搅拌程度、罐压大小、设备规模等。由于 CO_2 的溶解度比氧气大，所以随着发酵罐压力的增加，其含量比氧气增加得快。当 CO_2 浓度增大时，若通气搅拌不变，CO_2 不易排出，在罐底形成碳酸，使pH值下降，进而影响微生物细胞的呼吸和产物的合成。有时为了防止“逃液”而采用增加罐压消泡的方法，会增加 CO_2 的溶解度，不利于细胞的生长。

对 CO_2 的控制主要看其对发酵的影响，如果对发酵有促进作用，应该提高其浓度，反之要设法降低其浓度。通过提高通气量和搅拌转速，在调节溶解氧的同时，还可以调节 CO_2 的浓度，通气使溶解氧保持在临界值以上，CO_2 又可随着废气排出，使其维持在引起抑制作用的浓度之下。降低通气量和搅拌转速，有利于提高 CO_2 在发酵液中的浓度。

CO_2 的产生与补料控制有密切的关系。例如在青霉素的发酵中，补糖可增加排气中 CO_2 的浓度，并降低培养液中的pH值。因为菌体生长、繁殖，青霉素合成等，都消耗糖而产生 CO_2，故增加发酵液中的 CO_2 浓度，可使pH值降低。可见补糖、CO_2 浓度和pH之间有相关性，作为青霉素补料工艺控制的重要参数，其中排气中 CO_2 的变化比pH的变化更为敏感。

第七节　泡沫的影响及控制

一、泡沫产生的原因

在微生物好气培养中，发酵液往往产生很多泡沫，这是正常现象，是由几方面因素造成的，其中包括外力、微生物代谢及培养基的成分等。所谓外力是指通气和搅拌，空气进入发酵液后，为了增加溶解氧速度，可以通过搅拌使大气泡变为小气泡，以增加气体和液体的接触面积，延长气泡在发酵液中的滞留时间。微生物细胞生长代谢和呼吸也会排出气体，如氨气、CO_2 等，这些气体使发酵液产生的泡沫称为发酵性泡沫。在这些泡沫产生的原因中，培养基物理化学性质对泡沫形成起了决定性作用。泡沫的稳定性主要与液体的表面性质，如表面张力、表观黏度和泡沫的机械强度有密切关系。培养基中的花生饼粉、玉米浆、皂苷、黄豆饼粉、糖蜜中所含的蛋白质，以及微生物菌体等具有稳定泡沫的作用。此外，培养基的温度、酸碱度、浓度等对泡沫也有一定的影响。

起泡剂一般都是表面活性物质，这些物质具有亲水基团和疏水基团。分子带极性的一端向着水溶液，非极性的一端向着空气，并在表面定向排列，增加了泡沫的强度。培养液的温度、pH、浓度和泡沫的表面积对泡沫的稳定性都具有一定的影响。

二、泡沫的危害

尽管泡沫是好氧发酵中的正常现象，但有些好气性发酵中，在发酵旺盛期产生的大量泡沫，会引起"逃液"，给发酵造成困难，带来很多副作用。

过多泡沫降低了发酵罐的填料系数，对发酵危害很大。一般的发酵过程，填料系数为0.6～0.7，其余部分容纳泡沫，而通常的情况，泡沫只占培养基的10%左右。泡沫的存在增加了微生物菌群的非均一性。由于泡沫液位的变化，以及不同生长周期微生物随泡沫漂浮，粘在罐壁，从而使菌体的生活环境发生了改变，妨碍了菌体的呼吸，造成了代谢异常，导致菌体提前自溶，增加了污染杂菌的机会。培养基随泡沫溅到轴封处容易染菌。生产上为了减少因通气搅拌引起泡沫产生，常采用降低通气量乃至"闷罐"的措施，影响了溶解氧的浓度，导致产物损失。大量起泡引起"逃液"，如降低通气量或加消泡剂，将干扰工艺过程，尤其是加消泡剂会给提取工艺带来困难。为了消除泡沫，发酵中加入植物油等消泡剂消泡，但消泡剂的加入给各下游提取工艺带来困难。

三、泡沫的消长规律

1. 泡沫的产生与通气、搅拌的剧烈程度有关

泡沫随着通气量和搅拌速度的增加而增加，并且搅拌所引起的泡沫比通气来得大。所以当泡沫过多时，可以通过减小通气量和降低搅拌速度做消极预防。

2. 与培养基所用原材料性质有关

蛋白质原料如蛋白胨、玉米浆、花生饼粉、黄豆饼粉、酵母粉、糖蜜等是主要的发泡物质，其起泡能力随着品种、产地、贮藏加工条件和配比不同而不同。糖类物质本身起泡能力

很差，但在丰富的培养基中，较高浓度的糖类物质会增加培养基的黏度，起泡能力也增强。此外，随着糖蜜培养基灭菌温度从110℃上升至130℃，灭菌时间为0.5h，发泡系数几乎增加一倍，这可能是因为形成大量的蛋白黑色素和5-羟甲基糖醛的缘故。

3. 在发酵过程中，培养基性质的改变，影响泡沫的消长

发酵初期泡沫的高稳定性与高的表观黏度和低表面张力有关。随着霉菌对碳源、氮源的利用，培养基的表观黏度下降，促使表面张力上升，泡沫的寿命逐渐缩短，泡沫减少。到了发酵后期，菌体自溶，培养基中可溶性蛋白浓度增加，又促使泡沫的稳定性上升。

四、泡沫的消除和防止

根据泡沫形成的原因与规律，可从生产菌种本身的特性、培养基的组成与配比、灭菌条件以及发酵条件等方面着手，预防泡沫过多形成。发酵泡沫消除的方法有机械消泡和消泡剂消泡两类，但近年来也注意从微生物本身的特性入手，筛选生长期不产泡沫的菌体突变株，防止泡沫的形成。或者可利用几种微生物的混合培养，即通过一种微生物产生泡沫形成的物质被另一种协作菌同化的作用来控制培养过程中产生的泡沫。

1. 机械消泡

一个理想的生物反应器，应具有优化工艺系统，使气体、培养基成分、代谢物、微生物具有较好的分散度和湍流程度，尽量增加装置，而能量消耗小。那么，在反应器中装一个耗能小的消泡系统，不仅要求保证不含“逃液”，使设备保持无菌，而且菌体不能受到机械损伤。

机械消泡是根据物理学原理，即靠机械作用引起压力变化（挤压）或强烈振动，促使泡沫破裂，这种消泡装置可放在罐内或罐外。在罐内最简单的是在搅拌轴上方装一个消泡桨，它可使泡沫被旋风离心压制破碎。罐外消泡法，是把泡沫引出罐外，通过喷嘴的喷射加速作用或离心力消除泡沫。机械消泡的好处是不需引进其他物质，如消泡剂，这样可以减少培养液性质上的微小改变，也可节省原材料，减少污染机会；但缺点是不能从根本上消除引起稳定泡沫的因素，效率不高，对黏度较大的流态型泡沫几乎没有作用，仅作为消泡的辅助方法。

2. 消泡剂消泡

因为形成泡沫的因素很多，所以选择消泡剂的作用机制也是多样的，消泡剂一般是采用表面活性物质。如果泡沫的表层带有极性的表面活性物质形成双电层时，加入一种具有相反电荷的表面活性剂，可以中和电性，以降低泡沫的机械强度；或加入某些更强极性的物质与发泡物质争夺泡沫表面上的空间，而引起力的不平衡，使液膜的机械强度降低，使泡沫破碎。如果泡沫液膜的表面黏度较大，可加些分子内聚力较小的物质，以降低液膜的表面黏度，使液膜的液体流失，使泡沫破碎。

一般好的消泡剂最好能同时具备降低液膜的机械强度和表面黏度这两种性能。此外，为了使消泡剂易于分散在泡沫表面上，消泡剂应具有较小的表面张力和较小的溶解度。同时还应考虑对微生物细胞是无毒的，不影响氧的传递，能够耐高温高压，浓度低而效率高，并且对产品质量和产量无影响，成本低、来源广泛等因素。

工业上使用的消泡剂种类较多，有天然油脂类、聚醚类、高级醇、聚硅氧烷类脂肪酸、亚硫酸、磺酸盐等。其中使用最多的是天然油脂和聚醚类。

（1）天然油脂　天然油脂有玉米油、豆油、棉籽油、米糠油、猪油、鱼油等。天然油脂不仅用于消泡，还可以作为碳源并控制发酵。由于油脂分子中无亲水基团，在发泡介质中难以铺展，所以消泡能力较差。使用时应注意油脂的新鲜程度，碘值和酸值高的油脂，消泡能力差，并对发酵有不利影响。油脂作为消泡剂的用量大，如50t土霉素发酵罐，若不用合成消泡剂，每批发酵需耗玉米油2t左右，所以常用合成消泡剂取代。

(2) 聚醚类　聚醚类消泡剂的种类很多，应用较多的是聚氧丙烯甘油（GP）和聚氧乙烯氧丙烯甘油（GPE），它们以一定比例配制的消泡剂又称泡敌。此类消泡剂用量少，为0.03%～0.035%，而消泡能力却大于植物油10倍以上，如果使用得当，对细胞生长、产物合成几乎没有影响。此外，此类消泡剂还具有性能稳定、操作简便、容易控制、用量少而成本低的优点。

聚氧丙烯甘油的亲水性能差，分散系数小，在发泡介质中的溶解度小，其抑泡性能比消泡性能好，适宜在配制培养基时加入，能够在整个发酵过程中抑制泡沫的产生。如在链霉素发酵中，加入基础培养基，抑泡效果明显，可完全取代天然油脂，消泡效果相当于豆油的60～80倍，对发酵无不良影响。而聚氧乙烯氧丙烯甘油的亲水性好，在发泡介质中容易铺展，作用迅速且消泡能力强，其溶解度相应较大，消泡活性维持的时间较短，所以在黏稠发酵液中的使用效果较好。

(3) 高级醇类　高级醇类消泡剂最常用的是十八醇，还有聚二醇，具有消泡效果持久的特点，对霉菌类效果最佳。

(4) 聚硅氧烷类　聚硅氧烷类消泡剂主要是聚二甲基硅氧烷及其衍生物，常与分散剂（微晶 SiO_2）一起使用，或与水配成10%的纯聚硅氧烷乳液，适用于细菌和放线菌的发酵。

消泡剂多数是溶解程度较小、分散性较差的高分子化合物，消泡的效果与使用方法有很大的关系，所以消泡剂在发酵罐中能否起作用取决于它们的扩散能力。增效剂起到帮助消泡剂扩散和缓慢释放的作用，可以加速和延长消泡剂的作用，减少其黏性。还可以采用化学和机械方法联合控制消泡，及采用相应的自动控制系统。液位电极控制消泡剂的流加液位电极是根据空气与带有发酵液的泡沫电导率不同的原理制造的。采用双位式的控制方法，当反应物液面达到一定的高度时，自动打开消泡剂的阀门，当液面降回到正常时，自动关闭消泡剂的阀门。

消泡剂的持久性除由其本身的性能决定外，还与加入量和时间有密切的关系。同样用量的消泡剂少量多次和少次多量的持久效果大不一样。少量多次滴加可以收到有效防止泡沫产生和节省用量的双重效果。对于消泡剂的应用应注意在使用之前做比较试验，找出消泡剂对微生物生理特性影响最小、消泡效率最大的条件。其次，在使用天然油脂时一次不能加得太多，过多的油脂会被脂肪酶分解为有机酸、脂肪酸，会降低pH值，使DO下降，影响发酵的正常进行。

第八节　发酵终点的判断

发酵终点的判断对提高产物的生产能力和经济效益是很重要的。无论哪一种类型的发酵，发酵终点的判断是否准确对提高产物的生产能力和经济效益至关重要。生产能力是指单位时间内单位发酵罐体积的产物积累量。生产过程不能只单纯追求高生产力，而不顾及产品的成本，必须把两者结合起来，既要有高产量，又要降低成本。

一、影响放罐时间的因素

无论是初级代谢产物还是次级代谢产物发酵，到了发酵末期，菌体的分泌能力都会下降，产物的生产能力相应下降或停止。有的菌体衰老而自溶，释放出体内的分解酶，会破坏已经形成的产物。另外，染菌也会引起产物的生产能力下降或发生分解。因此，如何确定合理的放罐时间需要考虑以下几个因素。

1. 经济因素

发酵时间要考虑经济因素，也就是要以最低的生产成本来获得最大生产能力的时间为最适发酵时间。在实际生产中，发酵周期缩短，设备的利用率则提高。但在生产速率较小（或停止）的情况下，单位体积的产物产量增长就有限，如果继续延长生产时间，使平均生产能力下降，而动力消耗、管理费用支出、设备消耗等费用仍在增加，因而产物成本增加。所以，需要从经济学观点确定一个合理时间。

2. 产品质量因素

发酵时间长短对后续工艺和产品质量有很大的影响。如果发酵时间太短，势必有过多的尚未代谢的营养物质（如可溶性蛋白、脂肪等）残留在发酵液中，这些物质对下游操作提取、分离工序等都不利。如果发酵时间太长，菌体自溶，释放出菌体蛋白或菌体内的酶，又会显著改变发酵液的性质，增加过滤工序的难度，这不仅使过滤时间延长，甚至使一些不稳定的产物遭到破坏。所有这些影响，都可能使产物的质量下降，产物中杂质含量增加，故要考虑发酵周期长短对提取工序的影响。

3. 特殊因素

在个别特殊发酵情况下，还要考虑个别因素。对老品种发酵来说，放罐时间都已掌握，在正常情况下，可根据作业计划，按时放罐。但在异常情况下，如染菌、代谢异常（糖耗缓慢等），就应根据不同情况，进行适当处理。

二、发酵终点判断的依据

发酵类型不同，要求达到的目标也不同，对发酵终点的判断标准也就不同。一般当原材料成本是整个产品成本的主要部分时，则要追求的是提高产物得率；当生产成本是整个产品成本的主要部分时，所追求的是提高生产率和发酵系数；当下游技术成本占整个产品成本的主要部分，而产品价格又较贵时，追求的是较高的产物浓度。因此，计算放罐时间还应考虑体积生产率（每升发酵液每小时形成的产物量）和总生产率（放罐时发酵单位除以总发酵生产时间）。这里，总发酵生产时间包括发酵周期和辅助操作时间，这就要求在产物合成速率较低时放罐，以缩短发酵周期；而延长发酵时间虽然略能提高产物浓度，但生产率下降，水电等消耗多，成本反而提高。

放罐过早，将残留更多的养分（如糖、脂肪、可溶性蛋白），对分离纯化不利（这些物质能增加乳化作用，干扰树脂的交换作用）；放罐过晚，菌体自溶，会延长过滤时间，还会使产品的数量降低（有些抗生素单位下跌），扰乱分离纯化作业计划。放罐临近时，加糖、补料或消泡剂都要慎重，防止残留物对后提取的影响。补料可根据糖耗速率计算得到放罐时允许的残留量来控制。对抗生素发酵，一般在放罐前约16h便应停止加糖或消泡剂，并控制在菌体自溶前放罐，极少数品种在菌丝部分自溶后放罐，以便胞内抗生素释放出来。

一般判断放罐的主要指标有：产物浓度、氨基氮、菌体形态、pH值、培养液的外观、黏度等。放罐时间可根据作业计划确定，但发酵异常时，要根据具体情况确定合理的放罐时间，以避免倒罐。合理的放罐时间可由试验来确定，即根据不同的发酵时间所得的产物产量计算出发酵罐的生产能力和产品成本，采用生产力高而成本又低的时间作为放罐时间。而对于新产品发酵，更需要摸索合理的发酵时间。总之，发酵终点的判断需要考虑多方面的因素。

第九节　发酵过程的建模、优化控制与故障诊断

生物反应过程和化学反应过程不同，它不但可在常温常压下进行，而且操作和反应条件温和，对环境的污染相对较小。但是，一方面生物过程的反应速率较慢，目的产物浓度、生产强度、反应物质向目的产物的转化率较低；另一方面，生物反应过程的环境因子，也就是通常所说的操作条件，诸如温度、压力、pH、培养基浓度等，也是影响生物过程生产水平的重要因素。利用过程控制和优化的方法，将生物过程准确地控制在最优的环境或操作条件下，是提高整体生产水平的一个捷径或者说是一种更简便易行的方法，其重要性绝不亚于菌种的改良。

与物理过程和化学反应不同，生物发酵过程建模往往要涉及成百上千个物理过程和化学反应。因此，与上述过程相比，生物过程有着以下特征：

（1）动力学模型呈高度的非线性；

（2）随着发酵或生物反应的进行，或随着发酵批次的不同，过程的动力学模型参数常常变化不定，呈现强烈的时变特性，对于某些生物过程甚至无法用数学模型来对动力学特性进行定量的描述；

（3）由于噪声、稳定性、苛刻的操作维护条件、传感器价格的制约，除了某些简单的物理和化学状态变量，如温度、压力、pH、气体分压、溶解氧浓度外，绝大多数生物状态变量是很难在线测定的；

（4）由于发酵过程涉及诸多物理过程和化学反应，其相互间的作用和影响必然导致生物过程的响应速度慢、在线测量等带有大幅时间滞后的特征。

生物过程的上述特性，使得基于线性动力学模型的传统控制与优化控制理论难以适应和满足生物过程控制与优化的要求。

一、数据驱动方法在发酵过程中的推广与应用

数据驱动方法（或大数据分析技术）以采集的海量过程数据为基础，通过各种数据处理与分析方法（如多元统计方法、聚类分析、频谱分析、小波分析等）挖掘出数据中隐含的信息与特征，从而指导生产，提高产品质量和故障诊断能力。数据驱动方法符合流程工业的特点。

现代流程工业过程，无论整个工厂还是单独一台大型设备，都是大系统、大数据量。21世纪是大数据的时代，以大数据为依托的数据驱动方法是建立在比较严格的统计研究基础上，能把最重要的信息捕获到较低维的空间上的方法。过程数据是空间相关的，这是因为从过程中测得的大量传感器读数以及过程变量的变化数据通常被限制在较低的维度上；同样，过程数据也是序列相关的，是因为采样间隔相对较小，标准的过程控制器不能消除惯性部件

在系统中的影响，如水箱、反应器和再循环流，而多元统计方法本身就是解决变量间相关性的一种数学方法。正因为如此，数据驱动技术非常适合于大型流程工业系统的过程建模、优化控制与故障诊断。

虽然现代流程工业有大量的智能仪器仪表，可以获得大量的过程信息，但是要从观测的数据中实现对过程运行情况的评估，已超出了操作员或工程师的能力范围，发酵过程尤其如此。而数据驱动技术的优势在于它们能够将大量高维的数据变换成低维数据，并从海量数据中获取重要的信息，这些信息不仅能让工程师实时掌握有关过程的运行状态，提高控制的准确性和快速性，还可以利用这些数据排除故障，减小企业不必要的损失。除此之外，基于数据驱动的方法只需要过程数据就可以实现过程建模、优化与过程诊断。这一特点在实际应用中有着非常重要的意义，因为在某些工业过程中，可能唯一能用的信息就是过程数据。因此，该方法很容易结合操作经验、工艺知识、历史故障记录等信息，且这些信息的正确利用往往会起到事半功倍的效果。上述特点都是基于数学模型方法所不具备的。

流程工业的迅速发展，加之集散控制系统、数据库和智能仪表的广泛使用，使得工业过程采集并记录了大量的工业数据，考虑到数据驱动方法分析大数据的优势，这对流程工业的建模、优化和故障诊断提供了一条简单有效的途径。数据驱动的方法不仅可以提高流程工业中产品的质量和产量、减少能耗、节约资源，还可以排除安全隐患、保障生命和财产安全，这对企业的兴衰、国家经济发展、社会安定都有着重要的意义。

二、发酵过程数学建模方法

发酵过程最优控制需要根据过程模型对温度、pH 值、溶解氧浓度、补料速度等发酵参数进行寻优计算，以确定这些参数的最优控制轨迹。而数学建模是对重要的过程输入（菌种、培养基、补料、环境条件等）和过程输出（生物量、产物、pH 值、温度、溶解氧、尾气成分等）的关联，揭示发酵状态变量的特性，有助于改进过程的控制。输入变量和输出变量根据建立数学模型的目的来选择。

代谢产物的生产是大量细胞反应的结果，细胞活性及功能的非均一性进一步增加了过程的复杂性。限定模型的结构（或指定模型的复杂度）是影响发酵过程模型的一个极为重要的因素，一个通用的规则是越简单越好，只要模型中包括基本的机理及模型结构即可。因此，最优控制一般采用非结构模型。非结构模型是指生物量由单一变量描述（如总的生物量浓度），转变为同时考虑细胞群体的分离。根据建立模型的方法不同可将数学模型分为以下五种类型。

1. 经验模型

在完全不了解或不考虑过程机理的情况下，依据现场经验和大量的发酵批次数据，利用一些数学方法寻找发酵规律所建立的模型称为经验模型。利用发酵批次数据，以二次多项式模型集为基础，使用逐步回归和统计推断进行模型选择和参数估计的通用建模方法。这种模型在工厂实践中取得了一定的效果，但由于忽略了微生物生长和细胞代谢机制，很难找到最优控制条件。

2. 机理模型

从过程机理出发，基于酶动力学、发酵动力学、生化反应工程和物质平衡原理所建立的模型称为机理模型。Monod 早在 20 世纪 40 年代就提出一种关于菌体生长的简化的动力学模型。此后在 Monod 模型基础上，又演变出很多模型。它们从不同角度对 Monod 模型进行了修正。Tan 等建立了非线性和时变的发酵系统的模型，并使用扩展卡尔曼滤波器和迭代卡尔曼滤波器估计参数。这种结构复杂的模型是建立在半经验、半简化的基础上，不能从本质上揭示发酵过程的特点，很难有效地描述出整个过程的特性，应用范围窄，模型的求解也比较困难，所以难以实际应用。

3. 神经网络模型

近年来在各个领域广泛使用的人工神经网络技术具有很强的非线性映射能力，它通过调整网络的内部权值来拟合系统的输入输出关系，即根据输入输出数据来建立系统的非线性模型。网络的统计信息储存在权值矩阵内，可以反映十分复杂的非线性关系；网络的输出节点个数不限，很适合多变量的建模。

4. 混合神经网络模型

由于发酵过程的复杂性，建立精确的数学模型非常困难，"黑箱"式标准神经网络模型在精确性和可靠性方面也值得商榷。因此，近年来有学者提出建立混合神经网络模型，其基本思想是，由过程的某些状态向量及控制向量作为标准神经网络的输入，其输出是由先验知识难以确定而又密切联系并反映系统内部机理的一些参数。此输出可代入已知先验模型，结合其他所需参数计算出所要预测的状态量。此类模型包括两部分：基于先验知识的部分和标准神经网络模型部分。前者通常是一组由物料平衡原理推导出的微分方程。然而，这类模型训练过程比较复杂，而且将先验模型和神经网络模型的不足叠加到了一起，导致模型的精度可能难以保证。

5. 数据驱动模型

数据驱动模型是一种因果关系的表达。广义来讲，如特征提取的 PCA、ICA 等所产生的低维空间也可以看作代表原始过程的模型，但就模型辨识软测量的应用来讲，主要还是指统计回归类算法，如 PCR、PLS 等。基于数据驱动的建模方法，它利用生产过程丰富的数据信息，运用多元统计分析理论建立关键变量与其他可测变量的统计回归模型，具有模型结构统一、建模方法简单和运行维护方便的优点，尤其适用于高维的复杂生产过程。该方法侧重研究发酵过程中各操作参数、控制指标之间的关系，寻求工艺过程中最合理的操作条件，对获得生产操作的优化策略，实现工艺过程的最佳控制和开发新的控制规律，提高生产过程的自动化水平具有重要意义。但要建立一个精度较高的统计模型，不仅要有足够的操作数据，还要选择合理的模型结构。此外，建模过程往往只是其他应用如优化控制、状态预测、过程监测、故障诊断等的第一个步骤。因此，建模方法应该和建模目的一起全面考虑。

由于生物发酵过程是一个复杂的生长代谢过程，既有一般化工过程的传质特点，又有生命体代谢反应的特性。因此，单凭经验来控制发酵生产已远远不能满足实际的需求。然而，伴随着计算机技术的高度发展，过程数据的大量积累，在客观上为我们提供了对复杂发酵过程进行分析和建模的条件。目前，借助于数据驱动方法的发酵过程模型化已受到人们的极大关注。

三、发酵过程优化控制技术

发酵过程优化，目的是提高发酵单位，获得最大的经济效益，这可以从三个方面考虑：第一个方面是菌种选育优化；第二个方面是培养基配方优化；第三个方面是发酵参数优化。前两个方面是工艺研究的主要课题，第三个方面是工程研究的主要问题。发酵参数优化包含两个方面：环境条件和生理相关特性的优化，前者主要指温度、pH 值等环境变量的优化控制，后者主要指氧传递过程、营养物质添加的优化控制。微生物发酵的最优控制就是寻找发酵参数的最优控制轨迹，从而实现发酵产物最大化的目标。

1. 发酵过程控制

所谓发酵过程控制，就是把发酵过程的某些状态变量控制在某一期望的恒定水平上或者时间轨道上。控制和最优化是两个不同的概念，但彼此之间又是紧密联系的。很多情况下，过程的最优化就是靠把某些状态变量定值控制在某一水平或者把程序控制在某一时间轨道上才得以实现的。因此，从某种意义上来说，控制是最优化的前提和保证。

发酵工程的控制分成两类：离线控制和在线控制。这两类控制区分的主要依据是其发酵过程特征状态向量能否实现在线测定。

首先介绍离线控制，它的主要特点就是不需要在线测定任何状态变量，也不必分析控制系统的稳定性、响应特性等，它是一种开回路-前馈控制方式。它的缺点是对过程动力学的准确性有着过高的要求，所有的控制变量都是通过数学模型推导计算出来的。因此，一旦环境发生改变，其动力学特征也会发生变化或者偏移，那么其控制效果就变得十分不理想。

在线控制要求至少有一个状态变量是在线测定的。在线控制原理是得到测量值与被控变量设定值之间的偏差，然后经过反馈控制调节器按照一定的方式，自动地调整和修改操作变量，因此在线控制为闭回路-反馈控制方式。

2. 发酵过程最优化控制

最优控制理论是指在满足一定约束条件下，寻求最优控制规律（或控制策略），使系统在规定的性能指标（目标函数）下获得最优值，即寻找一个容许的控制规律使动态系统（受控对象）从初始状态转移到某种要求的终端状态，保证所规定的性能指标达到最大（小）值。最优化和控制是两个完全不同的概念，通过改变操作条件和控制变量使目标函数取得最大值的过程称为最优化。

一般来说，生物发酵过程最优控制最基本的目标函数有三个：

① 浓度　即目的产物的最终浓度或总体活性。

② 生产强度或生产效率　也就是目的产物在单位时间内单位生物反应器体积下的产量。

③ 转化率　即基质或者说反应底物向目的产物的转化比例，这里所谓的目的产物可以是常见的一级代谢产物（如酒精、有机溶剂、有机酸等），也可以是具有很高附加值的二级代谢产物（如氨基酸、蛋白质、生物酶等），还可以是生物细胞本身。

实现发酵过程的最优化控制，首先需要确立过程控制的目标函数（优化指标），确定过程的状态变量、操作变量和可测量变量。其次建立描述状态变量与独立变量（通常是时间）、操作变量间关系的动力学数学模型。数学模型可以是有明确物理和化学意义的模型，也可以是仅仅反映状态变量与操作变量关系的黑箱模型。如果确实没有描述过程动力学特性的数学模型可用，则经验型的、以言语规则为中心的定性模型也可以用来进行过程的优化控制。最后，需要选择和确定一种有效的优化算法来实现发酵过程最优化控制。

发酵过程最优化控制的建模过程要严格遵循实际需求，了解生物过程本质，以便于我们从众多的数学模型中找到最适合、最简便的模型。因此，根据不同的发酵过程，找到合适的数学模型是实现过程优化控制的第一步。发酵过程的优化控制模型可以说是复杂多样的，不过大体上可以分为三类。

第一类模型是构造性模型，此类模型将生物过程描述得极为细致，包括代谢网络模型和细胞内的组成成分变化。该模型的优点显而易见，它包括了所有生物过程的反应网络，可以准确地把握生物过程。但是，它的缺点也十分明显，就是建模过程过于复杂。因此，在实际应用中，此类模型很少使用。

第二类模型可称为黑箱模型（数据模型），此类模型不考虑生物过程的本质和内在的各种反应原理和机制，没有任何物理化学意义，仅仅是状态变量和操作变量的时间序列数据模型。经常用到的黑箱模型有两种：基于过程状态变量和操作变量时间序列的回归模型和人工神经网络。这两种模型的应用范围不同，第一种用于在线自适应控制系统或在线最优化控制系统，第二种用于模式识别、状态预测和输入输出变量的非线性回归等领域。

第三类模型在发酵过程控制和优化过程中使用较广，称为非构造式数学模型。该模型能较好地将生物过程和经验公式结合起来，而且可以舍弃不易测量的状态变量和操作变量，减少建模的难度。但是，该类模型常常具有非线性，所以要对模型进行线性化处理，以克服模型不准确和偏移的缺点，避免优化控制的失败。

通常来说，最优化控制方法可以分为三类。①基于非构造式模型的最优化控制方法。②基于在线可测输入输出时间序列数据和黑箱模型的最优化控制方法。其中，第一类是求解操作变量时变函数集合的问题，如求解浓度随时间变化的轨道；第二类是一种典型分级递阶型的控制系统。上位的在线系统不断搜寻使目标函数达到最大的条件，并向下位的控制系统发出新的设定值。③基于数据驱动的控制方法，不需要预先建立控制模型，而是利用生产过程中产生的数据进行优化控制。一定程度上，可以解决大规模、约束复杂和多目标等综合复杂的过程。目前，最优控制领域的研究主要集中在神经网络优化、预测控制、混合优化、遗传算法、鲁棒控制以及稳态递阶控制等，用到的方法主要有变分法、动态规划、最大值原理、模糊规划、神经元动态规划、人工神经元网络模型、人工神经网络优化、无模型自适应控制、迭代反馈整定和迭代学习控制等。

在发酵过程的优化控制中，补料分批发酵过程的最优化通常属于有约束的非线性动态优化问题，可应用最大值原理、动态规划等方法进行寻优，最优化目标通常是使菌体量或者代谢产物最大化，而最优化的操作变量是补料速率。然而，确定最优补料速率曲线是一个奇异控制问题，最大值原理往往不能产生一个完全解。此外，最大值原理和动态规划等方法需要精确的数学模型，而发酵过程控制的最大困难是由于对发酵机理的认识不足以及生物传感器的缺乏，难以建立精确的数学模型，导致这些方法不能得到真正的最优控制轨迹。

为了实现整个发酵过程的最优控制，应该尽量缩短迟滞期；尽可能延长对数生长期，提高菌体细胞的增长数量；提供最佳条件延长稳定期，以求获得最大次级代谢产物浓度；稳定期后应该及时结束发酵过程，以免出现群体衰落现象。从上面分析可以看出，应该分阶段建立发酵过程模型，在每个阶段内设置不同的目标函数进行寻优，实现整个发酵过程的优化控制。

四、发酵过程故障诊断技术

对于现代生物发酵工业过程，随着先进控制技术在发酵工业生产过程中的应用，生产系统的规模和复杂程度迅速增加，系统中出现的某些微小故障若不能及时检测并排除，就有可能造成整个发酵系统的失效、污染，甚至导致严重后果。此外，发酵过程机理复杂，过程呈现出强烈的非线性和时变性，过程反应条件苛刻，稍有不慎就会引起染菌或产量和质量的大幅波动，因此开展发酵过程的故障监测与诊断研究具有重要的现实意义。通过故障监测与诊断可以较早地发现故障和误操作，及时做出调整，可以避免发酵周期缩短、产量降低、延长生长延迟期、降低生长速率、生长抑制、产率以及产物浓度降低等经济损失。不仅如此，发酵过程故障诊断还可以避免整条生产链因故障或误操作所造成脱产、瘫痪甚至停产等生产事故。可以说发酵过程中的故障监测与诊断不仅可以避免经济损失，还可以通过节约生产成本，减少能耗，避免菌体自溶、产物分解来增加企业的经济效益。

严格意义上讲，故障诊断技术包含故障监测与故障诊断两个递进单元，即通过计算机监测生产过程的运行状态，不断地对工况进行分析，判断生产过程是否正常，在故障发生后能迅速定位故障源，隔离并消除故障，使系统在给定的性能指标下运行。

传统的故障监测与诊断技术一般分为三大类：基于解析模型的方法、基于信号处理的方法以及基于知识的方法，如图 4-4 所示。基于定性分析的故障诊断方法主要包括图论方法、专家系统、定性仿真，该类方法无须建立精确的数学模型，而是通过专家系统、因果关系模型、递阶模型来定性地描述过程中各个单元之间的连接关系，故障传播模式等过程知识，在出现故障后，通过推理、演绎或模式识别自动完成整个故障的监测、识别及诊断任务。基于定性分析的方法适合于有大量生产经验和专家知识可利用的场合，其诊断结果易于理解，但该类方法通用性较差，通常需要结合具体的应用对象，其解决方案往往具有不确定性。此外，这类方法诊断的准确程度往往依赖于模型的复杂度或专家经验的丰富程度和知识水平的高低。

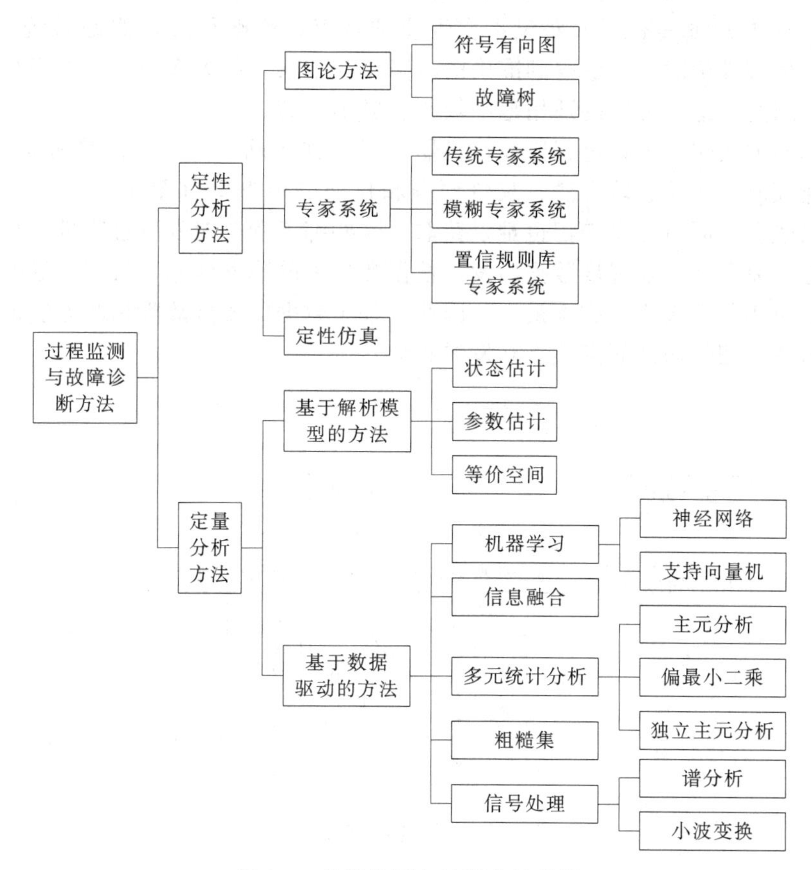

图 4-4　故障监测与诊断方法分类

基于定量分析的故障诊断方法主要包括基于解析模型的方法和基于数据驱动的方法。其中基于解析模型的方法是发展最早、最深入、最成熟的方法，在建立被诊断对象数学模型的基础上，在噪声下重构系统状态，或利用监测信号估计出系统的物理参数，并通过故障和参数变化间的联系，对状态估计残差序列的识别和检验等技术对故障进行定量、定位、定因和预报。基于数据驱动的故障诊断方法目前已成为非常热门的研究领域，该方法不需建立复杂的数学模型，也不需要准确的先验知识，所采用的数据是工业过程中的第一手资料，更接近于真实情况，且附加成本低，易维护，在复杂工业过程中易得到广泛的应用。

与故障诊断技术的功能相比，从某种意义上说，故障预测是发酵过程生产更迫切需要的一项技术。现代化生产要求最大限度地获得企业的整体效益，往往并不是设备一有故障就能停工处理。在大多数情况下，发酵过程是否需要停罐检查，要视故障的严重程度、发展趋势和生产形势而定。因此，过程一旦发生异常，现场人员最关心的是异常的严重程度如何，后续的发展趋势如何，能否继续生产下去等问题。如果能够通过状态预测，预知生产过程中的变化趋势，就可以将停罐安排在最适宜的时间，最大限度地降低经济损失。因此，故障预测技术的研究可以预防设备故障的进一步发展，为检修提前做好准备，缩短检修时间，对于企业获得最大效益具有积极的意义。

基于知识的故障预测方法包括专家系统和模糊逻辑等（图 4-5），这类方法的优势是能够利用现有的专家知识和经验，而不需要已知的非常精确的数学模型。但此类方法的不足是知识获取较困难，在发酵过程故障预测方面应用受限。

基于模型的故障预测方法包括基于滤波器的故障预测方法以及基于故障机理建模的方法等（图 4-5）。这类方法具有深入对象本质性质的特点，能够很好地跟踪系统的变化趋势。当对象的数学模型准确时，能够得到准确的故障预测结果。但大多数工业过程难以建立精确的数学模型。因此，这类方法的适用范围较小、成本较高。

基于数据的方法包括统计过程监控、机器学习（神经网络、支持向量机等）、隐马尔可夫模型、混沌预测、多层递阶方法、灰色预测和自回归模型等（图 4-5）。工业发酵过程的机理模型难以建立，同时专家知识也难以获取，这些都不利于对发酵过程进行故障预测。而基于数据的方法完全从工业现场数据出发，挖掘数据中的隐含信息，具有广泛的工程应用价值。这类方法应用范围最广、成本最小。因此，基于数据的发酵故障预测方法最实用，它已成为故障诊断与预测领域的研究热点和发展趋势。

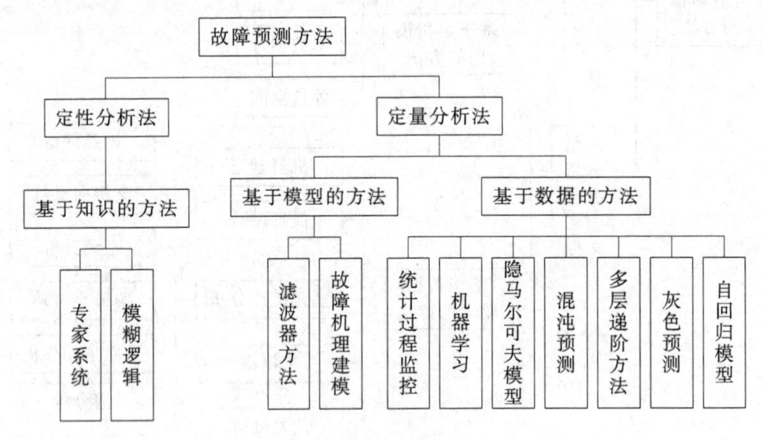

图 4-5　故障预测方法分类

第五章 空气除菌

好气性微生物的生长发育和产物合成代谢都需要消耗氧气，它们只有在氧分子存在的情况下才能完成生物氧化作用。因此，供氧对需氧微生物必不可少。在发酵过程中必须供给适量的无菌空气，无菌空气中的氧只有溶解到发酵液并进一步传递到细胞内的氧化酶系后菌体才能够利用，才能完成生长繁殖和积累所需的代谢产物。无菌空气就是将各种微生物除去或杀死的空气。空气通过过滤除菌，通常要有两级或三级过滤，分别为总过滤、预过滤和精过滤，总过滤和预过滤除去大部分的微粒，精过滤最后对微生物进行绝对过滤，得到无菌空气。在工业发酵过程中为维持一定的罐压和克服设备、管道、阀门、过滤介质等的压力损失，需要对空气加压，而压缩空气冷却后带来大量水分及油，为了保持干燥过滤介质的除菌效果，需要除去水（油）。因此，无菌空气的制备构成了一个空气处理系统，它是发酵工程中的重要环节。

一、空气除菌的意义

自然界的空气中存在着大量的微生物，而大多数微生物吸附在悬浮灰尘颗粒的表面，其中霉菌和细菌占多数，大多是具有较强耐受恶劣环境能力的霉菌孢子或细菌芽孢，也有酵母菌、放线菌和噬菌体。

空气中微生物的含量和种类随地区、地面高低、季节、空气中尘埃多少和人们活动情况而异。一般寒冷的北方比暖和、潮湿的南方含菌量少；离地面愈高含菌量愈少；工业城市比农村含菌量多。由于微粒沉降作用，高空中的微生物要比地面少。一般认为每提高 2.5m，微粒可减少一个数量级。因此，为了减少吸入空气时微粒中的微生物数量（包括噬菌体），一般采用高空采风。

据统计，大城市空气含菌数为 $10^3 \sim 10^4$ 个/m^3。由于准确测定空气中的微生物量往往比较困难，一般采用沉降法、撞击法和光学法测定。沉降法是将带琼脂培养基的培养皿静置于空气中一段时间，然后培养计数。撞击法是将一定体积的空气喷向固体培养基表面或液体培养基以捕获微生物，通过培养、计数，可准确算出每立方米空气的微生物数量。光学法是用粒子计数器通过微粒对光线的散射作用来测定微粒的含量。这种方法只可以测量空气中的微粒浓度，不能反映出空气中真正活菌的数量。

好气性发酵中需要大量无菌空气，但空气绝对无菌是很难做到的，也是不经济的，只要在发酵过程中不至于造成染菌而出现“倒罐”现象，这就是通风发酵对无菌空气的要求。不同类型的发酵，由于菌种生长活力、繁殖速度、培养基成分和pH值及发酵产物等不同，对杂菌抑制的能力不同，因而对无菌空气的无菌程度要求也有所不同。在发酵工程中通常认可的设计要求是因空气污染的概率为10^{-3}，即1000次发酵周期所用的无菌空气只允许1次染菌。空气中常见细菌的大小，见表5-1。

表5-1　空气中常见细菌的大小

菌　　株	直径/μm	长度/μm	菌　　株	直径/μm	长度/μm
Aerobacter aerogenes	1.0～1.5	1.0～2.5	*Micrococcus aureus*	0.5～1.0	0.5～1.0
Bacillus cereus	1.3～2.0	8.1～25.8	*Proteus vulgaris*	0.5～1.0	1.0～3.0
Bacillus licheniformis	0.5～0.7	1.8～3.3	*Pseudomonas aeruginasa*	0.3～0.5	0.5～0.8
Bacillus megaterium	0.9～2.1	2.1～10.0	*Hemophilus influenza*	0.3～0.5	0.5～1.0
Bacillus mycoides	0.6～1.6	1.6～13.6	Phage(T-Phage)	0.02	0.04
Bacillus subtilis	0.5～1.1	1.6～4.8			

二、空气除菌的方法

1. 辐射杀菌

高能阴极射线、X射线、γ射线、β射线、紫外线都能破坏蛋白质活性而起到杀菌作用。其中紫外线用得较多，它在波长226.5～328.7nm时杀菌最强，一般用于无菌室、手术室杀菌。

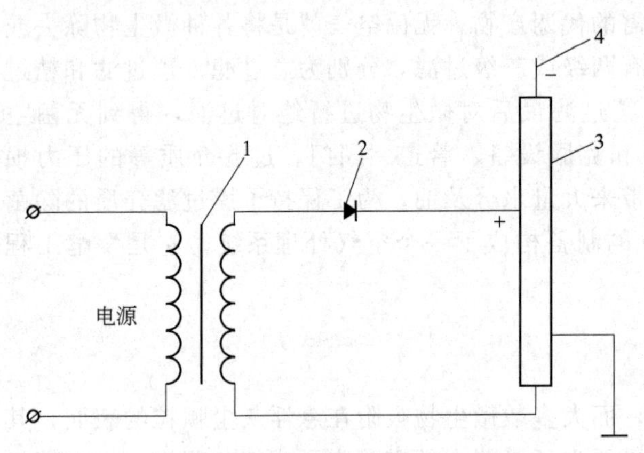

图5-1　静电除尘器原理示意图

1—升压变压器；2—整流器；3—钢管（沉淀电极）；4—钢丝（电晕电极）

2. 静电除菌（除尘）

静电除尘法已广泛使用，除尘效率一般在85%～99%，消耗能量小，每$1000m^3$的空气每小时只需耗电0.2～0.8kW，空气压头损失小，一般只有4～$20mmH_2O$（$1mmH_2O$ = 9.80665Pa）。静电除尘是利用静电引力来吸附带电粒子而达到除菌除尘的目的，静电除尘器原理如图5-1所示。悬浮于空气中的微生物、微生物孢子大多带有不同的电荷，没有带电荷的微粒在进入高压静电场时都会被电离变成带电微粒，但对于一些直径很小的微粒，它所带的电荷很小，当产生的引力等于或小于气流对微粒的拖带力或微粒布朗扩散运动所受到的力时，则微粒就不能被吸附而沉降。所以，静电除菌对很小的微粒除菌效率很低。

3. 热杀菌

将空气加热到一定温度后保温一定时间，使微生物蛋白热失活而致死。热杀菌是有效的、可靠的杀菌方法，但是如果采用蒸汽或电热法来加热大量的空气，以达到杀菌目的，这是十分不经济的。工业上是利用空气压缩时放出的热量进行杀菌，实用流程图如图5-2所示。

4. 过滤除菌

(1) 绝对过滤　绝对过滤是介质之间的孔隙小于被滤除的微生物，当空气流过介质层后，空气中的微生物被滤除。绝对过滤易于控制过滤后的空气质量，节约能量和时间，操作

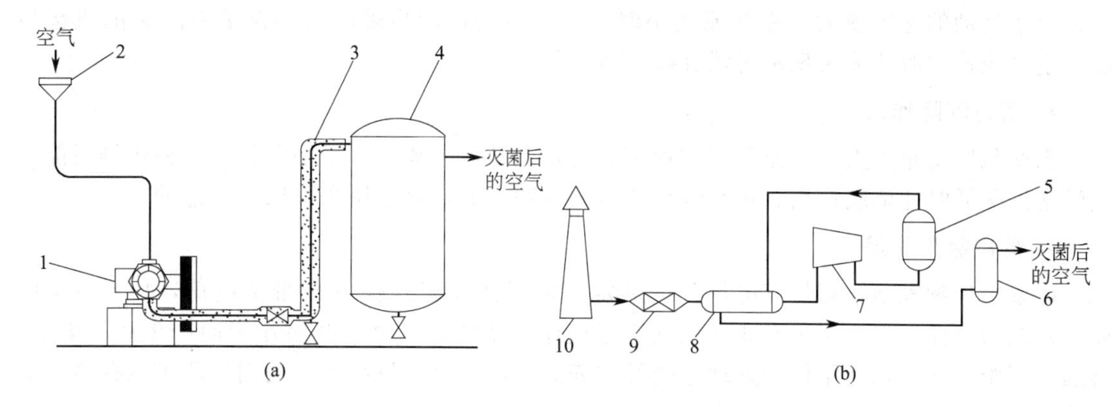

图 5-2　利用空气压缩机产生的热量灭菌实用流程图

1—空压机；2—粗过滤器；3—保温层；4—贮气罐；5—保温罐；

6—列管式冷却器；7—涡轮压缩机；8—预热器；9—粗过滤器；10—空气吸入管

简便，它是多年来受到国内外科学工作者注意和研究的问题。它采用很细小的纤维介质制成，介质空隙小于 0.5μm。

(2) 介质过滤　介质过滤除菌是目前工业上用得较多的空气除菌方法，它是采用定期灭菌的介质来阻截流过的空气所含的微生物，而取得无菌空气。常用的过滤介质有棉花、活性炭或玻璃纤维等。

三、空气介质过滤除菌的原理

空气的过滤除菌原理与通常的过滤原理不一样，由于空气中气体引力较小，且微粒很小，常见的悬浮于空气中的微生物粒子大小在 0.5～2μm，深层过滤所用的过滤介质如棉花的纤维直径一般为 16～20μm。填充系数为 8%时，棉花纤维所形成网格的孔隙为 20～50μm，微粒随气流通过滤层时，滤层纤维所形成的网格阻碍气流前进，使气流无数次改变运动速度和方向，绕过纤维前进，这些改变引起微粒对滤层纤维产生惯性冲击、阻拦、重力沉降、布朗扩散、静电吸引等作用而把微粒滞留在纤维表面上。

1. 惯性冲击滞留作用机理

当微生物等颗粒随空气以一定速度流动，在接近纤维时，气流碰到纤维而受阻，空气就改变运动方向绕过纤维继续前进。但微生物等颗粒由于具有一定的质量，在以一定速度运动时具有惯性，碰到纤维时，由于惯性作用而离开气流碰到纤维表面上，由于摩擦、黏附作用，被滞留在纤维表面，这叫作惯性冲击滞留作用。当气流速度达到一定时，它是介质过滤除菌的主要作用。

2. 阻拦滞留作用

气流速度下降到临界速度以下时，微粒不再由于惯性碰撞而被滞留。但是微粒质量很小，它随低速气流流动慢慢靠近纤维时，微粒所在的主导气流流线受纤维所阻，而改变流动方向，绕过纤维前进，并在纤维周围形成了一层边界滞留区。滞留区的气流速度更慢，进到滞留区的微粒缓慢靠近和接触纤维而被黏附滞留，称为拦截滞留作用。

3. 布朗扩散作用

很小的颗粒在流动速度很低的气流中能产生一种不规则直线运动，称为布朗扩散运动。这种运动使较小微粒凝聚为较大微粒，随即可能产生重力沉降或被过滤介质截留。微粒愈小，分子运动的速度愈大。空气流速小时，分子运动比较显著，微小粒子被除去的机会增加。空气流速大时，凝聚现象为惯性碰撞所取代。

4. 重力沉降作用

当微粒所受重力大于气流对它的拖带力时，微粒就沉降。对于小颗粒，这种机制只能在气流速度很低时才能起作用。在空气介质过滤除菌方面，此作用是可以不考虑的。

5. 静电吸附作用

许多微生物和孢子都带有电荷。据测定，枯草杆菌芽孢有70%带负电荷，15%带正电荷，其余为中性。当具有一定速度的气流通过介质滤层时，由于摩擦作用而产生诱导电荷，特别是纤维表面（包括用树脂处理过的纤维表面）产生电荷更显著。当菌体所带电荷与介质电荷相反时，就发生静电吸引作用。

介质中过滤系统中哪一种过滤机理起主导作用，由颗粒性质、介质的性质和气流速度等决定，只有静电吸附只受尘埃或微生物和介质所带电荷作用，不受外界因素影响。当气流速度小时，惯性碰撞作用不明显，以阻截、沉降和布朗运动为主。此时，除菌效率随速度的增大而降低，当速度增大到某一值时，除菌效率最低，也就是临界速度。惯性碰撞代替阻截、沉降和布朗运动，除菌效率随气流速度的增加而提高。以上现象还和微粒的大小相关，只有较大的颗粒（1μm以上）才会产生惯性碰撞。在0.5μm以下，几乎无惯性碰撞现象。

四、介质过滤的空气过滤器

空气通过过滤除菌，通常要有两级或三级过滤，分别为总过滤、预过滤和精过滤，总过滤和预过滤除去大部分的微粒，精过滤最后对微生物进行绝对过滤，得到无菌空气，每一级过滤对微粒的去除率分别为80%～90%、90%～99%、99.9999%。总过滤和预过滤统称为除尘过滤，精过滤称为除菌过滤。

1. 总过滤器

早期发酵工业中的空气过滤器多采用棉花作为过滤介质。20世纪50～80年代末期，我国发酵工厂的无菌空气多使用棉花过滤器两级过滤除菌，后来主要作为总过滤器使用。

（1）棉花　棉花纤维一般直径为16～21μm，长度为2～3cm。棉花随品种和种植条件的不同而有较大的差别，最好选用纤维细长疏松的新鲜的非脱脂棉花。贮藏过久，纤维会发脆、断裂、堵塞而增大了压力降；脱脂纤维会因易吸湿而降低过滤效果。装填时要分层均匀铺展，最后要压紧，装填密度达到150～200kg/m^{3}为好。如果压不紧或装填不均匀，会造成空气走短路，甚至介质翻动而丧失过滤效果。棉花作为过滤介质的缺点是阻力大、容易受潮。

（2）玻璃纤维　作为散装填充过滤器的玻璃纤维，一般直径为8～19μm不等，而纤维直径越小越好，但由于纤维越小，其强度越低，很容易断裂而造成堵塞，增大阻力。因此填充不宜过大，一般采用6%～10%，它的阻力比一般棉花小。玻璃纤维的过滤效率随填充密度和填充厚度的增大而提高，见表5-2。玻璃纤维最大的缺点是更换玻璃纤维介质时造成碎末飞扬，易使人过敏。

表5-2　玻璃纤维的过滤效率

纤维直径/μm	填充密度/(kg/m^3)	填充厚度/cm	过滤效率/%
20.0	72	5.08	22
18.5	224	5.08	97
18.5	224	10.16	99.3
18.5	224	15.24	99.7

（3）活性炭　活性炭有非常大的表面积，通过表面物理吸附而吸附微生物。一般采用直径 3mm、长 5～10mm 的圆柱状活性炭。其粒子间隙很大，故对空气的阻力较小，仅为棉花的 1/12，但它过滤的效率比棉花要低得多。目前工厂都将活性炭夹装在三层棉花中使用，以降低滤层阻力。活性炭的好坏决定于它的强度和表面积，表面积小，则吸附能力差，过滤效率低，强度不足，则很容易破碎，堵塞孔隙，增大气流阻力，它的用量为整个过滤层的 1/3～1/2，如图 5-3 所示。

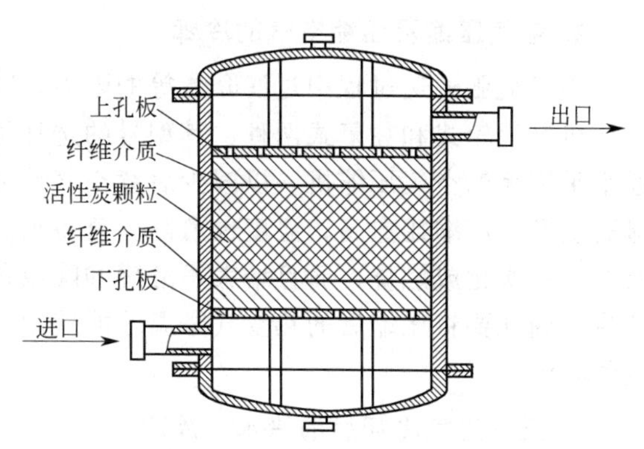

图 5-3　棉花（玻璃棉）活性炭过滤器示意图

2. 预过滤器

为使精过滤器有较长的使用寿命，在罐前过滤除菌前，常配以预过滤器。预过滤器体积相对总过滤器要小得多，其目的也是除去更多微粒，减少较昂贵的精过滤器负担，增加空气过滤除菌的经济性。

预过滤器去除的颗粒要比总过滤器去除的小，要求过滤介质孔径 0.5μm 到几十微米，所用材料主要有烧结金属、微孔陶瓷、涂覆玻璃纤维和聚丙烯超细玻璃纤维纸。

3. 精过滤器

精过滤也叫除菌过滤，是无菌空气制备的终端过滤，要求对空气中的微生物绝对过滤，并且能用高温蒸汽反复灭菌，一般孔径小于 0.22μm，微粒过滤效率达到 99.9999%。

精过滤器中，传统的棉花、玻璃纤维等过滤介质已不能满足要求，小型发酵罐上为了节约成本用涂覆聚四氟乙烯的玻璃纤维折叠滤筒，大型发酵罐上大多采用聚四氟乙烯（PTEE）、聚偏氟乙烯（PVDF）微孔膜和氟化玻纤膜（FGF），尤以聚四氟乙烯为多。

聚四氟乙烯有天然的疏水性能，强度好，耐污性强，耐高温，耐腐蚀。由美国 Gore 公司发明的机械压延技术得到孔径分布窄、孔隙率高的聚四氟乙烯微孔膜，有高效、高通量的优点，非常适合作空气过滤材料。现在市场上的除菌过滤膜已制成标准件，装拆更换方便。一般所用膜为复合膜，即在微孔膜的两侧附上纤维无纺布以增加强度和可折叠性，内有坚固的内核，外加保护外壳，膜组件的所有连接都以熔融密封。聚四氟乙烯材料的除菌过滤器，可经受反复蒸汽灭菌，并且由于其疏水性，灭菌后不需要干燥即可用作无菌空气过滤。

五、空气预处理

1. 外源空气的前过程

提高空气压缩前的洁净度对于后续空气过滤除菌十分重要，其主要措施有：提高空气吸气口的位置和加强吸入空气的前过滤。为了保护空气压缩机，常在空气吸入口处设置粗过滤器，以滤去空气中颗粒较大的尘埃，减少进入空气压缩机的灰尘和微生物数量，以减少压缩机的磨损和主过滤器的负荷，提高除菌空气的效率和质量。对于这种前置过滤器，要求过滤效率高，阻力小，否则会增加空压机的吸入负荷和降低压缩机的排气量。常采用的过滤器主要有布袋过滤器、填料过滤器等。

2. 空气压缩及压缩空气的冷却

为了克服输送过程中过滤介质等的阻力，吸入的空气必须经过空压机压缩。目前常用的空压机有涡轮式和往复式两种，其型号的选择可根据实际生产中的需气量及压力而定。目前通常采用无油空气压缩机，以减少后续空气预处理的难度。空气经过压缩机压缩后，温度会显著上升，压缩比愈高，温度也愈高。若将高温压缩空气直接通入空气过滤器，可能引起过滤介质的炭化或燃烧，而且增大发酵罐的降温负荷，给发酵温度的控制带来困难，影响发酵产量。因此要将压缩后的热空气降温才能使用。通常根据需要设置一级或多级冷凝器使压缩空气降温。

3. 压缩空气冷却后的除水、除油

经冷却降温后的压缩空气相对湿度增大，会析出水来，致使过滤介质受潮失效，因此压缩后的湿空气要除水。若压缩空气是由压缩机制得的，会不可避免地夹带润滑油，故除水的同时还需除油。

由于压缩机出来的空气是脉冲式的，在过滤器前需要安装一个空气贮罐来消除压力脉冲，维持罐压的稳定，以保持发酵过程中通气量的控制。空气贮罐的作用除稳定压力外，还可使空气中的剩余液滴在罐内沉降除去。

六、介质过滤制备无菌空气的工艺流程

空气过滤除菌流程是按生产对无菌空气要求具备的参数，根据空气的性质而制订的，同时要结合吸气环境的空气条件和所用设备的特性进行考虑。一般的深层通气发酵，除要求无菌空气具有必要的无菌程度外，还要具有一定的高压，这就需要比较复杂的空气除菌流程。

1. 介质过滤制备无菌空气的一般流程

介质过滤制备无菌空气的一般流程，如图 5-4 所示。

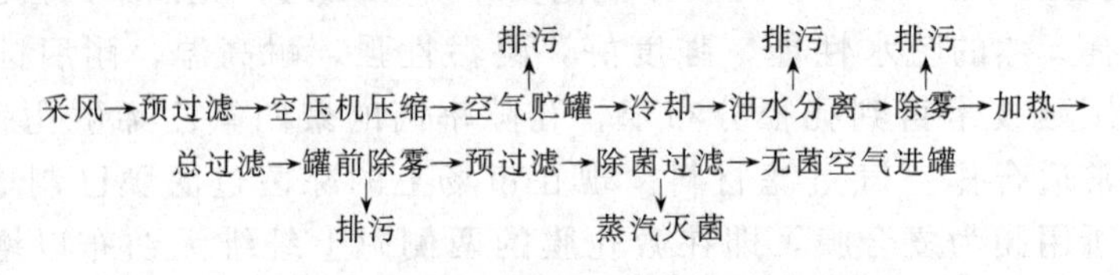

图 5-4　典型的过滤制备无菌空气流程

(1) 采风　一般采风口设置在远离潮湿、微生物和粉尘较多的地方，尽可能在较高的位置。由于现在的工厂周边一般也是工厂或工地，空气中粉尘较多，所以也不一定露天采风，要根据具体的情况来定。

(2) 预过滤　吸入的空气往往含有较多的微粒，为保护压缩机，减少磨损，常在空压机前安装预过滤器，以除掉 5μm 以上的较大颗粒。

(3) 空压机压缩　空气由空气压缩机（空压机）压缩，使其具有输送和克服过滤阻力的能力。一般压缩空气压力达到 0.6～0.8MPa，罐前压力保持在 0.4MPa 左右。早期多采用往复式或涡轮式压缩机，随着空气压缩技术的不断提高，现大多采用无油螺杆式空气压缩机。螺杆式压缩机出气平稳，但因技术难度大，价格也高。

(4) 空气贮罐　采用一定体积的空气贮罐，可以使系统内的压力得到缓冲而更加平稳，同时空气中的液滴和部分灰尘可以沉降在贮罐底部而排出。

（5）冷却　空气经过压缩，其中的水分过饱和，会使过滤器潮湿而导致过滤除菌失败，所以过滤前必须将水分除去。通过列管换热器使空气冷却，能使更多的水分过饱和析出。在空气湿度较大的地区，往往需要采用两级冷却，使水分析出较多。

（6）油水分离　通常采用旋风分离器，利用离心力将空气中的液滴和空压机带来的油滴去除。

（7）除雾　通常采用填料式除雾器，进一步捕集空气中的小液滴。填料通常为不锈钢丝网或塑料网。

（8）加热　经过除水的空气此时相对湿度为100%，进入过滤器前需要用换热器将空气加热至50℃左右，使空气的相对湿度低于60%，保证过滤器干燥。

（9）总过滤　空气经过总过滤器，除去其中的大部分微粒和微生物，再通过管道输送到各发酵罐前。

（10）罐前除雾　空气在进入罐前需要再次除去油、水、雾滴，防止油、水、雾滴进入过滤器，以保证除菌过滤的效果。

（11）预过滤　在除菌过滤前再次用较高精度的过滤器除去微粒，使精过滤器的使用寿命延长，压降小。

（12）除菌过滤　在罐前加以精滤，对微生物进行绝对过滤，彻底除去空气中的微生物，得到无菌空气，进入发酵罐的进风管。现在有些工厂已采用的总过滤器的微粒捕集效率设计为80%～90%，罐前预过滤器的微粒捕集效率为99%。

2. 提高过滤除菌效率的主要措施

空气净化处理的根本目的是除菌，然而目前所使用的过滤介质必须在干燥状态下工作才能保证过滤效率，因此就必须除油、除水。空气净化流程的选择必须围绕着提高过滤除菌效率进行。

提高过滤除菌效率的主要措施：

（1）减少进口空气的含菌量。这可以从几个方面着手：①加强生产环境的卫生管理，减少环境空气中的含菌量；②提高空气进口位置（高采风口），减少进口空气含菌量；③加强压缩机前的预处理。

（2）设计和安装合理的空气过滤器。

（3）降低进入总过滤器的空气相对湿度，保证过滤在干燥条件下工作。这可从以下几个方面考虑：①采用无润滑油的空压机；②加强空气的冷却、除油、除水；③提高总过滤器的空气的温度，降低其相对湿度。

3. 几种典型的空气过滤除菌流程

（1）将压缩空气冷却至露点以上，使进入过滤器的空气相对湿度为60%～70%，如图5-5所示。这种流程适用于北方和内陆气候干燥地区。

（2）利用压缩后的热空气和冷却后的冷空气进行热交换，使冷空气温度升高，降低相对湿度，如图5-6所示。此流程对热能利用较合理，热交换器还兼作贮气罐，但由于气-气换热的传热系数很小，加热面积要足够大。

（3）将压缩后的空气一部分冷却析水，另一部分直接与冷却析水后的空气混合，然后进入空气过滤器，如图5-7所示。此流程适用于空气湿含量中等的地区。其对热能利用合理，但操作要求较高，要经常根据气候条件调节两部分空气的混合比。

（4）将压缩空气冷却至露点以下，析出部分水分，然后升温使相对湿度为60%左右，

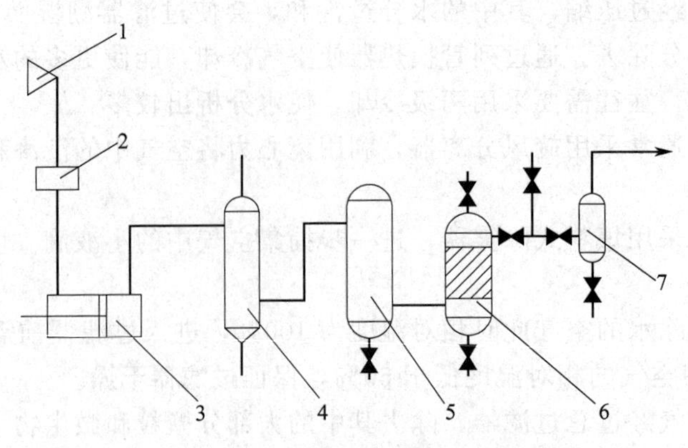

图 5-5　将空气冷却至露点以上的流程

1—高空采风；2—粗过滤器；3—空压机；
4—冷却器；5—贮气罐；6—空气总过滤器；7—空气分过滤器

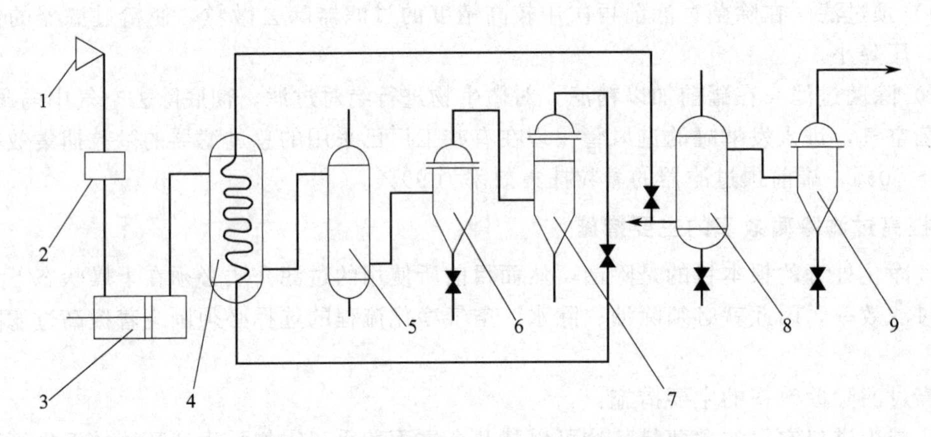

图 5-6　利用热空气加热冷空气的流程

1—高空采风；2—粗过滤器；3—空压机；4—热交换器；
5—冷却器；6，7—析水器；8—总过滤器；9—分过滤器

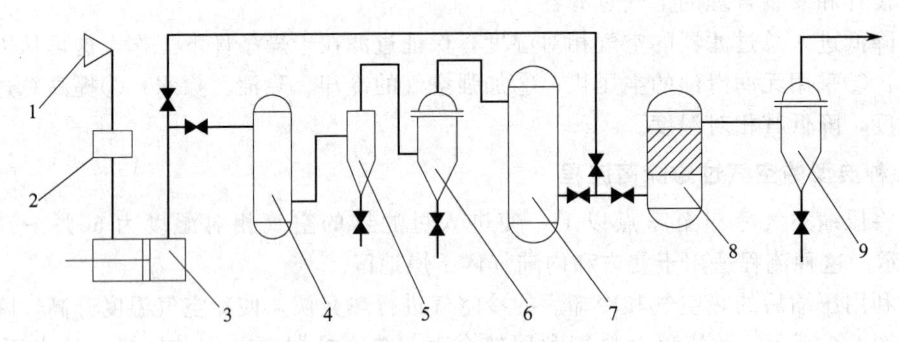

图 5-7　冷热空气直接混合的流程

1—高空采风；2—粗过滤器；3—空压机；4—冷却器；
5，6—析水器；7—贮气罐；8—总过滤器；9—分过滤器

进入空气过滤器。根据气候情况有一次冷却一次析水流程（图 5-8）、二次冷却二次析水流程（图 5-9）。这两种流程适用于空气湿含量较大的地区。

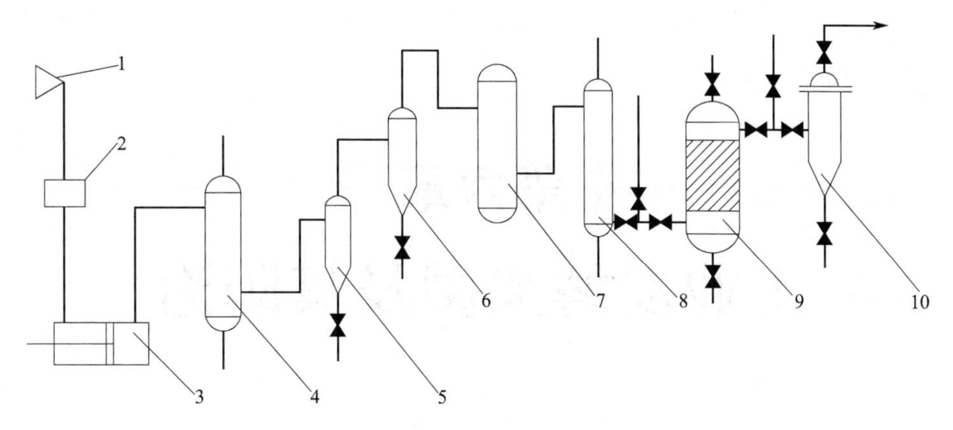

图 5-8　一次冷却一次析水的空气预处理流程

1—高空采风；2—粗过滤器；3—空压机；4—冷却器；5，6—析水器；
7—贮气罐；8—加热器；9—总过滤器；10—分过滤器

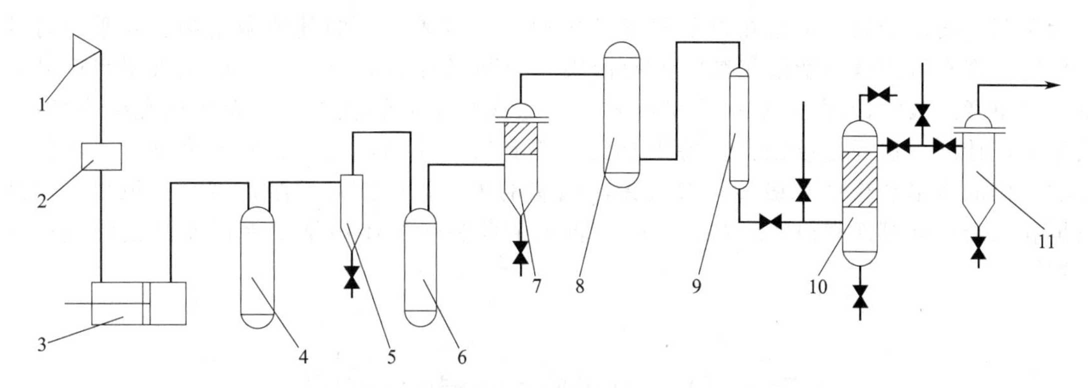

图 5-9　二次冷却二次析水的空气预处理流程

1—高空采风；2—粗过滤器；3—空压机；4，6—冷却器；5，7—析水器；
8—贮气罐；9—加热器；10—空气总过滤器；11—空气分过滤器

4. 常用的空气过滤除菌工艺流程的比较

（1）共同点

① 提高进风口位置，减少空气含菌量。

② 采用过滤性能较好的油浸或金属丝网作为预过滤器，减少进口空气的含尘量，同时对空压机的保护作用较明显。

③ 空气经过冷却、除油、除水后，再加热提高温度，降低空气的相对湿度，保证过滤介质在干燥状态下工作。

④ 选用除雾效果好的金属丝网除雾器。

（2）不同点

① 根据当地气候环境条件不同和冷却水温度来源不同，选用一级或二级冷却，由于南方气温较高、湿度较大，宜采用二级冷却。一级冷却采用河水或自来水冷却，二级冷却采用深井水或冷冻水冷却。

② 根据当地气候条件、空压机类型等具体情况，选用不同的方法对冷却后的空气进行加热升温。

第六章 工业发酵染菌及其防治

绝大多数工业发酵，无论是单菌发酵还是混合菌种发酵，除菌种以外的微生物都被视为杂菌。所谓染菌，是指在发酵培养基中侵入了有碍生产的其他微生物。几乎所有的发酵工业都有可能遭遇杂菌或噬菌体的污染。染菌轻者影响产率、产物提取率和产品质量；严重者造成“倒罐”，浪费大量原材料，造成严重的经济损失，而且扰乱生产秩序，破坏生产计划。遇到连续染菌，特别是在找不到染菌原因，又没有防治措施时，往往会影响人们的情绪和生产积极性，造成无法估量的损失。染菌对发酵产率、提取率、产品质量和三废治理等都有很大影响。因此，防止杂菌和噬菌体污染是保证发酵正常进行的关键之一。

第一节 染菌对发酵的影响

人们在与杂菌污染的斗争中，积累与总结了许多宝贵的经验。为了防止染菌，使用了一系列的设备、工艺和管理措施，如密闭式发酵罐，无菌空气制备，设备、管道和无菌室的设计，培养基和设备灭菌，以及培养过程的无菌操作等，大大降低了染菌率。但是，现代发酵工业仍遭受染菌的严重威胁，甚至由于染菌而造成巨大的经济损失。据报道，国外抗生素发酵染菌率为2%～5%，国内的抗生素发酵、青霉素发酵染菌率为2%，链霉素、红霉素和四环素发酵染菌率约为5%，谷氨酸发酵噬菌体感染率为1%～2%。不同的生产品种，不同种类和性质的杂菌，不同的污染时间，不同的污染途径、污染程度，不同培养基和培养条件，所产生的后果是不同的。

一、染菌对不同发酵过程的影响

在抗生素发酵中，青霉素发酵污染细短杆菌比污染粗大杆菌危害更大；链霉素发酵污染细短杆菌、假单胞杆菌和产气杆菌比污染粗大杆菌危害更大；四环素发酵最怕污染双球菌、芽孢杆菌和荚膜杆菌。柠檬酸发酵最怕污染青霉菌，肌苷、肌苷酸发酵最怕污染芽孢杆菌。谷氨酸发酵最危险的是污染噬菌体，因为噬菌体蔓延迅速，难以防治，容易造成连续污染。

二、染菌发生的不同时间对发酵的影响

1. 种子培养期染菌

种子培养主要是生长繁殖菌体，菌体浓度低，培养基营养丰富，比较容易染菌。种子培养期染菌，带进发酵罐中危害极大，应严格控制种子污染。当发现种子受污染应灭菌后弃去，并对种子罐、管道进行检查和彻底灭菌。

2. 发酵前期染菌

发酵前期主要是菌体生长繁殖，代谢产物生成很少，此时容易染菌，污染后杂菌迅速繁殖，与生产菌争夺营养成分和氧气，严重干扰生产菌的生长繁殖和产物的生成，要特别防止发酵前期染菌。发酵前期染菌时，若营养成分消耗不多，应迅速重新灭菌，补充必要的营养成分（如果体积太大，可放出部分受污染发酵液），重新接种发酵。

3. 发酵中期染菌

发酵中期染菌将严重干扰生产菌的代谢，影响产物的生成。有的杂菌繁殖后产生酸性物质，使 pH 值下降，糖、氮消耗迅速，菌（丝）体自溶，发酵液发黏，产生大量泡沫，代谢产物的积累迅速减少或停止，有的已生成的产物也会被利用或破坏，有的发酵液发臭。发酵中期染菌，由于营养成分大量消耗，一般挽救处理困难，危害性很大，所以应尽力做到早发现、快处理。处理方法应根据各种发酵的特点和具体情况来决定。如抗生素发酵，可将另一罐发酵正常的发酵液的一部分输入染菌罐中，以抑制杂菌繁殖，同时采取降低通风、降低流加糖量等措施。柠檬酸发酵中期染菌，可根据所染杂菌的性质分别处理，如污染细菌，可加大通风量，加速产酸，降低 pH 值，以抑制细菌生长，必要时可加入盐酸调节 pH 值在 3.0 以下，以抑制杂菌；如污染酵母，可加入 0.025～0.035g/L 的硫酸铜，以抑制酵母生长，并提高风量，加速产酸；如污染黄曲霉，可加入另一罐将近发酵成的醪液，使 pH 值下降，黄曲霉自溶；如污染青霉，危害很大，因为青霉在 pH 值很低下能够生长，如果残糖较低，可以提高风量，促使产酸和耗糖，并提前放罐。

4. 发酵后期染菌

发酵后期产物积累较多，糖等营养物质即将耗尽。如果染菌量不太多，可继续进行发酵；如污染严重，破坏性较大，可以采取措施提前放罐。发酵后期染菌对不同产物的影响不同，如抗生素、柠檬酸发酵后期染菌影响不大，肌苷、肌苷酸和谷氨酸、赖氨酸等发酵后期染菌则会影响产物的产量、产物提取率和产品质量。在染菌严重时，有人主张加入不影响生产菌正常代谢的某些抗生素，呋喃西林、新洁尔灭等灭菌剂，抑制杂菌生长。例如，庆大霉素发酵染菌，可加入少量庆大霉素粉；灰黄霉素发酵染菌时，可加入新霉素。但在发酵开始时加入杀菌剂以防止染菌，似无必要，也增加成本，若当发酵染菌后再加入灭菌剂又为时已晚，实际效果值得探讨。

三、染菌程度对发酵的影响

染菌程度愈大，即进入发酵罐的杂菌数量愈多，对发酵的危害愈大。当生产菌已迅速繁殖，在发酵液中占有绝对优势时，即使污染了少数杂菌，如每升发酵液中有 1～2 个杂菌，对发酵也不会带来影响，因为这些杂菌需要一定时间繁殖才能达到危害发酵的程度，而且环境对杂菌的繁殖不利。当 $75m^3$ 发酵液污染 1 个杂菌，到大幅度（如 10^6 个/mL）污染所需要的时间见表 6-1。但是污染幅度较大时，特别是在发酵前期和中期污染，将造成严重的危害。

表 6-1　75m³ 发酵液污染时间表

条　件	污染 10^6 个/mL 所需时间/h	污染 10^8 个/mL 所需时间/h
延迟 0h,增代时间 $t_g=0.5$h	23	26
延迟 6h,增代时间 $t_g=0.5$h	29	32
延迟 0h,增代时间 $t_g=2$h	92	106
延迟 6h,增代时间 $t_g=2$h	98	112

四、染菌对产物提取和产品质量的影响

丝状菌发酵被污染后，有大量菌丝自溶，发酵液发黏，有的甚至发臭。发酵液过滤困难，发酵前期染菌过滤更困难，严重影响产物的提取率和产品质量。在这种情况下，可先将发酵液加热处理，再加助滤剂，或者先加絮凝剂，使蛋白质凝聚，有利于过滤。染菌的发酵液含有较多蛋白质和其他杂质。对于采用沉淀法提取产物，这些杂质随产物沉淀而影响下工序处理，从而影响产品质量。如谷氨酸发酵染菌后，在等电点出现 β-型结晶谷氨酸，使谷氨酸无法分离，β-型结晶谷氨酸含有大量发酵液，影响下工序精制处理，从而影响产品质量。采用溶剂萃取的提取工艺，由于蛋白质等杂质多，极易发生乳化反应，很难使水相和溶剂相分离，影响进一步提纯。采用离子交换法提取工艺，由于发酵液发黏，大量菌体等胶体物质黏附在树脂表面或被树脂吸附，使树脂吸附能力大大降低，有的难被水洗掉，在洗脱时与产物一起被洗脱，混在产物中，影响产物的提纯。

此外，发酵染菌也造成“三废”处理困难和环境的污染。

第二节　发酵染菌的判断及原因分析

一、种子培养和发酵的异常现象

发酵过程中的种子培养和发酵的异常现象是指发酵过程中的某些物理参数、化学参数或生物参数发生与原有规律不同的改变，而影响发酵水平，使生产蒙受损失。对此，应及时查明原因，加以解决。

1. 种子培养异常

种子培养异常表现在培养的种子质量不合格。种子质量差会给发酵带来较大的影响，然而种子内在质量常被忽视，由于种子培养的周期短，可供分析的数据较少，因此种子异常的原因一般较难确定。种子培养异常的表现主要有菌体生长缓慢、菌丝结团、菌体老化以及培养液的理化参数改变。

（1）菌体生长缓慢　种子培养过程中菌体数量增长缓慢的原因有很多。培养基原料质量下降、菌体老化、灭菌操作失误、供氧不足、培养温度偏高或偏低、酸碱度调节不当等都会引起菌体生长缓慢。此外，接种物冷藏时间长或接种量过低而导致菌体量少，或接种物本身质量差等也都会使菌体数量增长缓慢。

（2）菌丝结团　在培养过程中有些丝状物向四周伸展，而菌丝团的中央结实，使内部菌丝的营养吸收和呼吸受到很大影响，从而不能正常生长。菌丝结团的原因很多，诸如通气不良或停止搅拌导致溶解氧浓度不足；原料质量差或灭菌效果差导致培养基质量下降；接种的

孢子或菌丝保藏时间长而菌落数少，泡沫多；罐内装料小、菌丝粘壁等会导致培养液的菌丝浓度比较低；此外，接种物种龄短等也会导致菌体生长缓慢，造成菌丝结团。

（3）代谢不正常　代谢不正常表现出糖、氨基氮等变化不正常，菌体浓度和代谢产物不正常。造成代谢不正常的原因很复杂，除与接种物质量和培养基质量差有关外，还与培养环境条件差、接种量小、杂菌污染等有关。

2. 发酵异常

不同种类的发酵过程所发生的发酵异常现象，形式虽然不尽相同，但均表现出菌体生长速度缓慢、菌体代谢异常、耗糖慢、pH值的异常变化、泡沫的异常增多、发酵液颜色的异常变化、代谢产物含量的异常下跌、发酵周期的异常拖长、发酵液的黏度异常增加等。

（1）菌体生长差　由于种子质量差或种子低温放置时间长导致菌体数量较少、延滞期长、发酵液内菌体数量增长缓慢、外形不整齐。种子质量不好、发酵性能差、环境条件差、培养基质量不好等均会引起糖、氮的消耗减少或间歇停滞，出现糖、氮代谢缓慢现象。

（2）pH值过高或过低　发酵过程中由于培养基原料质量差，灭菌效果差，加糖、加油过多或过于集中，都会引起pH值的异常变化。而pH值变化是所有代谢反应的综合反映，在发酵的各个时期都有一定规律，pH值的异常变化就意味着发酵的异常。

（3）溶解氧水平异常　对于特定的发酵过程要求一定的溶解氧水平，而且在不同的发酵阶段其溶解氧的水平是不同的。如果发酵过程中的溶解氧水平发生了异常的变化，一般就是发酵染菌的表现。由于污染的杂菌好氧性不同，产生溶解氧异常的现象也是不同的。当杂菌是好氧性微生物时，溶解氧在较短时间内下降，直到接近于零，且在长时间内不能回升；当杂菌是非好氧性微生物时，而生产菌由于受污染而抑制生长，使耗氧量减少，溶解氧升高。

（4）泡沫过多　一般在发酵过程中泡沫的消长是有一定规律的，但是，由于菌体生长差、代谢速度慢、接种物过嫩或种子未及时移种而过老、蛋白质类胶体物质多等都会使发酵液在不断通气、搅拌下产生大量的泡沫。培养基灭菌时温度过高或时间过长，葡萄糖受到破坏后产生的氨基糖会抑制菌体的生长，也会使泡沫大量产生。

（5）菌体浓度过高或过低　在发酵生产过程中菌体或菌丝浓度的变化是按其固有的规律进行的，但是如果罐温长时间偏高，或停止搅拌时间较长造成溶解氧不足，或培养基灭菌不当导致营养条件较差，种子质量差，菌体或菌丝自溶等均会严重影响培养物的生长，导致发酵液中菌体浓度偏离原有规律，出现异常现象。

二、染菌的检查和判断

发酵过程是否染菌应以无菌试验的结果为依据进行判断。在发酵过程中，如何及早发现杂菌的污染并及时采取措施加以处理，是避免染菌造成严重经济损失的重要手段。因此，生产上要求能准确、迅速地检查出杂菌的污染。目前常用方法主要有显微镜检查法、肉汤培养检查法、双碟（平板）培养法、发酵过程的异常观察法等。

1. 显微镜检查法（镜检法）

用革兰氏染色法对样品进行涂片、染色，然后在显微镜下观察微生物的形态特征，根据生产菌与杂菌的特征进行区别，判断是否染菌。如发现有与生产菌形态特征不一样的其他微生物存在，就可判断为发生了染菌。此法是最简单、最直接，也是最常用的检查杂菌的方法之一。必要时还可进行芽孢染色或鞭毛染色。

2. 肉汤培养检查法

将需检查样品接入灭菌并经过检查无菌的肉汤培养基中，放置在37℃和27℃条件下分别培养 24h，进行观察，并取样镜检。此法常用于检查培养基和无菌空气是否带菌，也可用于噬菌体检查，此时使用生产菌作为指示菌。

3. 双碟培养法

种子罐样品先放入肉汤培养基中，然后在无菌条件下在双碟培养基上画线，剩下的肉汤培养物在恒温培养箱内培养 6h 后再画线一次。发酵罐培养液直接放入空白无菌试管中，于37℃下培养 6h 后在双碟培养基上画线。24h 内的双碟定时在灯光下检查有无杂菌生长。24～48h 的双碟定时 1d 检查一次，以防止缓慢的杂菌漏检。

噬菌体检查可采用双层平板培养法，底层同为肉汁琼脂培养基，上层减少琼脂用量。先将灭菌的底层培养基熔解后倒入平板，凝固后，将上层培养基熔解并保持在 40℃，加生产菌作为指示菌和待检样品混合后迅速倒在底层平板上，置于培养箱保温培养，经 12～20h 培养，观察有无噬菌斑产生。

4. 基于 PCR 技术的检查方法

以上三种检查杂菌的方法是根据生产菌与杂菌的形态、生理生化反应来确定的，也可以从生产菌和杂菌的基因序列来区分，从基因水平检测首先得到能反映生产菌和杂菌特征性的基因，^{16}S rRNA 和 ^{18}S rRNA 基因分别作为细菌和真菌鉴定的一项重要指标。可以用 ^{16}S rRNA 和 ^{18}S rRNA 基因来判断发酵系统中是否污染杂菌。

5. 基于发酵过程异常现象的检查方法

除以上方法外，还可以从发酵过程的异常现象来判断是否染菌，如溶解氧、pH 值、排气中 CO_2 含量和菌体酶活力等变化来判断。

(1) 溶解氧水平异常变化显示染菌　好氧性发酵均需要不断供氧，特定的发酵具有一定的溶解氧水平，而且在不同发酵阶段其溶解氧水平不同。图 6-1 为谷氨酸正常发酵和异常发酵的溶解氧水平曲线。在发酵初期，菌体处于适应期，耗氧量很少，溶解氧基本不变；当菌体进入对数生长期，耗氧量增加，溶解氧很快下降，并且维持在一定水平（5%饱和度以上），这一阶段由于操作条件（pH、温度、加料等）变化，溶解氧有波动，但变化不大；发酵后期，菌体衰老，耗氧量减少，溶解氧浓度又上升。当感染噬菌体时，生产菌的呼吸作用受抑制，溶解氧浓度很快上升，如图 6-1 中虚线所示。从图 6-1 中可见感染噬菌体时，溶解氧的变化比菌体浓度变化更灵敏，能更快地预见感染。污染杂菌时，因所感染杂菌的好氧性

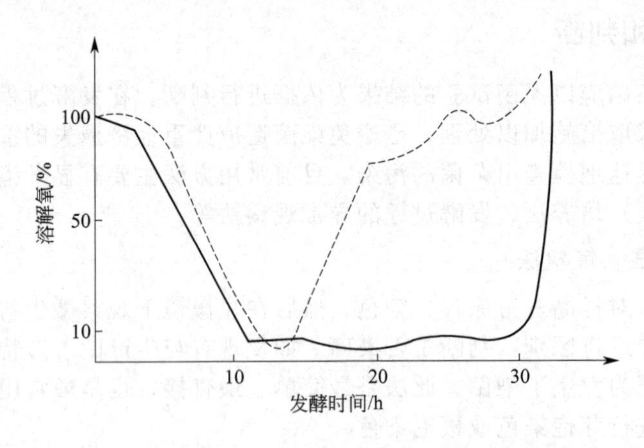

图 6-1　谷氨酸发酵时正常和异常的溶解氧水平曲线

—— 正常发酵溶解氧曲线；------ 异常发酵溶解氧曲线；

不同而异，当污染好氧性杂菌时，溶解氧在较短时间下降，并接近零，且长时间不能回升；当污染的是非好氧性菌，而生产菌又由于受污染而抑制生长，使耗氧量减少，溶解氧升高。

（2）排气中CO_2异常变化显示染菌　好氧性发酵排气中CO_2含量与糖代谢有关，可以根据CO_2含量来控制发酵工艺（如流加糖、通风量等）。对于某种发酵，在工艺一定时，排气中CO_2含量变化是有规律的。染菌后，糖的消耗发生变化（加快或减慢）引起CO_2含量的异常变化。如污染杂菌，糖耗加快，CO_2含量增加；如感染噬菌体，糖耗减慢，CO_2含量减少。因此，可根据CO_2变化来判断是否染菌。

三、发酵染菌率和染菌原因分析

1. 发酵染菌率

发酵的总染菌率是指一年内发酵染菌的批数与总投料发酵批数之比，发酵染菌率是在发酵罐中的染菌率，染菌批数包括染菌后挽救不了导致倒罐的批数，但种子罐培养的染菌不接入发酵罐，不导致发酵染菌的另行计算。由于各种发酵的菌种、培养基、产品性质、发酵周期、生产环境条件、设备和管理技术水平等不同，染菌率有很大差别。如抗生素发酵周期长，营养比较丰富，染菌率较高。据报道，美国抗生素发酵，在20世纪50年代染菌率为5%，随着技术水平提高，染菌率下降，但现在仍然有2%的染菌率。国外大多数公司抗生素发酵染菌率为2%～5%。

2. 染菌原因分析

发酵染菌之后，必须分析染菌原因，总结发酵染菌的经验教训，把发酵染菌消灭在发生之前，防患于未然，是积极克服发酵染菌的最重要措施。如果对染菌不做具体分析，不了解原因，而盲目地采取“措施”，只会劳民伤财，毫无效果。

造成发酵染菌的原因很多，总结归纳起来，其主要原因有：种子带菌、无菌空气带菌、设备渗漏、灭菌不彻底、操作失误和技术管理不善等。在发生染菌后，根据无菌试验结果，进行分析，找出原因，避免污染。

由表6-2和表6-3可知，由于不同厂家的设备渗漏概率、技术管理不同，而使各种染菌原因的百分率有所不同，其中尤以设备渗漏和空气带菌而染菌较为普遍且严重。值得注意的是，不明原因的染菌，分别达24.91%和35.13%。这表明，目前分析染菌原因的水平有待提高。

表6-2　日本抗生素发酵染菌原因分析

染菌原因	染菌率/%	染菌原因	染菌率/%
种子带菌或怀疑种子带菌	9.64	阀门渗漏	1.45
接种时罐压跌零	0.19	蛇管穿孔	5.89
培养基灭菌不彻底	0.79	罐盖渗漏	1.54
空气系统有菌	19.96	接种管穿孔	0.39
夹套穿孔	12.36	其他设备渗漏	10.13
搅拌填料渗漏	2.09	操作问题	10.15
泡沫冒顶	0.48	原因不明	24.91

表6-3　上海天厨味精厂谷氨酸发酵染菌原因分析

染菌原因	染菌率/%	染菌原因	染菌率/%
空气系统染菌	32.05	补料、取样带菌	4.30
设备问题	15.46	种子带菌	1.72
管理和操作不当	11.34	环境污染及原因不明	35.13

（1）染菌的杂菌种类分析　每一发酵过程所污染的杂菌的种类对发酵的影响是不同的。若污染的杂菌是耐热的芽孢杆菌，可能是由培养基或设备灭菌不彻底、设备存在死角等引起的。若污染的是球菌、无芽孢杆菌等不耐热杂菌，可能是由种子带菌、空气过滤效率低、除菌不彻底、设备渗漏和操作问题等引起的。若污染的是真菌，则可能是由设备或冷却盘管的渗漏、无菌室灭菌不彻底或无菌操作不当、糖液灭菌不彻底等引起的。

（2）发酵染菌的规模分析　从染菌的规模来看，主要有三种。

① 大批量发酵罐染菌　如发生在发酵前期，可能是种子带菌或连消设备引起染菌；如果染菌发生在发酵中期、后期，且这些杂菌类型相同，则一般是由空气净化系统存在诸如系统结构不合理、空气过滤器失效等问题引起的。如果空气带菌量不多，无菌试验的显现时间较长，这就增加了分析与防治空气带菌的难度。

② 部分发酵罐染菌　如果染菌发生在发酵前期，可能是因为种子染菌、连消系统灭菌不彻底；如果是发酵后期染菌，则可能是因为中间补料染菌，如补料液带菌、补料管渗漏。

③ 个别发酵罐连续染菌　如果采用间歇灭菌工艺，一般不会发生连续染菌。个别发酵罐连续染菌，大都是由设备渗漏造成的，应仔细检查阀门、罐体或罐器是否清洁等。

一般设备渗漏引起的染菌，会出现每批染菌时间向前推移的现象。

（3）不同污染的时间分析　从发生染菌的时间来分析，也是三种情况。

① 染菌发生在种子培养阶段，或称种子培养基染菌。此时通常是由种子带菌、培养基或设备灭菌不彻底，以及接种操作不当或设备因素等引起的。

② 在发酵过程的初始阶段发生染菌，或称发酵前期染菌。此时大部分染菌也是由种子带菌，培养基或设备灭菌不彻底及接种操作不当或设备、无菌空气带菌等引起的。

③ 发酵后期染菌大部分是由空气过滤不彻底、中间补料染菌、设备渗漏、泡沫顶盖以及操作问题而引起的。

第三节　杂菌污染的途径和防治

一、种子带菌及其防治

菌种质量是发酵成败的首要条件。菌种不纯有可能是保藏菌株本身不纯，也有可能是在转接斜面时或在扩大培养过程中污染杂菌，与菌种选育、扩大培养过程的设备和环境条件、操作情况有密切的联系。

种子带菌的原因主要有以下几方面：

（1）培养基及用具灭菌不彻底　菌种培养基及用具灭菌均在灭菌锅中进行，造成灭菌不彻底主要是灭菌时锅内空气排放不完全，造成假压，使灭菌时温度达不到要求。

（2）菌种在移接过程中受污染　菌种的移接工作是在无菌室中，按无菌操作进行的。当菌种移接操作不当，或无菌室管理不严，就可能引起污染。因此，要严格无菌室管理制度和严格按无菌操作接种，合理设计无菌室。

（3）菌种在培养过程或保藏过程中受污染　菌种在培养过程和保藏过程中，由于外界空气进入，也使杂菌进入而受污染。为了防止污染，试管的棉花塞应有一定的紧密度，不宜太松，且有一定长度，培养和保藏温度不宜变化太大。每一级种子培养物均应经过严格检查，确认未受污染才能使用。

二、空气带菌及其防治

空气带菌是发酵染菌的主要原因之一。防止无菌空气带菌，必须从空气净化流程和设备的设计、过滤介质的选用和装填、过滤介质的灭菌和管理等方面完善空气净化系统。

（1）加强生产环境的卫生管理，减少生产环境中空气的含菌量，正确选择采风口，如提高采风口的位置或前置粗过滤器，加强空气压缩前的预处理，如提高压缩机进口空气的洁净度。

（2）设计合理的空气预处理工艺，尽可能减少生产环境中空气带油、水的量，升高进入过滤器的空气温度，降低空气的相对湿度，保持过滤介质的干燥状态，防止空气冷却器漏水，防止冷却水进入空气系统等。

（3）设计和安装合理的空气过滤器，防止过滤器失效。选用除菌效率高的过滤介质，在过滤器灭菌时要防止过滤介质被冲翻而造成短路，避免过滤介质烤焦或着火，防止过滤介质的装填不均而使空气短路，保证一定的介质充填密度。当突然停止进空气时，要防止发酵液流入空气过滤器，在操作中要防止空气压力的剧变和流速的急增。

三、操作失误导致的染菌及其防治

一般来说，稀薄的培养基比较容易彻底灭菌，而淀粉质原料，在升温过快或混合不均匀时容易结块，团块中心部位蒸汽不易进入将杂菌杀死，而造成染菌。同样，由于培养基中诸如麸皮、黄豆饼一类的固形物含量较多，在投料时溅到罐壁或罐内的各种支架上，容易形成堆积，这些堆积物在灭菌过程中由于传热较慢，一些杂菌不易被杀灭，一旦灭菌操作完成后，通过冷却、搅拌、接种等操作，含有杂菌的堆积物将重新返回培养液中，造成染菌。通常，对于淀粉质培养基的灭菌采用实罐灭菌较好。一般在升温前先搅拌混合均匀，并加入一定量的淀粉酶进行液化。有大颗粒原料存在时应先过筛除去，再行灭菌。对于麸皮、黄豆饼一类固形物含量较多的培养基，采用罐外预先配料，再转至发酵罐内进行实罐灭菌较为有效。

培养基在灭菌过程中很容易产生泡沫，发泡严重时，泡沫可上升至罐顶甚至逃逸，以致泡沫顶罐，杂菌很容易藏在泡沫中，由于泡沫的薄膜及泡沫内的空气传热差，使泡沫内的温度低于灭菌温度，一旦灭菌操作完毕并进行冷却时，这些泡沫就会破裂，杂菌就会释放到培养基中，造成染菌。因此，要严防泡沫升顶，尽可能添加消泡剂防止泡沫的大量产生。

在连续灭菌过程中，培养基灭菌的温度及其灭菌时间必须符合灭菌的要求，尤其是在灭菌结束前最后一部分培养基也要以相同的条件灭菌，以确保彻底灭菌。避免蒸汽压力波动过大，应严格控制灭菌的温度，最好采用自动控温过程。

发酵过程中越来越多地采用了自动控制，一些控制仪器逐渐被应用。如用于连续测定并控制发酵液 pH 值的复合玻璃电极、测定溶解氧浓度的探头等。这些元件如用蒸汽进行灭菌，会因反复经受高温而大大缩短其使用寿命。因此，一般常采用化学试剂浸泡等方法来灭菌，但常会因灭菌不彻底，放入发酵罐后导致染菌。

四、培养基和设备灭菌不彻底导致的染菌及其防治

1. 原料性状

一般稀薄的培养基容易灭菌彻底，而淀粉质原料，特别是有颗粒时，容易由于灭菌不彻

底，造成染菌。淀粉质原料在升温过快或混合不均匀时，容易结块，使团块中心部位“夹生”，包埋有活菌，蒸汽不易进入将其杀灭，在发酵过程中团块散开，导致染菌。因此，淀粉质培养基灭菌以采用实罐灭菌为好，在升温时先搅拌混合均匀，并加一定量 α-淀粉酶使之边加热边液化，有大颗粒的原料应过筛除去。

2. 实罐灭菌时未充分排除罐内空气

实罐灭菌时，罐内空气未完全排除，造成“假压”，使罐顶空间局部温度达不到灭菌要求，导致灭菌不彻底而染菌。为此，在实罐灭菌升温时，应打开排气阀门及有关连接管的边阀、压力表接管边阀等，使蒸汽通过，达到彻底灭菌。

3. 连续灭菌不彻底

培养基连续灭菌时，蒸汽压力波动大，培养基未达到灭菌温度，导致灭菌不彻底而染菌。培养基连续灭菌应严格控制灭菌温度，最好采用自动控制装置。

4. 设备、管道存在“死角”

由于操作、安装等人为造成的原因或设备结构本身的原因，引起蒸汽不能有效到达或不能充分到达预定应该到达的局部灭菌部位，从而不能彻底灭菌，这些不能彻底灭菌的部位称为“死角”。“死角”可以是设备、管道的某一部位，也可以是培养基或其他物料的某一部分。

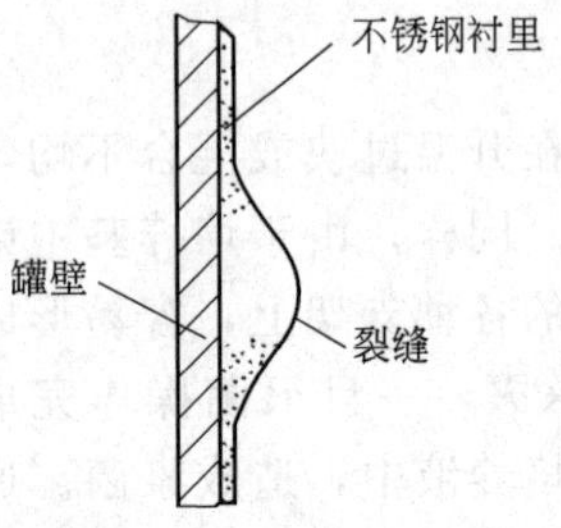

图 6-2　不锈钢衬里破裂造成“死角”

常见的设备、管道“死角”如下：

① 发酵罐的“死角”　发酵罐内的部件及其支撑件，如拉手扶梯、搅拌轴拉杆、联轴器、冷却盘管、挡板、空气分布管及其支撑件、温度计套焊接处等周围容易积集污垢，形成“死角”。经常清洗并定期铲除污垢，可以消除这些“死角”。发酵罐制作不当会造成“死角”。如不锈钢衬里焊接质量不好，导致不锈钢与碳钢之间有空气，在灭菌时，由于三者膨胀系数不同，使不锈钢鼓起或破裂，造成“死角”，如图 6-2 所示。

罐底部堆积培养基中的固体物，形成硬块，包藏着脏物，使灭菌不彻底，如图 6-3 所示，应清洗彻底，消除积垢。罐底的加强板（图 6-4）长期受压缩空气顶吹而腐蚀、受损或裂缝，或焊接不当，造成灭菌不彻底，应煅成与罐底相同的弧度，使之吻合紧密，并注意焊接质量。发酵罐封头上的人孔（或手孔）、排风管接口、灯孔、视镜口、进料管口、压力表接口等都是造成“死角”的潜在之处。一般应安装边阀，使灭菌彻底，并注意清洗。

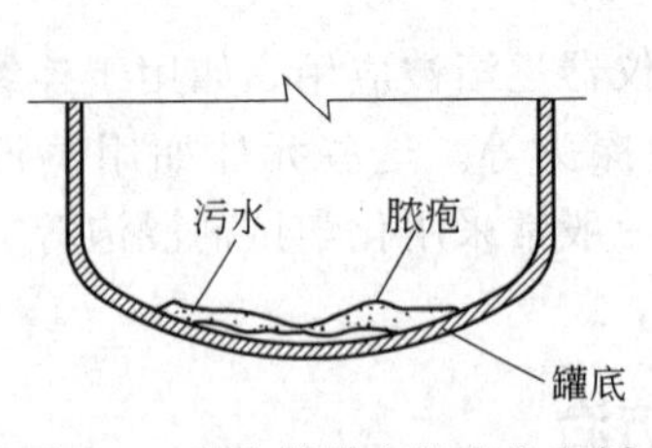

图 6-3　发酵罐罐底脓疱状积垢

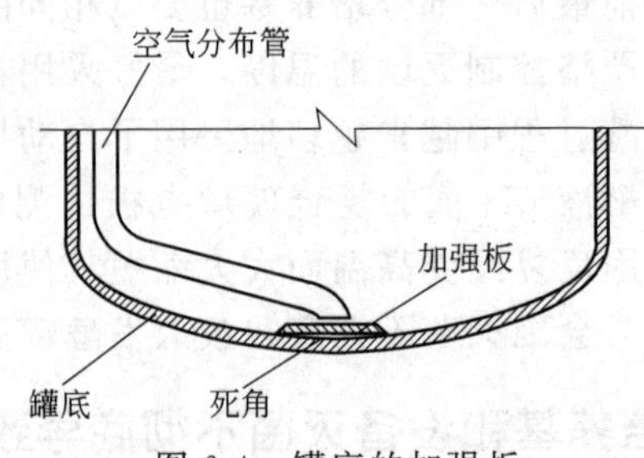

图 6-4　罐底的加强板

② 管道安装不当形成的“死角”　发酵车间的管道大多数以法兰连接，法兰的加工、焊接和安装要符合灭菌要求，使衔接处两节管道畅通、光滑、密封性好，垫片内径恰与法兰内径相

等，安装时须对准中心。垫片内径太大、太小或安装不对准中心，都会造成“死角”（图 6-5）。法兰与管子焊接不好，受热不均匀，易使法兰翘曲而形成“死角”（图 6-5）。

某些管道须在发酵过程中或在培养基灭菌后才进行灭菌，如种子罐底部的移种管，若安装不当，就会存在蒸汽不易通达的“死角”，如图 6-6 所示。

压力表安装不合理会形成“死角”，消除方法是在近压力表处安装放汽边阀，如图 6-7 所示。

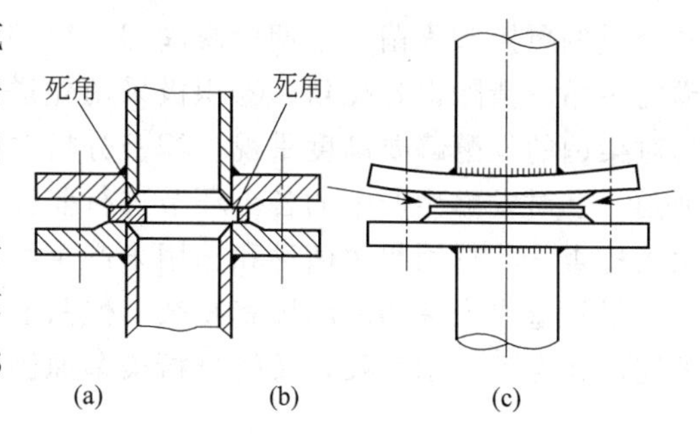

图 6-5 法兰的“死角”

(a) 垫圈内径过小；(b) 垫圈内径过大；(c) 法兰不平造成的泄漏与“死角”

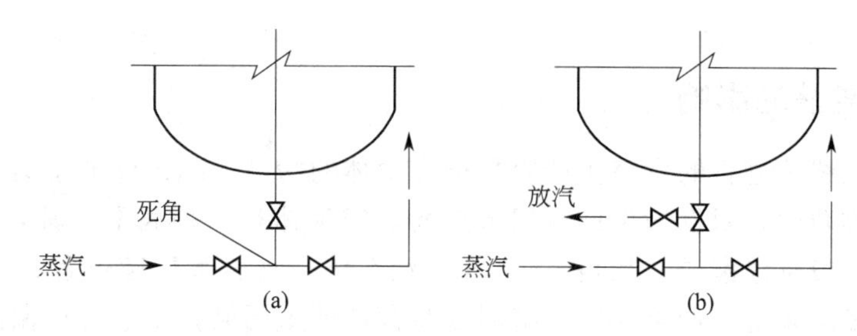

图 6-6 灭菌时蒸汽不易通达的“死角”及其消除方法

(a) 蒸汽不易通达的“死角”；(b)“死角”消除方法

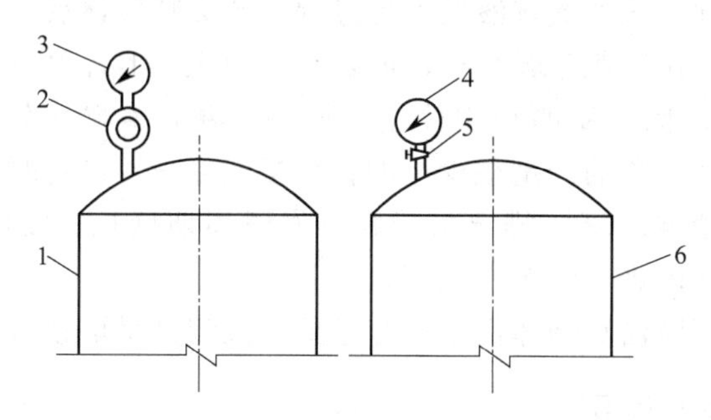

图 6-7 压力表安装不合理形成“死角”

1，6—发酵罐；2—缓冲管；3，4—压力表；5—旋塞

五、设备渗漏造成的染菌及其防治

发酵设备、管道、阀门长期使用，由于腐蚀、摩擦和振动等原因，往往造成渗漏。例如，设备的表面或焊缝处若有砂眼，由于腐蚀逐渐加深，最终导致穿孔；冷却管受搅拌器作用，长期磨损，焊缝处受冷热和振动产生裂缝而渗漏。为了避免设备、管道、阀门渗漏，应选用优质的材料，并经常进行检查。冷却蛇管的微小渗漏不易被发现，可以压入碱性水；在罐内可疑的地方，用浸湿酚酞指示剂的白布擦拭，如有渗漏，白布显红色。

总之，防止杂菌污染的常用措施如下：①加强操作环境空间的卫生管理，定期进行环境消毒，保持良好环境卫生。②严格无菌操作，定期对操作者进行无菌操作意识教育和技能培训。③设备设计、加工和安装过程必须避免死角存在，简化管路，管道之间尽可能用焊接来代替法兰连接。④加强设备管理，定期检修设备，使设备完好运行。例如，定期进行空气过

滤介质的更换和灭菌，定期检修阀门，定期对发酵罐内的列管和罐体加压试漏。⑤经常清除罐内污垢，清除设备死角。⑥积极采用先进技术，完善工艺和改造设备，降低染菌的概率。⑦对染菌的发酵罐要高度重视，积极分析并及时采取处理措施，并善于总结，防范再次发生染菌。⑧对发酵生产中的各个环节进行监控，对菌种、不同发酵时期发酵液及空气系统进行无菌检查。⑨选用粗放菌种和选用未产生耐药性的菌种。⑩选用抗噬菌体突变株。

尽管造成染菌的原因极其复杂，但只要建立必要的规章制度，认真落实防范杂菌污染的措施，如遇到杂菌污染，及时分析染菌原因，及时堵塞漏洞，就能迅速控制染菌。

第四节　噬菌体的污染与防治

一、噬菌体对发酵的影响

利用细菌或放线菌进行的发酵生产容易遭噬菌体的污染，噬菌体的感染力非常强，传播蔓延迅速，且较难防治，对发酵生产有很大威胁。噬菌体是一种病毒，其直径约为 $0.1\mu m$，可通过环境污染、设备渗漏或“死角”、空气净化系统、培养基灭菌过程、补料过程及操作过程等环节进入发酵系统。如果大罐发酵时受噬菌体严重污染，由于生产菌的菌体细胞被噬菌体裂解死亡，发酵液变清，生产菌的正常代谢物不能合成，就会造成倒罐停产。

由于发酵过程中噬菌体侵染的时间、程序不同以及噬菌体的“毒力”和菌株的敏感性不同，所表现的症状也不同。比如氨基酸的发酵过程，感染噬菌体后，常使发酵液的光密度在发酵初期不上升或回降；pH 值逐渐上升，可到 8.0 以上，且不再下降或 pH 值稍有下降，pH 值停滞在 7.0～7.2 之间，氮的利用停止；糖耗、温升缓慢或停止；产生大量的泡沫，有时使发酵液呈现黏胶状；酸的产量很少、增长缓慢或停止；镜检时可发现菌体数量显著减少，甚至找不到完整的菌体；CO_2 排出量异常，发酵周期延长；发酵液发红、发灰，泡沫很多，难中和，提取分离困难，收率很低等。

因此微生物发酵工厂防治噬菌体污染十分重要，关键是采取预防为主的措施。

二、产生噬菌体污染的原因

噬菌体在自然界中分布很广，在土壤、腐烂的有机物和空气中均有存在。噬菌体是专一性活菌寄生体，但有时也能脱离寄主在环境中长期存在。在实际生产中，经常由于空气的传播而造成噬菌体污染。因此，环境污染噬菌体是引起噬菌体感染的主要原因。至今最有效的防治噬菌体染菌的方法是以净化环境为中心的综合防治法，主要有净化生产环境、消灭污染源、提高空气的净化度、保证纯种培养、保证种子本身不带噬菌体、轮换使用不同类型的菌种、使用抗噬菌体的菌种、改进设备装置、消灭“死角”、药物防治等。

三、噬菌体污染的检测

要判断发酵过程有无感染噬菌体，最根本的方法就是做噬菌斑检验。在无菌培养皿上倒入培养生产菌的灭菌培养基（加琼脂）作下层。同样地，在培养基中加入 20%～30%培养好的种子液，再加入待测发酵液，摇匀后，铺在上层。培养 12～20h 后观察培养皿上是否出现噬菌斑。也可以在上层培养基中只加种子液，而将待测发酵液直接点在上层培养基表面，培养后观察有无透明圈出现。

四、噬菌体污染的防治措施

噬菌体的防治是一项系统工程，只有从培养基的制备、培养基灭菌、种子培养、空气净化系统、环境卫生、设备、管道等诸多方面分段检查把关，才能根治噬菌体的危害。具体防治措施有：①严格活菌体排放，切断噬菌体的“根源”；②做好环境卫生，消灭噬菌体与杂菌；③严防噬菌体与杂菌进入种子罐或发酵罐内；④抑制罐内噬菌体的生长；⑤轮换使用菌种或使用抗性菌株。

1. 定期检查，及时消灭噬菌体

日常生产中要加强各环节噬菌体的检测，以便早发现，防患于未然。在发酵过程中一旦发现噬菌体的危害，应立即对全厂各工序的空气过滤系统、发酵液、排气口、污水口以及周围环境进行取样检测，找出噬菌体较集中的地方，采取相应的措施消灭噬菌体和杂菌。

2. 加强管理，严格执行操作规程

种子和发酵工段的操作人员要严格执行无菌操作规程，认真进行种子保管，不使用本身带有噬菌体的菌株。不得将感染噬菌体的培养物带入菌种室、摇瓶间。认真进行发酵罐、补料系统的灭菌。严格控制逃液、取样分析和洗罐所废弃的菌体。对倒罐、取样分析所排放的废液必须先灭菌后排放。

3. 噬菌体污染的应急措施

生产中一旦污染了噬菌体，可采取下列措施加以挽救：

(1) 并罐法　利用噬菌体只能在处于生长繁殖的细胞中增殖的特点，当发现发酵罐初期污染噬菌体时，可采用并罐法，即将其他罐批发酵16～18h的发酵液，以等体积混合后分别发酵，利用其活力旺盛的种子，不进行加热灭菌，亦不需另行补种，便可正常发酵，但要确定，并入罐的发酵液不能染杂菌，否则两罐都将染菌。

(2) 轮换使用菌种或使用抗性菌株　发现噬菌体后，停止搅拌，少量通风，降低pH值，立即培养要轮换的菌种或抗性种子，培养好后接入发酵罐，并补加1/3正常量的玉米浆(不调pH值)、磷盐和镁盐。如pH值仍偏高，不要搅拌，适当通风，至pH值正常。OD值增大后，再开搅拌器正常发酵。

(3) 放罐重消法　发现噬菌体后，放罐，调pH值（可用盐酸，不能用磷酸），补加1/2正常量的玉米浆和1/3正常量的水解糖，适当降低温度重新灭菌，不补加尿素，接入2%的种子，继续发酵。

(4) 罐内灭噬菌体法　发现噬菌体后，停止搅拌，少量通风，降低pH值，间接加热到70～80℃，并自顶盖计量器管道（或接种、加油管）内通入蒸汽，自排气口排出。因噬菌体不耐热，加热可杀死发酵液内的噬菌体，通蒸汽杀死发酵罐及管道内的噬菌体。冷却后，如pH值过高，停止搅拌，少量通风，降低pH值，接入两倍量的原菌种，至pH值正常后开始搅拌。

当噬菌体污染严重而上述方法无法解决时，应调换菌种或停产全面消毒后再恢复生产。

4. 选育抗噬菌体突变株的方法

(1) 直接从污染噬菌体的发酵液中分离　取污染噬菌体的发酵液进行培养、分离，获得噬菌体抗性突变株，对其产量性状进行测定，保留稳定株和高产菌株，用于生产。

(2) 生产敏感菌株反复与污染的噬菌体接触　生产敏感菌株与污染的相应噬菌体多次接

触、混合、培养，从中选择抗噬菌体突变株，经过筛选，保留稳定株和高产菌株，用于生产。

(3) 诱变剂与噬菌体处理敏感菌株　采用紫外线或亚硝基胍等诱变剂处理生产敏感菌株，与污染的相应噬菌体多次接触、混合、培养，从中选择抗噬菌体的突变株，经过筛选，保留稳定株和高产菌株，用于生产。

第五节　发酵染菌的挽救与处理

发酵过程一旦发生染菌，应根据污染微生物的种类、染菌的时期或杂菌的危害程度等进行挽救或处理，同时对有关设备也要进行相应的处理。

一、种子培养期染菌的处理

一旦发现种子受到杂菌的污染，该种子不能再接入发酵罐中进行发酵，应经灭菌后弃之，并对种子罐、管道等进行仔细检查和彻底灭菌。同时采用备用种子，选择生长正常无染菌的种子接入发酵罐，继续进行发酵生产。如无备用种子，则可选择适当菌龄的发酵液作为种子，进行“倒种”处理，接入新鲜的培养基中进行发酵，从而保证发酵生产的正常进行。

二、发酵前期染菌的处理

当发酵前期发生染菌后，如培养基中的碳、氮源含量还比较高时，终止发酵，将培养基加热至规定温度，重新进行灭菌处理后，再接入种子进行发酵；如果此时染菌已造成较大的危害，培养基中的碳、氮源的消耗量已比较多，则可放掉部分料液，补充新鲜的培养基，重新进行灭菌处理后，再接种进行发酵，也可采取降温培养、调节 pH 值、调整补料量、补加培养基等措施进行处理。

三、发酵中、后期染菌的处理

发酵中、后期染菌或发酵前期轻微染菌而发现较晚时，可以加入适当的杀菌剂或抗生素以及正常的发酵液，以抑制杂菌的生长，也可采取降低培养温度、降低通风量、停止搅拌、少量补糖等措施进行处理。当然，如果发酵过程的产物代谢已达一定水平，此时产品的含量若达一定值，只要明确是染菌也可放罐。对于没有提取价值的发酵液，废弃前应加热至120℃以上、保持 30min 后才能排放。

四、染菌后对设备的处理

染菌后的发酵罐在重新使用前，必须在放罐后进行彻底清洗，空罐加热灭菌后至 120℃以上、30min 后才能使用，也可用甲醛熏蒸或甲醛溶液浸泡 12h 以上等方法进行处理。

第七章
常用的发酵设备

生物反应器是用于生物化学反应的核心设备，为生物化学反应提供合适的场所和反应条件。生物反应器的选型、先进程度、运行操作和管理水平直接影响产品产量、质量和产业的效益。生物反应器种类繁多，可以从生物催化剂的种类、操作方式、反应器的结构特征及反应物的相态等方面对生物反应器进行分类。一个优良的培养基装置应具有严密的结构、良好的液体混合性能、高的传质和传热速率，以及可靠的检测和控制仪表，才能获得最大的生产效率。尽量减少杂菌和噬菌体污染是微生物发酵设备必须具备的条件。发酵罐内壁和管道焊接的部分，要求平滑、无裂缝和无塌陷。此外，阀门应保持清洁，所有阀门和接管处必须用蒸汽灭菌。容器主体的结构要简单、容易清洗。当反应器受到的外压略大于内压时，要防止液体和空气从反应器外流入反应器内。

微生物有好氧和厌氧之分，生物反应器也可根据微生物对氧的需求状况分为好氧生物反应器和厌氧生物反应器。通风发酵设备有机械搅拌式发酵罐、自吸式发酵罐、鼓泡式发酵罐、气升式发酵罐、喷射自吸式发酵罐、溢流喷射自吸式发酵罐等多种类型。通气发酵要将空气不断通入发酵液中，供给微生物所需的氧，气泡愈小，气液接触面积愈大，氧的溶解速率也愈快，氧的利用率也愈高，电耗也愈少，产品的产率也愈大。厌氧发酵设备，除了必须具备上述应对杂菌和噬菌体的措施外，还要很好地考虑温度和 pH 控制方便。工业生产中最常用的是机械搅拌式发酵罐，它利用机械搅拌器的作用，使空气和发酵液充分混合，提高发酵液的溶解氧，供给微生物生长、繁殖、代谢过程所需要的氧气。

第一节　通风液体发酵设备

由于大多数微生物是好氧的，所以用好氧发酵的设备最多。好氧发酵罐通常采用通风和搅拌来增加氧的溶解速率，满足微生物代谢和产物积累的需要。

一、机械搅拌通风发酵罐

机械搅拌式发酵罐，也称标准式或通用式发酵罐，它是利用机械搅拌器的作用，使空气和发酵液充分混合，并溶解在发酵液中，以保证微生物的生长繁殖、发酵所需要的氧气。它在工业生产中使用最为广泛，以实用性能好、适应性强、放大相对容易著称，因此又称为通用式发酵罐。其主要的缺点是机械搅拌产生的剪切力容易对耐剪切力较差的菌体造成损伤，影响菌体的生长和代谢。

1. 机械搅拌式发酵罐设计要求

为了使微生物发挥最大的生产效率，机械搅拌式发酵罐必须满足以下几个要求：

① 发酵罐应具有适宜的高径比　一般高度与直径之比为1.7～4，罐身越高，氧的利用率越高。

② 发酵罐能承受一定的压力　因为罐在消毒及正常工作时，罐内有一定的压力（气压和液压）和温度，所以罐体各部分必须能承受一定的压力。

③ 发酵罐的搅拌通风装置能使气液充分混合，保证发酵液所必需的溶解氧。

④ 发酵罐应具有足够的冷却面积　这是因为微生物生长代谢过程放出大量的热量，必须通过冷却来调节不同发酵阶段所需的温度。

⑤ 发酵罐应尽量减少死角，避免藏垢积污，灭菌才能彻底。

⑥ 搅拌器轴封应严密，尽量减少泄漏。

2. 机械搅拌式发酵罐搅拌提高溶氧系数的机制

机械搅拌式发酵罐搅拌提高溶氧系数的机制：①搅拌能把大的空气气泡打成微小气泡，增加了接触面积，而且小气泡的上升速度要比大气泡慢，因此接触时间也较长。②搅拌使液体做涡流运动，使气泡不是直线上升而是做螺旋运动上升，延长了气泡的运动路线，即增加了气液的接触时间。③搅拌使发酵液呈湍流运动，从而减小了气泡周围液膜的厚度，减小了液膜阻力，因而提高了溶氧系数。④搅拌使菌体分散，避免结团，有利于固液传递过程中接触面积的增加，使推动力均一。

3. 机械搅拌式发酵罐的结构

（1）罐体　大型发酵罐由圆柱体及椭圆形或碟形封头焊接而成。罐径在1m以下的小型发酵罐罐顶和罐身可采用法兰连接，材料一般为不锈钢。罐的高径比一般为1.7～4。为便于清洗，小型发酵罐罐顶设有清洗用的手孔。大、中型发酵罐则设有人孔和手孔。罐体上的接管有进料管、补料管、排气管、接种管和压力表接管。在罐身上的接管有冷却水进出管、进空气管、取样管、温度计管和测控仪表接口。发酵罐上面的接管应越少越好，能合并的尽可能合并，但要避免染菌。

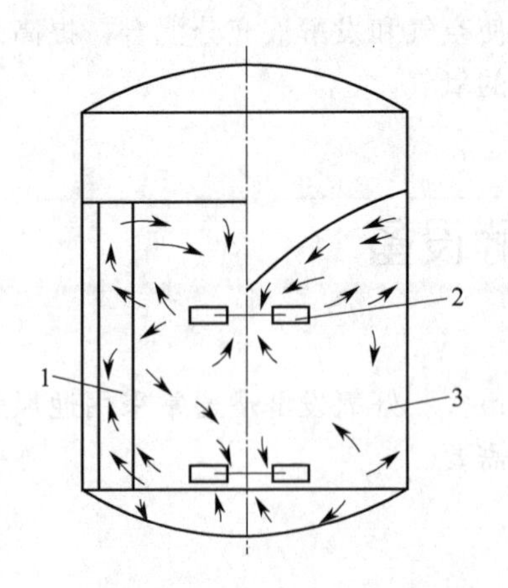

图7-1　通用式发酵罐搅拌液体翻动流型

1—挡板；2—搅拌叶；3—发酵罐

（2）搅拌器　将空气打成小气泡，增加气液接触面积，提高氧的传质速率，同时让发酵液充分混合，液体中的固形物保持悬浮状态。搅拌器可以使液体产生轴向流动和径向流动。为了使发酵液搅拌均匀，应根据发酵罐的容积，在搅拌轴上配置多个搅拌器，搅拌器的形式、直径大小、转速、组数、间距以及在罐内的相对位置等应根据罐体内液位高度、发酵液的特性等因素来决定。

搅拌器按液流形式可分为轴向式和径向式两种。桨式、锚式、框式和推进式的搅拌器均属于轴向式，而涡轮式搅拌器则属于径向式。对于气液混合系统，采用圆盘涡轮式搅拌器较好，因而发酵罐的搅拌器一般采用涡轮式，它的特点是直径小，转速快，搅拌效率高，功率消耗较低，主要产生径向液流，在搅拌器的上下两面循环翻腾（上下两组），可以延长空气在发酵罐中的停留时间，有利于氧在醪液中溶解。根据搅拌器的主要作用，打碎气泡主要靠下组搅拌，上组主要起混合作用。因此，下组宜采用圆盘涡轮式搅拌器，上组采用平桨式搅拌器。圆盘涡轮搅拌器的情况可用发酵罐搅拌液体翻动流型图来说明，如图 7-1 所示。常用的搅拌器见图 7-2。

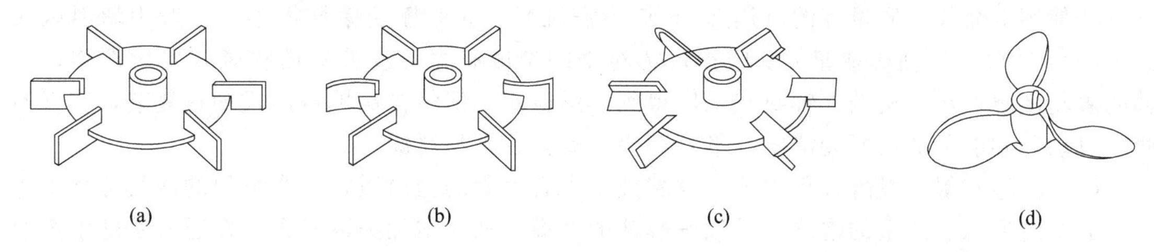

图 7-2　常用的搅拌器

(a) 圆盘平直叶涡轮；(b) 圆盘弯叶涡轮；(c) 圆盘箭叶涡轮；(d) 推进式搅拌器

(3) 挡板　挡板的作用是为了克服搅拌器运转时液体产生的漩涡，改变液流的方向，将径向流动改为轴向流动，促使液体激烈翻腾，增加溶氧速率。

图 7-1 的右边表示一个不带挡板的搅拌流型，在中部液面下陷，形成一个很深的漩涡，此时搅拌功率降低，大部分功率消耗在漩涡部分，靠近罐壁处流体速度很低，气液混合不均匀。图 7-1 的左边是一个带挡板的搅拌流型，流体从搅拌器径向甩出去后，到罐壁遇到挡板的阻碍，形成向上、向下两部分垂直方向的流动，向上部分经过液面后，流经轴向而转下，由于挡板的存在不致发生中央下陷的漩涡，液体表面外观是旋转起伏的波动。在两个搅拌器之间，液体发生向上、向下的垂直流动，流近搅拌器圆盘外随着搅拌器叶轮向外甩出，经罐壁遇到挡板的阻碍，迫使液体又发生垂直运动，这样在两个搅拌器的上、下方各自形成了自中间轴到罐壁的循环流动。在下组搅拌器的下方，罐底中间部分液体被迫向上，然后顺着搅拌器径向甩出，形成循环。

挡板宽度一般取 $(0.1\sim0.12)D$，装设 4～6 块挡板即可满足全挡板条件。全挡板条件是指在发酵罐内再增加挡板或其他附件时，搅拌功率保持不变，而漩涡基本消失。

达到全挡板条件的要求，须满足：

$$\left(\frac{W}{D}\right)z=\frac{(0.1\sim0.12)D}{D}z=0.5$$

式中　D——罐直径，mm；

　　z——挡板数；

　　W——挡板宽度，mm。

竖立的蛇管、列管、排管等，也可起挡板作用，故一般具有冷却列管式的罐内不另设挡板，但对于盘管，仍应设挡板。挡板的长度从液面起至罐底为止。挡板与罐壁之间的距离为 $(1/5\sim1/8)W$，避免形成死角，防止物料与菌体堆积。

(4) 轴封　搅拌轴的密封为动轴封，这是由于搅拌轴是转动的，而顶盖是固定静止的，两个构件之间具有相对运动。对动轴封的基本要求是密封要可靠并且结构简单，使用寿命要长。轴封的作用是使罐顶或罐底与轴之间的缝隙密封，若密封不严，极易造成泄漏和杂菌污染。

常采用轴封有填料函式和机械式两种，最普遍的轴封是机械式轴封（端面式轴封）。填料函式轴封的优点是结构简单。其主要缺点是：①死角多，很难彻底灭菌，易渗漏；②轴的磨损较严重；③填料压紧后摩擦功率消耗大；④寿命短。因此目前多采用端面式轴封。

机械式轴封的密封作用是靠弹性元件（弹簧、波纹管等）的压力使垂直于轴线的动环和静环的光滑表面紧密地相互贴合，并作相对转动而达到密封。机械式轴封的优点是：①清洁；②密封可靠，在较长的使用期中，不会泄漏或很少泄漏；③无死角，可以防止杂菌污染；④使用寿命长，质量好的可用2～5年不需维修；⑤摩擦功率耗损小，一般为填料函式的10%～50%；⑥轴或轴套不受磨损；⑦对轴的精度和光洁度没有填料函式要求严格，对轴的震动敏感性小。机械式轴封在工厂得到广泛应用，但结构比填料函式轴封复杂，装拆不便，对动环和静环的表面光洁度及平直度要求高，否则易泄漏。

(5) 消泡装置　发酵过程中由于发酵液中含有大量的蛋白质，故在强烈的通气搅拌下将产生大量的泡沫。严重的泡沫将导致发酵液的外溢，从而增加染菌机会。在通气发酵生产中有两种消泡方法，一种是加入消泡剂消泡，一种是使用机械消泡。工业生产上通常是两种消泡方法联合使用。

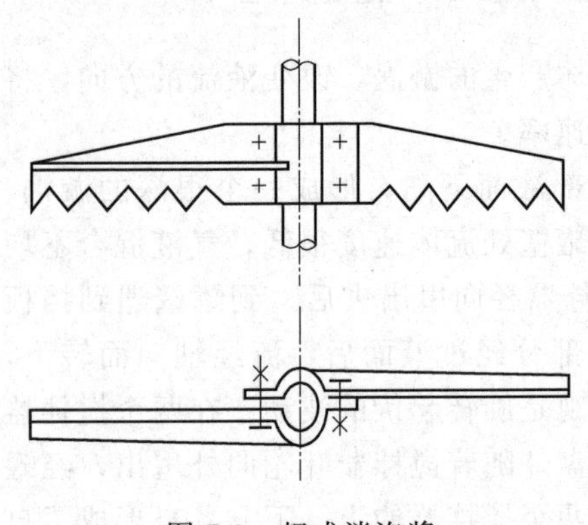

图7-3　耙式消泡桨

机械消泡最常用的形式有锯齿式、梳状式及孔板式。图7-3为耙式消泡桨，它装于发酵罐内搅拌轴上，齿面略高于液面，当产生少量泡沫时，耙桨随时将泡沫打碎；但当产生大量泡沫且泡沫上升很快时，耙桨来不及将泡沫打碎，就失去消泡作用，此时需添加消泡剂。所以这种装置的消泡作用并不完全，只是一种简单的措施而已。

(6) 联轴器及轴承　大型发酵罐的搅拌轴较长，常分成2～3段，用联轴器使上下搅拌轴成牢固的刚性连接。小型的发酵罐可采用法兰连接。

(7) 传动装置　小型发酵罐通常采用无级变速装置作为传动装置，而生产用发酵罐常用的变速装置包括三角皮带传动减速装置和圆柱或螺旋圆锥齿轮减速装置，其中以三角皮带传动减速装置效率最高，但加工与安装精度要求也较高。

采用变速电动机可根据需要实现阶段变速，即在需氧高峰时采用高转速，不需要较高溶解氧阶段采用低转速。这样，既节约动力消耗，也可提升发酵产率。

(8) 空气分布装置　空气分布装置的作用是吹入无菌空气，并使空气均匀分布。分布装置的形式有单管及环形管等。常用的是单管式，管口正对罐底中央，与罐底的距离约为40mm，这样的空气分散效果较好。距离过大，分散效果较差，这可根据溶解氧情况适当调整。空气由分布管喷出上升时，被搅拌器打碎成小气泡，并与醪液充分混合，增加了气液传质效果。环形管的分布装置以环径为搅拌器直径的0.8倍较有效，喷孔直径为5～8mm，喷孔向下，喷孔的总截面积约等于通风管的截面积，这种空气分布装置的空气分散效果不如单管式装置，同时由于喷孔容易堵塞，现已很少采用。通风量在0.02～0.5mL/s时，气泡的直径与空气喷孔直径的1/3次方成正比，也就是喷孔直径越小，气泡直径越小，而氧的传质系数越大。但实际生产的通风量均超过上述范围，此时气泡直径与风量有关，而与喷孔直径无关，所以单管式装置的分布效果并不低于环形管。

(9) 换热装置　在发酵过程中，生物氧化反应产生和机械搅拌产生的大量的热量，必须及时降温才能保证发酵在恒温状态下进行。通常采用的换热装置有夹套式换热装置［图7-4

(a)]、竖式蛇管换热装置 [图 7-4(b)]、竖式列管换热装置。

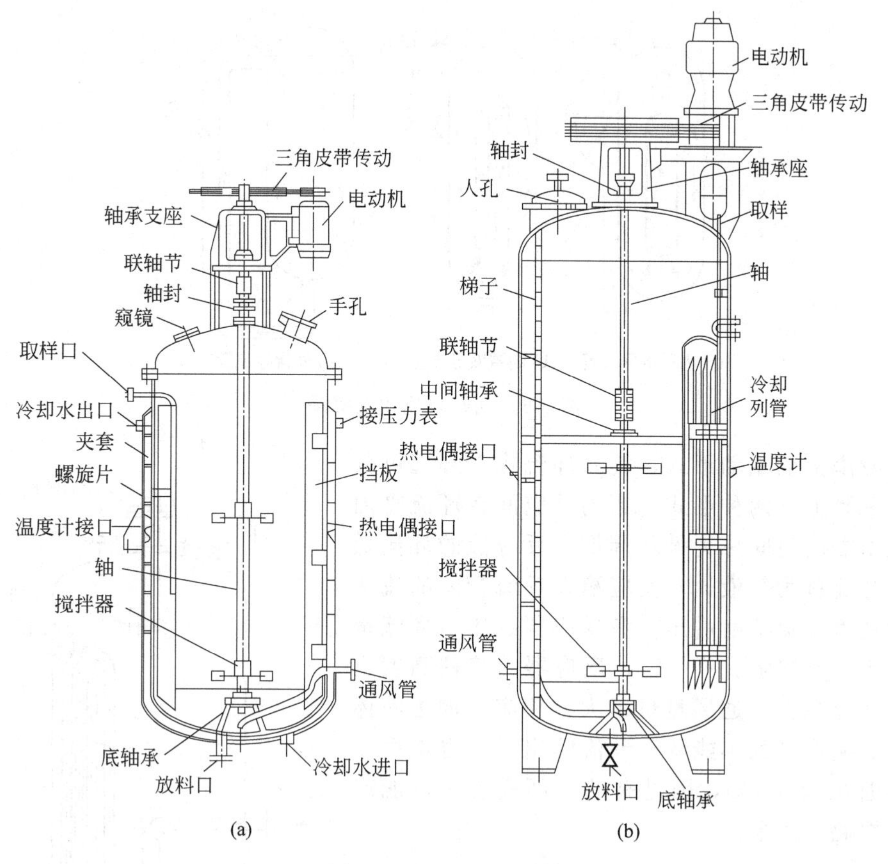

图 7-4 通用型发酵罐

(a) 夹套换热；(b) 竖式蛇管换热

二、气升环流式发酵罐

机械搅拌发酵罐其通风原理是罐内通风，靠搅拌作用使气泡分割细碎，与培养基充分混合，密切接触，以提高氧的吸收系数；设备构造比较复杂，动力消耗较大，加工困难，投资高，维修麻烦，轴封易泄漏，易染菌，搅拌剪切力大，随着设备体积的增大，混合不均匀，传质效率下降，因而难以超大型化。

与机械搅拌发酵罐相比，气升发酵罐具有以下特点：溶氧速率和溶氧效率高、能耗低；生物细胞受到的剪切力小；设备结构简单，冷却面积小；无搅拌传动设备，节约动力约50%，节约钢材；操作无噪声；料液装料系数达 80%～90%，而不需要加消泡剂；维修、操作及清洗简便，特别是避免了因机械轴封造成的渗漏、染菌现象。此外，气升发酵罐的设计技术已经成熟，易于放大和模拟。其缺点是不能代替好氧量较小的发酵罐，对于黏度大的发酵液溶氧系数较低。

气升环流式发酵罐（图 7-5）的工作原理是把无菌空气通过喷嘴或喷孔喷射进环流管，通过气液混合物的湍流作用而使空气泡分割细碎，同时由于上升管内形成的气液混合物密度减小故向上运动，而气含率小的发酵液则下沉，形成循环流动，实现混合与溶氧传质。气升环流式发酵罐内安装有导流管增强了罐内流体的轴向循环，并使发酵罐内的剪切力分布更加均匀。

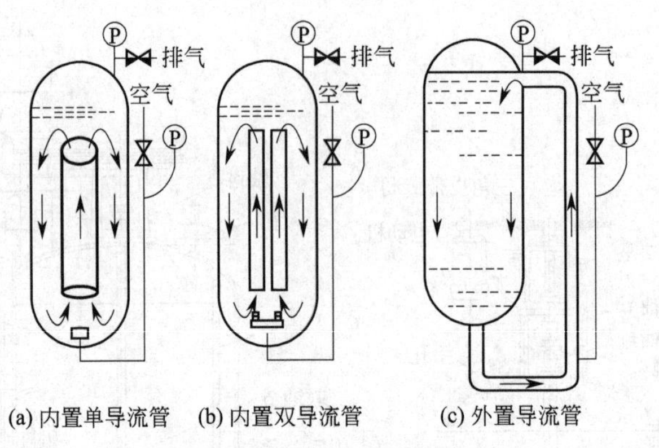

图 7-5　气升环流式发酵罐

根据发酵液的流动形式，气升环流式发酵罐可分为内循环和外循环两种形式。罐内反应液在环流管内循环一次所需的时间称为循环周期。反应液的环流量与通风量之比称为气液比。反应液在环流管内的流速称为环流速度。喷嘴前后压差和反应器罐压与环流量有一定关系，当喷嘴直径一定，反应器内液柱高度也不变时，压差越大，通风量也越大，相应增加了液体的循环量。罐内液面不能低于环流管出口，也不可以高于环流管出口 1.5m，因过高的液面高度，可能产生"环流短路"现象。

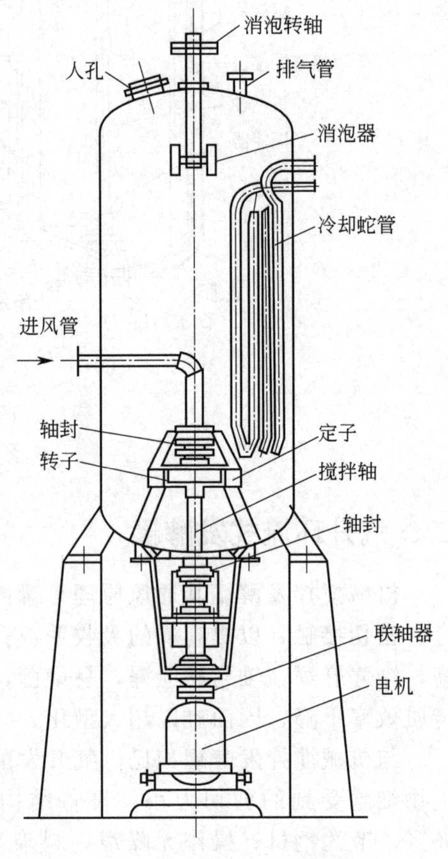

图 7-6　自吸式发酵罐

三、自吸式发酵罐

自吸式发酵罐是一种不需要空气压缩机提供加压空气，而依靠机械搅拌吸气装置吸入无菌空气，并同时实现混合搅拌与溶氧传质的发酵罐，如图 7-6 所示。在我国，自吸式发酵罐已用于医药工业、酵母工业等，取得了良好的成绩。

自吸式发酵罐的构件主要是自吸搅拌器和导轮(又称转子和定子)。转子由罐底向上升入的主轴带动，当转子转动时空气则由导气管吸入。在转子启动前，先用液体将转子浸没，然后启动电机使转子转动，由于转子高速旋转，液体或空气在离心力的作用下，被甩向叶轮外缘，在这个过程中，流体便获得能量，若转子的转速愈快，旋转的线速度也愈大，则流体的动能也愈大，流体离开转子时，由动能转变为压力能也愈大，排出的风量也愈大。故当转子空膛内的流体从中心被甩向外缘时，在转子中心处形成负压，转子转速愈大，所造成的负压也愈大，由于转子的空膛用管子与大气相通，因此大气的空气不断地被吸入，甩向叶轮的外缘，通过导向叶轮而使气液均匀分布甩出。由于转子的搅拌作用，气液在叶轮周围形成强烈的混合流（湍流），使刚离开叶轮的空气立即在循环的发酵液中分裂成细微的气泡，并在湍流状态下混合、翻腾、扩散到整个罐中，因此自吸式充气装置在搅拌的同时完成了充气作用。

第二节　通风固体发酵设备

通风固体发酵工艺是传统的发酵生产工艺，具有设备简单、投资小等优点，广泛应用于酱油和酿酒生产以及农副产品生产饲料蛋白。通风固体发酵与液体发酵不同，其反应基质是以固态形式存在，反应基质中游离水含量低，反应体系内的传递过程复杂，其中最主要的流动介质是气相。因此，通风固体发酵设备与液体发酵设备差别较大。

一、自然通风固体发酵设备

自然通风发酵设备也就是传统发酵工业中制备种曲的设备，使用中要求空气与固体培养基密切接触，以供微生物繁殖和带走所产生的生物热。原始的固体曲制备采用木制的浅盘。大的曲盘没有底板，只有几根衬条，上铺竹帘、苇帘或柳条，或者干脆不用木盘，把帘子铺在架子上，这样有利于扩大固体培养基与空气的接触面积，提高曲的质量。采用这种传统的自然通风发酵设备进行生产，劳动强度高，易受杂菌污染，发酵过程不易控制，占地面积大。

二、机械通风固体发酵设备

机械通风固体发酵设备使用了机械通风装置即鼓风机，因而强化了发酵系统的通风，使曲层厚度大大增加，不仅使制曲生产效率大大提高，而且便于控制曲层发酵温度，提高曲的质量。

机械通风罐体发酵设备，曲室多用长方形水泥池，宽约 2m，深 1m，长度根据生产场地及产量等选取，但不宜过长，以保持通风均匀，如图 7-7 所示。一般池壁距池底 0.2m 处设有 0.1m 的边，上面铺设筛板，下面通风道，曲室底部应比地面高，池底应有 8°～10°的倾斜，以便于排水。发酵固体曲料置于筛板上，料层厚度约 0.3～0.5m。曲池一端与风道相连，其间设有风量调节阀门。曲池通风常用单向通风操作，为了充分利用冷量或热量，一般在曲室内设置循环风道，把离开曲层的废气经循环风道送回到空调室，与新鲜空气混合。一般通风量 [$m^3/(m^2 \cdot h)$] 为原料质量的 4～5 倍，风速为 10～15m/s，视固体曲层厚度和发酵使用的菌株、发酵旺盛程度及气候条件等而定。

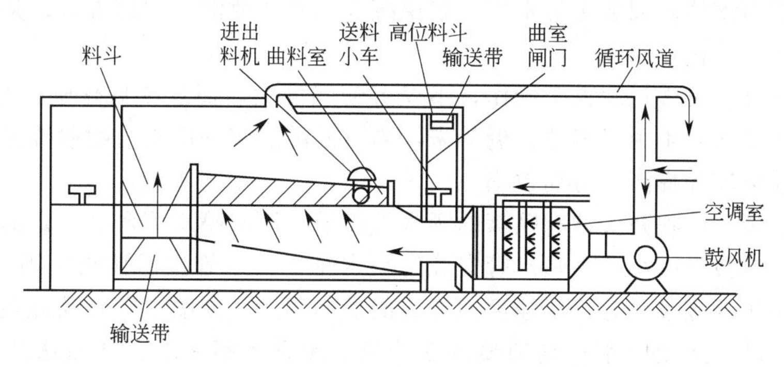

图 7-7　机械通风制曲室

第三节 厌氧发酵设备

厌氧发酵罐不需供氧，设备结构一般较好氧发酵罐简单。为保证微生物与反应基质的均匀混合，需要搅拌，只需要很小的搅拌功率或发酵过程中产生的气泡造成液体循环，就可以满足均匀混合的需要。

一、乙醇发酵设备

酵母在生长繁殖代谢过程中会产生一定的热量及生物热，如果这些热量不能及时移走，那么必将反过来影响酵母的生长繁殖和代谢，从而影响最终转化率。鉴于以上原因，酒精发酵罐的结构一定要满足工艺调节。除此之外，发酵液的排出是否便利、设备的清洗和维修及设备制造安装是否方便也是需要考虑的一系列相关且非常重要的问题。

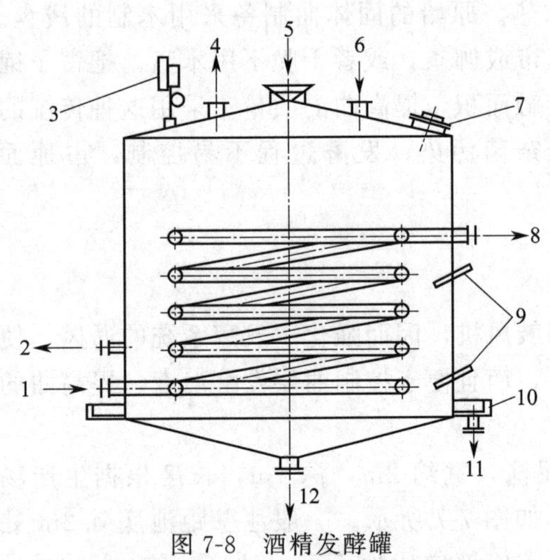

图 7-8 酒精发酵罐

1—冷却水入口；2—取样口；3—压力表；4—CO_2 气体出口；5—喷淋式入口；6—料液和酵母入口；7—人孔；8—冷却水出口；9—温度计；10—喷淋式收集槽；11—喷淋水出口；12—排污口

酒精发酵罐的主要部件有罐体、人孔、视镜、洗涤装置、冷却装置、二氧化碳气体出口、取样口、温度计、压力表及管路等，如图 7-8 所示。酒精发酵罐一般为圆柱形，底盖和顶盖均为蝶形或锥形。在酒精发酵过程中，为了回收二氧化碳气体及所带出的部分酒精，发酵罐宜采用密闭式。罐顶装有人孔、视镜及二氧化碳回收管、进料管、接种管、压力表和测量仪表等。罐底装有排料口和排污口，罐身上下部装有取样口和温度计接口。对于大型发酵罐，为了便于维修和清洗，往往在罐底附近装有人孔。

发酵罐的冷却装置、发酵罐容积不同，冷却方式可能也不同。中小型发酵罐，多采用罐顶喷水淋于罐外壁表面进行膜状冷却；对于大型发酵罐，罐内装有冷却蛇管或罐内蛇管和罐外壁喷洒联合冷却装置，为避免发酵车间的潮湿和积水，要求在罐体底部沿罐体四周装有集水槽。采用罐外列管式喷淋冷却的方法，具有冷却发酵液均匀、冷却效率高等优点。

发酵罐的洗涤，过去均由人工操作，不仅劳动强度大，而且二氧化碳一旦未彻底排除，工人进入罐内清洗会发生中毒事故。近年来，酒精发酵罐多采用水力喷射洗涤装置，从而改善了工人的劳动强度和提高了劳动效率。

水力洗涤装置由一根两头装有喷嘴的洒水管组成，两头喷水管弯有一定的弧度，喷水管上均匀地钻有一定数量的小孔，喷水管安装时呈水平，喷水管接活接头和固定供水管相连，它是借喷水管两头喷嘴以一定喷出速度而形成的反作用力，使喷水管自动旋转，在旋转过程中，喷水管内的洗涤水由喷水孔均匀喷洒在罐壁、罐顶和罐底上，从而达到水力洗涤的目的，如图 7-9 所示。这种水力洗涤装置在水压力不大的情况下，水力喷射强度和均匀度都不理想，以至于洗涤不彻底，大型发酵罐尤其明显。因此，可采用高压强的水力喷射洗涤装置，如图 7-10 所示。它是一根直立的喷水管，沿轴向安装于发酵罐的中央，在垂直喷水管上均匀地钻有小孔。水流在较高压强下，由水平喷水管出口处喷出，使其自动旋转，并以极大的速度喷射到罐壁各处。垂直的喷水管也以同样的水流速度喷射到罐体四壁和罐底。因此，约 5min 时间就可以完成洗涤作业。洗涤水若用热废水，还可提高洗涤效果。

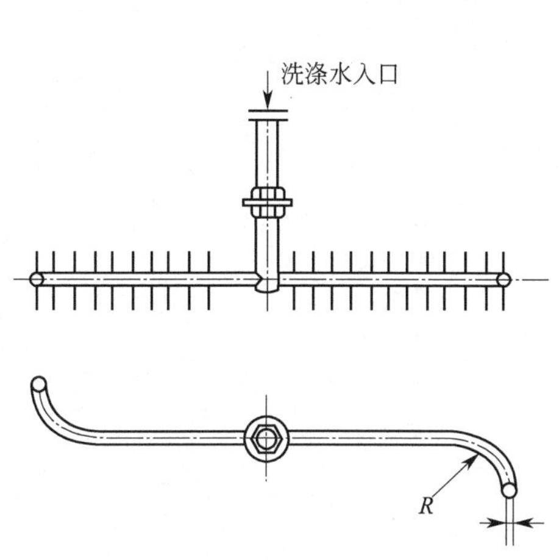

图 7-9　发酵罐水力洗涤器

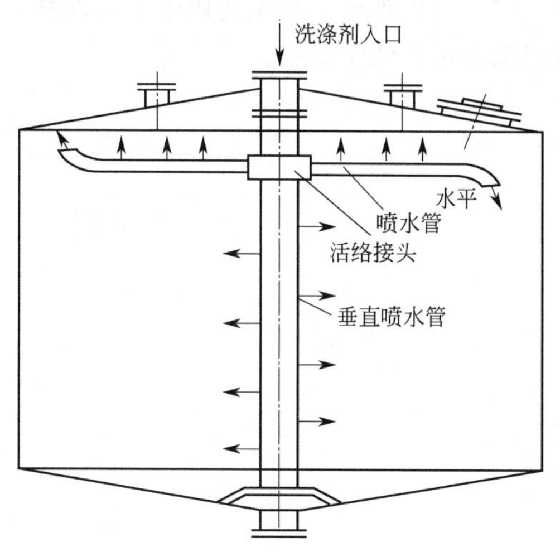

图 7-10　水力喷射洗涤装置

二、啤酒发酵设备

传统的啤酒发酵设备大多为方形或长方形的槽子。早期的啤酒厂大多采用木板槽，后来改用水泥罐或金属（铝板、钢板）槽。20 世纪 60 年代后，圆柱锥底发酵罐开始引起各国注意，其安装由室内走向室外。我国啤酒行业中广泛采用的啤酒发酵设备是圆柱体锥底发酵罐（图 7-11）。这种罐体的优点是发酵速度快，易于沉淀和收集酵母，减少啤酒及其苦味物质的损失，泡沫稳定性得到改善，对啤酒工业的发展极为有利。

圆柱锥体发酵罐具有如下特点：

（1）该罐具有锥底，利于发酵后酵母回收，所采用的酵母也应该是凝聚沉淀型的酵母菌株。

（2）罐本身具有冷却夹套，冷却面积能够满足工艺上的降温要求。一般在圆柱体部分，视罐体高度，可分为 2～3 段冷却，锥底部分设有一段冷却，有利于酵母沉降和保存。

（3）圆柱锥底罐是密闭罐，可以回收二氧化碳，也可进行二氧化碳洗涤，可作为发

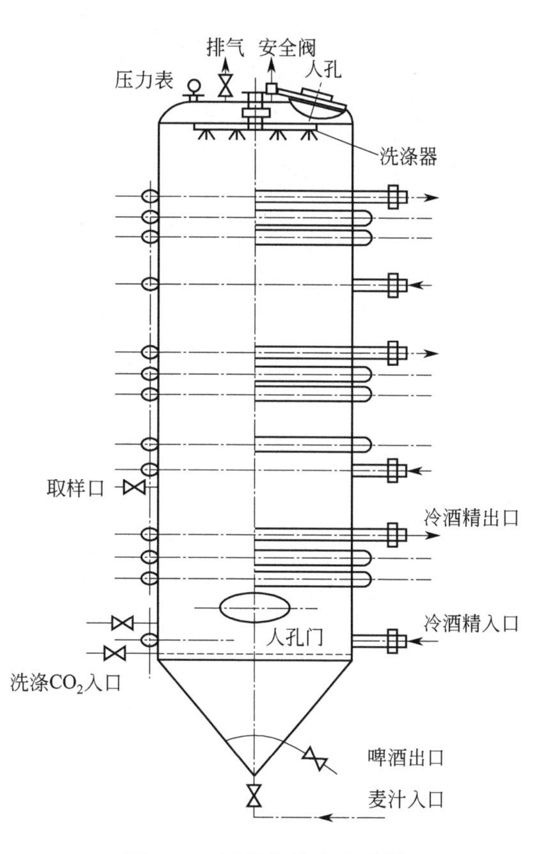

图 7-11　圆柱体锥底发酵罐

酵罐，也可作为贮酒罐。

（4）罐内的发酵液，由于罐体高度而产生的二氧化碳梯度，以及冷却方式的控制，可以形成自下而上或自上而下的自然对流。罐体越高，对流作用越强。

（5）圆柱锥底罐具有相当高度，凝聚力较强的酵母可以沉淀，凝聚力差的酵母就需要离心分离。

（6）圆柱锥底发酵罐适用于下面发酵，也适用于上面发酵，但用于上面发酵需选择凝聚沉淀型酵母，便于回收。

第八章 发酵机制及发酵工艺

发酵机制是指微生物通过其代谢活动，利用基质合成人们所需要的产物的内在规律。由于微生物的种类、遗传性状和环境条件不同，微生物所积累的产物不同，主要有微生物菌体、微生物酶和代谢产物。微生物的代谢产物很多，主要有酒精、丙酮、丁醇、有机酸、氨基酸、核苷酸、蛋白质、抗生素、维生素、脂肪、多糖等。这些产物中有些是某种微生物在一定的环境条件下生成的，如酒精、乳酸等；也有许多产物是生理正常的微生物不能过量积累的，必须是具有特异生理特征的微生物才能积累。人为地改变微生物的代谢调控机制，使有用的中间代谢产物过量积累，这种发酵称为代谢控制发酵。微生物积累某种产物，取决于微生物的遗传性状和环境条件，要控制微生物发酵的方向和质量，首先要研究微生物的生理代谢规律，即生物合成各种代谢产物的途径和代谢调节机制，环境因素对代谢方向的影响以及改变微生物代谢方向的措施，这就是发酵机制的研究内容。

本章主要介绍工业生产中生产量较大、技术较成熟的几种发酵产品，如酒精、啤酒、葡萄酒、酱油、食醋、柠檬酸、谷氨酸、青霉素，介绍它们的发酵机制及一般工艺。

第一节 酒精发酵

酒精被广泛应用于国民经济的许多领域。在食品工业中，它是配制各类白酒、果酒、食醋及食用香精的主要原料，是许多化工产品不可缺少的基础性原料和溶剂。利用酒精可以制造合成橡胶、聚苯乙烯、乙二醇等大量化工产品；它也是生产油漆和化妆品的溶剂。在医药行业，它用来配制和提取医药制剂并作为消毒剂。另外，燃料生产、国防工业也需要大量的酒精。酒精可全部或部分作为汽油代用品，用作汽车燃料可以减轻或避免汽油燃料废气对空气的污染。

酒精生产包括合成法生产酒精（如乙烯水化法等）和发酵法生产酒精。工业化酒精生产是在 19 世纪末发展起来的，到 20 世纪 40 年代，发酵法生产得到广泛应用。我国现代化酒精工业始于 1907 年，德国人在哈尔滨建立了第一个酒精厂。50 年代后酒精工业逐步发展起来。近年来，高温 α-淀粉酶、高糖化力糖化酶、耐高温酵母、活性干酵母、差压蒸馏及各种酒糟处理新技术得以应用，并引进了一些酒精联产饲料的成套设备和技术，使我国酒精生产再上一个新台阶。

一、酒精发酵机制

酵母菌和少数细菌（少数假单胞菌，如林氏假单胞菌、嗜糖假单胞菌等能利用葡萄糖经EMP途径进行酒精发酵，虽然产物和酵母的酒精发酵相同，但两者途径迥然不同，产能水平各异）可发酵产生酒精，目前酒精生产多采用酵母菌。下面主要介绍酵母菌酒精发酵机制。

酵母菌不含 α-淀粉酶和 β-淀粉酶，所以不能直接利用淀粉进行酒精发酵，因此在利用淀粉质原料生产酒精时，必须把淀粉转换成可发酵性糖，才能被酵母利用。酵母菌以葡萄糖为底物进行酒精发酵的过程如图 8-1 所示。

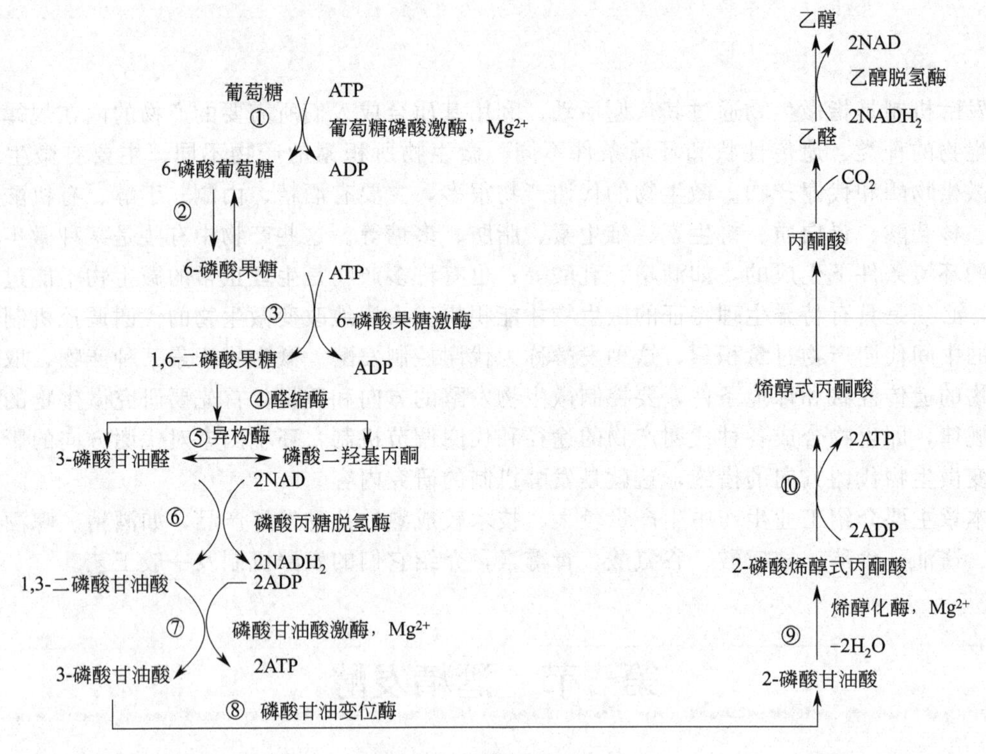

图 8-1　酒精发酵途径

由葡萄糖发酵生成乙醇的总反应式为：

$$C_6H_{12}O_6+2ADP+2H_3PO_4 \longrightarrow 2C_2H_5OH+2CO_2+2ATP$$

该过程也称酵母菌的Ⅰ型发酵，1mol 葡萄糖能生产 2mol 酒精，质量理论转化率为：(2×46.05/180.1)×100%＝51.1%

但生产中约有5%的葡萄糖用于合成菌体和副产物，实际上生成的酒精含量约为理论值的95%，即发酵中酒精对糖的转化率为：51.1%×95%＝48.5%。

在酒精发酵过程中，其主要的产物是酒精和 CO_2，但同时也伴随着生成40多种发酵副产物，主要是醇、醛、酸、酯四大类化学物质。在这些物质中，有些副产物的生成是由糖分转化而来的，有些则是其他物质转化生成的。在酒精发酵中，应控制条件，使副产物尽可能地减少。

二、酒精发酵菌种

酒精发酵是由酵母菌的作用引起的。酒精生产要求菌种有高的发酵能力、高的比生长速率、高的耐酒精能力，即对本身代谢产物的稳定性高，因而可以进行浓醪发酵。菌种还应具有强的抗杂菌能力，且耐有机酸能力强，对培养基适应性强，耐高温、耐盐、耐干物质浓度的能力强。

酒精发酵常用的菌种：

（1）拉斯2号（Rasse Ⅱ）酵母　又名德国二号酵母，细胞长卵形，麦汁培养的细胞大小为5.6μm×(5.6～7.0)μm，能发酵葡萄糖、蔗糖、麦芽糖，不发酵乳糖。该菌在玉米醪中发酵特别旺盛，适用于淀粉质原料发酵生产酒精。

（2）拉斯12号（Rasse Ⅻ）酵母　细胞圆形或近卵圆形，大小7.0μm×6.8μm，细胞间连接较多。富含肝糖，在培养条件良好时，无明显的空泡。于麦芽汁琼脂培养基上形成灰白色菌落，中心凹陷，边缘呈锯齿状。该菌能发酵葡萄糖、果糖、蔗糖、麦芽糖、半乳糖，不发酵乳糖，适合于酒精生产。

（3）K字酵母　是从日本引进的菌种，细胞卵圆形，个体较小，但生长迅速，适用于高粱、大米、薯类原料生产酒精。目前，我国不少酒精厂采用该酵母发酵酒精。

（4）南阳五号酵母　是南阳酒精厂选育的菌株，细胞呈椭圆形，少数腊肠形，(4.95～7.26)μm×(3.3～5.94)μm。固体培养时生成白色菌落，表面光滑，边缘整齐，质地湿润，能发酵葡萄糖、麦芽糖、蔗糖，不发酵乳糖、菊糖、蜜二糖，能耐受13%以下酒精。

（5）南阳混合酵母　细胞呈圆形，6.6μm×6.6μm，少数卵圆形。固体培养时，菌落白色，表面光滑，边缘整齐，质地湿润，能发酵葡萄糖、麦芽糖、蔗糖，不发酵乳糖、菊糖、蜜二糖。该菌在含单宁原料中酒精发酵能力比拉斯12号酵母速度快，产酒精能力强。

另外，还有日本发研1号、卡拉斯伯酵母、耐高温WVHY8酵母、浓醪（耐16%酒精）粟酒裂殖酵母、呼吸缺陷型突变株Sb724酵母等。

三、酒精酵母的生长繁殖与发酵

酒精酵母进入糖化醪后，糖分被酵母细胞吸收深入细胞内部，经过酵母细胞内部糖酒精转化酶系统的作用，最终生成酒精、CO_2和能量，其中一部分能量被酵母细胞作为新陈代谢的能源，余下的能量随酒精和CO_2被通过细胞膜排出细胞外。酵母菌就是以这样的方式进行糖的酒精发酵，从而生产酒精的。

酒精从酵母细胞排出后很快就分散在周围介质中，因为酒精可以和水以任意比混溶，这样酵母细胞周围的酒精浓度并不比醪液中的高，CO_2也会溶解在醪液中，但是很快就会达到饱和状态。此后酵母菌产生的CO_2就会吸附在酵母菌细胞表面，直至超过细胞的吸附能力时，CO_2转变为气体状态，形成小气泡。当小气泡增大，其浮力超过细胞重力，细胞被气泡带动浮起，直至醪液表面，气泡破裂。CO_2释放进入空气中，而酵母菌细胞在醪液中慢慢下沉。CO_2的上升，带动了醪液中酵母菌细胞在发酵罐中上下浮动，使细胞能够充分地与醪液中的糖分接触，发酵作用就更充分更彻底。

发酵后期，醪液中糖分含量降低到一定水平以下，而液体中的CO_2已经达到饱和，这时细胞排出CO_2变得困难，因而对发酵形成阻碍。为了使CO_2得到释放，必须使其与发酵罐表面接触，使带负电的CO_2与带有同种电荷的发酵罐之间产生排斥，CO_2无法在发酵罐表面停留而逸出。

四、酒精发酵工艺

发酵酒精原料可分为淀粉质原料、糖质原料等。

(1) 淀粉质原料酒精生产工艺流程：

原料→预处理→(水)蒸煮→(蒸汽)糖化→(糖化剂)发酵→(酒母)蒸馏→(蒸汽)成品酒精、杂醇油、醛酯馏分、酒糟

(2) 糖质原料酒精生产工艺流程：

糖蜜→预处理(稀糖液制备)→(水、酸、营养盐、防腐剂)发酵→(酒母)蒸馏→(蒸汽)成品酒精、杂醇油、醛酯馏分、酒糟

1. 酒精发酵原料

(1) 淀粉质原料（粮食原料） 包括谷物原料（玉米、小麦、高粱、大米等）和薯类原料（甘薯、木薯、马铃薯等）。

(2) 糖质原料 最常用的是废糖蜜。

(3) 纤维质原料 森林工业下脚料、木材工业下脚料、农作物秸秆、城市废纤维垃圾、甘蔗渣等。

(4) 其他原料 亚硫酸纸浆废液、各种野生植物、乳清等。

2. 淀粉质原料制备酒精发酵工艺过程

在淀粉质原料中最常用的是玉米和薯干，其可发酵物质是淀粉，而酵母不能直接利用和发酵生产酒精，因此淀粉质原料生产酒精要经过原料粉碎，以破坏植物细胞组织，便于淀粉的游离。采用蒸煮处理，使淀粉糊化、液化，并破坏细胞，形成均一的醪液，使其更好地接受酶的作用并转化为可发酵性糖才能被发酵。

(1) 原料预处理和输送 包括除杂和粉碎两道工序，原料中的杂质有泥沙、石块、纤维质及金属等杂质，用气流-筛式分离机和磁力除铁器除去杂质。粉碎方式包括干粉碎和湿粉碎，用锤式粉碎机、二级粉碎，控制粉碎比，粗碎比为1∶(30～40)。原料输送方式包括机械式和气流式。

(2) 原料蒸煮 整粒原料蒸煮温度145～155℃，外加吹醪时的压力差和蒸汽的绝热膨胀，才能得到均一的醪液。粉碎原料温度要控制在130℃。高温高压蒸煮工艺包括间歇式和连续式。间歇式高温高压蒸煮工艺即粉料与水以1∶(3～4) 的比例混合，预热55～65℃，蒸煮压力为 $(2.5\sim3.5)\times10^5$Pa，60min左右。连续式高温高压蒸煮工艺又包括罐式、管道式和塔式连续蒸煮，可缩短蒸煮时间。近年来无蒸煮工艺，即生淀粉发酵和低温蒸煮工艺，即80～85℃下加热液化得以应用。生料发酵指淀粉原料加水，加糖化酶，辅加果胶酶、纤维素酶等复合酶系，不需加热，使淀粉糊化和液化。该工艺节能效果明显。例如，上海工业微生物所500L罐生玉米发酵试验，发酵时间90～100h，最终酒精浓度13.5%～14.5%，淀粉利用率86%，残糖0.2%。低温蒸煮工艺指100℃以下，加α-淀粉酶作为液化剂的工艺，有两种形式：90～95℃糊化液化工艺和80～85℃糊化液化工艺。

(3) 糖化剂与糖化 淀粉转化为糖的过程称糖化，使淀粉转化为糖的生物催化剂为糖化剂。无机酸也能使淀粉变糖，但常使糖进一步分解，造成酒精得率降低。

我国使用的糖化剂种类演变如下：

麦芽→木盒曲→帘子曲→通风制曲→液体曲→糖化酶

随着酶制剂工业的发展，现在酒精生产的糖化剂均采用淀粉酶和糖化酶。

糖化工艺有间歇糖化、连续糖化和双液流糖化工艺。蒸煮糖化醪采用真空冷却或混合冷却等降温至60℃加入糖化剂，保温30min。

糖化剂用量：固体曲是原料重量的2%～5%，液体曲是糖化醪量的10%～20%，糖化酶用量是100～150U/g淀粉。

（4）酒母培养

原菌→斜面活化→液体试管→锥形瓶培养→卡式罐→小酒母→大酒母

培养温度20～30℃，卡式罐前培养基可用米曲汁，小酒母后可用生产醪培养。大小酒母培养有间歇式、半连续式和连续式。酒母用量为发酵液量的10%，近年来多采用酒用活性干酵母。

（5）酒精发酵过程　酒精发酵过程分发酵前期、主发酵期、后发酵期三个阶段。发酵工艺有间歇式、半连续式和连续式发酵。

① 发酵前期　发酵前期在糖化醪进入发酵罐并与酒精酵母混合开始，酵母细胞密度还比较低，酵母经过短期适应后开始繁殖。由于此时醪液中含有一定数量的溶解氧，醪液中各种营养成分比较充足，又不存在最终产品酒精的抑制，所以酵母繁殖迅速。这一阶段，由于酵母菌细胞密度不高，发酵作用不强，酒精和CO_2产生量很少，糖分消耗比较慢，发酵醪表面显得比较平静。

发酵前期的长短与酵母菌的接种量有关。如果接种量大，则发酵前期短；反之，则长。实际生产时酵母菌的接种量一般可达10%左右。发酵前期发酵作用并不强烈，故醪液温度上升不快。发酵醪液的温度应控制在28～30℃，6～8h。超过30℃，容易引起酵母早衰，致使主发酵过程早结束，造成发酵不彻底。

② 主发酵期　在主发酵期，酵母细胞已经完成了大量增殖，醪液中的酵母细胞数可达10^8个/mL以上，主要进行酒精发酵。间歇发酵时，发酵醪的酒精度大于12%（体积分数）以上，酵母细胞的繁殖基本停止。在主发酵期，酵母代谢释放大量的热量，醪液的温度上升很快，应及时采取冷却措施。一般酒精厂都控制发酵温度不超过34℃。

主发酵期醪液中的糖分迅速下降，酒精含量逐渐增多。从外观看，由于大量的CO_2产生，带动醪液上下翻动，并发出气泡破裂的响声。在间歇发酵的主发酵阶段，发酵醪液的糖度下降速度一般为每小时下降1%。在理论上，这相当于每升醪液每小时发酵8.47g二糖，生成5.58mL或4.43g酒精，释放出2.1L CO_2和1.13kJ热量。主发酵时间的长短取决于发酵醪液所含的糖分，糖分高则主发酵持续时间延长，反之则短。主发酵期温度34℃以下，12h左右。

③ 后发酵期　在后发酵期，醪液中的糖分大部分已被酵母菌发酵，所以酒精和CO_2的生成量要少得多。从醪液表面看，虽然仍有气泡不断产生，但醪液不再上下翻动，醪液和固形物部分下沉。由于发酵作用减弱，产热大为减少，应注意控制醪液温度为30～32℃，否则会影响后糖化作用和淀粉的酒精产率。以淀粉质原料生产酒精的后发酵阶段一般需要40h左右才能完成，这是酒精发酵延续时间最长的阶段。为了提高设备利用率和酒精的发酵强度，采用强制循环等措施来强化后发酵是十分必要的。

近年来高强度酒精发酵、细胞回用发酵、塔式发酵、透析膜发酵、固定化细胞发酵、萃取发酵、真空发酵、膜回收酒精发酵、中空纤维发酵、固体发酵等新技术均取得很大研究进展。

（6）蒸馏　酵母将醪液中的糖转化为酒精，除此之外，成熟醪液中还含有许多固形物及其他杂质。蒸馏提纯即把成熟醪液中所含的酒精提取出来，经粗馏与精馏，最终得到合格的酒精，同时还含有杂醇油等副产物，大量酒糟被除去。

发酵成熟醪的成分随原料的种类、加工方式、菌种性能不同而不同，分成不挥发性成分和挥发性成分两大类。不挥发性成分包括甘油、琥珀酸、乳酸、脂肪酸、无机盐、酵母菌体、不发酵性及未发酵完全的糖、皮壳、纤维等。这些成分易与酒精等挥发性成分分离。挥发性杂质共有 40 多种，包括醇类、醛类、酸类和酯类等四大类，它们也随着酒精蒸馏进入粗酒精中，除去这些杂质的过程在酒精生产工艺中称为精馏。在精馏中，沸点比酒精低的杂质先被蒸馏出，称为中间杂质，包括乙醛、乙酸乙酯和甲酸甲酯等；有些比乙醇沸点高的杂质出现在蒸馏尾中，呈油状浮在液面，称为尾级杂质，又称杂醇油。

淀粉质原料多采用三塔式蒸馏流程，糖蜜原料多采用间接式液相过塔的双塔式蒸馏流程，纤维质原料和亚硫酸盐纸浆废液多采用多塔式蒸馏流程。

3. 酒精发酵副产物

在酒精发酵中，主要产物是乙醇和 CO_2，但也伴随着生成 40 多种副产物，主要是醇、醛、酸和酯等。副产物的生成耗用糖分，同时影响产品的质量。

(1) 甘油　酵母在一定的条件下，可将糖分转化为甘油。在正常情况下，发酵醪液中只有少量的甘油生成，其含量为发酵醪液的 0.3%～0.5%。因为发酵初期，酵母细胞内没有足够多的乙醛作为受氢体，致使 NADH 浓度升高，被 α-磷酸甘油脱氢酶用于磷酸二羟丙酮的还原反应，生成 α-磷酸甘油。NADH 被氧化成 NAD^+，α-磷酸甘油则在磷脂酶的作用下水解生成甘油。假若改变发酵条件，如在发酵醪液中添加 $NaHSO_3$，或使酒精发酵在碱性条件下进行，则糖的转化将会偏向甘油产生的方向。

(2) 琥珀酸　琥珀酸是酒精发酵过程中谷氨酸脱氨脱羧生成的，是酒精发酵中间产物参加合成反应的典型代表。因此，琥珀酸的生成与谷氨酸的存在有关。在发酵醪中加入谷氨酸时，可增加琥珀酸的产量。

(3) 乳酸及其他有机酸　酒精发酵过程中，受到乳酸菌、乙酸杆菌和丁酸菌的污染，在发酵醪液中可生成乳酸、乙酸和丁酸等物质。

(4) 杂醇油　酵母菌在酒精发酵过程中，除产生主产品乙醇外，还会产生少量的碳原子数在 2 个以上的高级醇，它们溶于高浓度乙醇而不溶于低浓度乙醇及水，并呈油状，故称为杂醇油，主要由正丙醇、异丁醇、异戊醇和活性戊醇等十多种物质组成。这些高级醇是构成酒类风味的重要组成物质之一，量虽少，但对人体则会产生很大的毒害作用。杂醇油可导致人体神经系统充血，产生头疼症状，而且酒味也会不正、变苦。杂醇油对人体的麻醉能力较乙醇强，在人体内的氧化速度比乙醇慢，同时在人体的停留时间也较长。在酒类产品中杂醇油列为质量控制指标之一，应予以控制。

(5) 酯类　由于发酵产物中有醇类和酸类，因此醇与酸经酯化反应生成各种酯类。

(6) 糠醛、甲醇　糠醛是采用淀粉原料在高压、高温下蒸煮时，由糖脱水生成的。甲醇是原料中的果胶质被果胶质酶水解生成的。

五、燃料酒精的生产

燃料酒精为无水乙醇以一定比例添加到汽油或柴油中，可作为混合燃料使用。与食用酒精比较，燃料酒精不需要经杂质彻底清除，酒精蒸馏系统的蒸馏板数较少，并添加了脱水设备，用蒸馏得到的 95%（体积分数）的酒精生产无水乙醇。

常用的脱水方法有以下两种：

1. 分子筛乙醇脱水技术

分子筛是人工合成的沸石，其重要的特性是具有强的吸附能力。依据其孔径大小的不同，它们能够快速或缓慢地、有选择性地吸附或者根本不吸附，这就是所谓的“分子筛”效应，选择性吸附某种特定大小的分子而不吸附较大的分子。在无水乙醇生产中使用的分子筛规格为0.3nm的合成沸石（内部孔径为0.3nm）。水分子的直径为0.28nm，能够进入分子筛空心小球的内部，并被吸附在其上，而乙醇分子直径为0.4nm不能进入孔内，就从外面流出，直接通过分子筛塔而不被吸附。

2. 玉米粉乙醇吸附脱水技术

来自精馏塔或浓缩塔的高于95%（体积分数）的酒精蒸气从玉米粉吸水塔通过，玉米粉吸附水过多失效后，用干燥空气、氮气、CO_2吹干再生。玉米粉在塔中吸水、再生可连续使用90d以上。

用通过20目筛的干燥玉米粉作吸附剂，只造成较低的压力降，因此可以和酒精浓缩塔相连，工作较方便。玉米粉用过一段时间后可用于酒精发酵。玉米粉物料来源和质量稳定，可综合利用并节能。

第二节 啤酒发酵

啤酒是以麦芽为主要原料，经糖化，添加酒花、啤酒酵母发酵而成的，含CO_2、低浓度酒精、起泡的酿造酒。啤酒起源于公元前4000年美索不达米亚平原，即今天的西亚伊拉克等地。公元前3000年由巴比伦传到埃及，以后再传入欧美及东亚等地。啤酒是饮料酒中酒精含量较低、营养丰富的酒。啤酒含有11种维生素、17种氨基酸，其中8种为人体必需氨基酸。在1972年墨西哥召开的世界第九次营养食品会议上，啤酒被推荐为营养食品之一，被誉为“液体面包”。目前，啤酒生产几乎遍及世界各国，是产量最大的酒。啤酒的分类通常按照原麦汁浓度及产品的酒精含量对啤酒进行分类。此外，还可根据啤酒的色泽和杀菌方法进行分类。

啤酒生产过程大致分为麦芽制造和啤酒酿造（包括麦汁制备、啤酒发酵、啤酒过滤灌装三个主要部分）两大部分。

一、啤酒酿造原料

啤酒酿造的原料包含大麦、酿造用水、酒花、酵母、辅料（玉米、大米、小麦、淀粉、糖浆和糖类物质）和添加剂（酶制剂、酸、无机盐和各种啤酒稳定剂等）。

1. 大麦

大麦是啤酒生产的主要原料，生产中先将大麦制成麦芽，再用来酿造啤酒。根据大麦籽粒生长的形态，可分为六棱大麦、四棱大麦和二棱大麦。其中二棱大麦籽粒饱满且均匀整齐，粒大皮薄，淀粉含量高，蛋白质含量适中，是制造啤酒的最好原料。

大麦籽粒主要由胚、胚乳和皮壳层组成。大麦的化学组成：一般干物质含量80%～88%，水分12%～20%，主要成分是淀粉、蛋白质、纤维素、脂肪、无机盐、糖类、木质素、色素、苦味质、多酚、纤维素等。大麦中蛋白质含量的高低，对大麦发芽、糖化、发酵以及成品酒的泡沫、风味、稳定性都有很大的影响。啤酒大麦一般要求蛋白质含量为9%～12%。近年来，由于淀粉质辅料使用比例增加，利用蛋白质含量较大的大麦酿制啤酒也成为现实。多酚类物质主要存在于皮壳中，其含量占大麦干物质的0.1%～0.3%。大麦中的酚类物质含量虽少，但对啤酒的色泽、泡沫、风味和稳定性影响很大。大分子酚（如花色苷、儿茶酚等）经过缩合反应和氧化反应后，具有单宁的性质，易和蛋白质发生交联作用而沉淀出来。

啤酒大麦的质量标准：发芽力强，发芽势90%以上，发芽率95%以上；浸出物含量高，达76%～80%（干重计），千粒重达到40g；蛋白质含量适中，为9%～12%（干重计）；麦粒色泽好，无霉斑，皮薄，有新鲜麦香味；大麦水分在13%以下。

2. 酒花

酒花雌雄异株，酿造用均为雌花。当酒花成熟时，前叶和苞叶中所分泌的树脂和酒花油是酿造啤酒的主要成分，酒花添加量很少，却能赋予啤酒特殊的苦味和香味。酒花的成分很复杂，主要有水分、树脂、酒花精油、蛋白质、多酚、脂和蜡。酒花中对啤酒酿造有特殊意义的三大成分是酒花树脂（α-酸、β-酸等，又称苦味物质）、酒花精油和酒花多酚。这三类物质在干燥酒花中的含量分别为14%～18%、0.3%～2.0%和2%～7%。酒花树脂主要为啤酒提供愉快的苦味，α-酸含量的高低是衡量酒花质量的重要标准。β-酸很难溶于水和麦汁，也不发生异构化，其苦味和防腐能力不如α-酸强。酒花精油气味芬芳，是酒花香味的主要来源，主要成分是碳氢化合物（萜烯和倍半萜烯）和含氧化合物（酯、酮、酸、醇）等。

（1）酒花的作用

① 赋予啤酒柔和优美的芳香　酒花中的酒花油和酒花树脂在煮沸过程中经过复杂的变化，不良成分挥发，可赋予啤酒特有的香味。

② 赋予啤酒爽口的微苦味　酒花中α-酸经异构化形成的异α-酸，以及β-酸氧化后的产物，均是苦味甚爽的物质，可赋予啤酒理想的苦味。

③ 增加啤酒的防腐能力　酒花中的α-酸、β-酸具有防腐灭菌的作用。

④ 提高啤酒的非生物稳定性　单宁、花色苷等多酚类物质与麦汁中的蛋白质形成复合物而沉淀，提高了啤酒的非生物稳定性。

⑤ 能加速麦汁中高分子蛋白质的絮凝，提高啤酒的起泡性和泡持性。

（2）酒花制品　麦汁煮沸时，酒花有效成分的利用率只有30%，酒花制品的研制与大规模生产，大大提高了酒花利用率，可以更准确地控制啤酒苦味物质含量，并且啤酒生产成本大大提高。酒花制品主要有颗粒酒花、酒花浸膏、异构化浸膏和还原异构化酒花浸膏。

3. 辅助原料

多采用未发芽的谷物或糖类作为辅助原料，常用的是大米、玉米、大麦、糖或糖浆等。

使用辅助原料的目的：

① 谷物所含的淀粉含量高且价格比麦芽低，这样可以提高糖化麦汁的收得率，降低啤酒的生产成本。

② 使用糖或糖浆为辅助原料，可节省糖化锅容量，增加每批糖化产品，提高啤酒的发酵度。

③ 使用辅助原料，还可降低麦汁中蛋白质和多酚的含量，从而降低啤酒的色度，改善啤酒的风味和提高啤酒的非生物稳定性。

④ 部分谷类辅助原料可增加啤酒中糖蛋白含量，可提高啤酒泡持性。

4. 酿造用水

酿造用水分为糖化用水和洗涤麦糟用水。这两部分水直接参与工艺反应，又是啤酒的主要成分。在麦汁制备和发酵过程中，许多物理变化、酶反应、生化反应都直接与水质有关。因此，酿造用水的质量好坏是决定啤酒质量的重要因素之一。

水质处理包括以下几个方面：机械过滤、软化处理、水质改良、除盐处理、吸附过滤、消毒与灭菌。酿造用水首先要符合我国生活饮用水卫生标准 GB 5749—2006，然后再根据酿制啤酒的类型予以调整。

二、麦芽制备

大麦在人工控制的外界条件下发芽和干燥的过程，称为制麦。发芽后制得的新鲜麦芽叫绿麦芽，经干燥和焙焦后的麦芽称为干麦芽。

麦芽制备目的：①使大麦发芽产生多种水解酶类，并使胚乳达到适度溶解，便于通过后续糖化使大分子淀粉、蛋白质等得以分解溶出；②绿麦芽经过干燥和焙焦将产生必要的色、香和风味成分，以便于保藏和运输。

大麦籽粒具备发芽能力是大麦发芽的内因，但适宜的外部条件也是必不可少的，如大麦含水量、温度、氧气的供给和二氧化碳的排出等。

麦芽制备的流程如下：

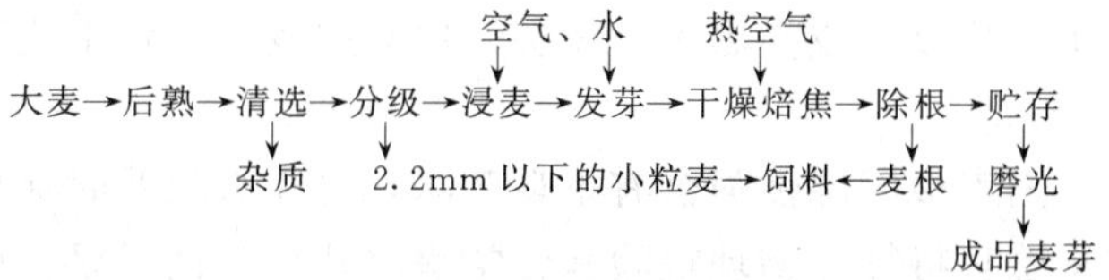

空气、水（→浸麦、发芽）　热空气（→干燥焙焦）

大麦→后熟→清选→分级→浸麦→发芽→干燥焙焦→除根→贮存

清选↓杂质　分级↓2.2mm 以下的小粒麦→饲料←麦根（除根↓）　贮存↓磨光↓成品麦芽

制麦全过程分为原料清选分级、浸麦、发芽、干燥、除根和贮存等。

(1) 原料清选、分级　除去大麦所含各种杂质，并将大麦颗粒按腹径大小分出等级。通过分级得到颗粒整齐的大麦，保证浸渍均匀和发芽整齐，获得粗细均匀的麦芽，提高麦汁浸出率。完善的处理设备是多功能的联合体，包括粗选机、精选机和分级筛。

(2) 浸麦　浸麦是指用水浸渍大麦，使其达到适当的含水量（浸麦度）的过程。工艺上对浸麦度一般控制在 43%～48%，萌芽率 70%以上为浸渍良好。原则是：硬质难溶、蛋白质含量高或酶活低、发芽缓的大麦，浸渍度应高；浅色麦芽，麦粒溶解适度，浸麦度 43%～46%；浓色麦芽，麦粒溶解彻底，浸麦度 45%～48%。同种大麦，小粒麦粒的浸麦度应较大粒的浸麦度高。浸麦的目的为适当吸收水分，控制均匀萌发，清洗大麦，以及浸出有害物质。

浸麦要求：①使大麦吸收适当水分，达到发芽要求，并有利于产酶和物质溶解。含水分 30%时，大麦颗粒生命现象明显；含水分 38%时，大麦发芽最快；含水分 48%时，被束缚的酶开始作用。②控制吸水和吸氧过程快速而均匀，大麦颗粒提前均匀萌发，达到理想的露点率。③对大麦进行洗涤、杀菌。通过在浸麦过程中翻拌、换水，将大麦混有的杂质如尘土、麦壳等清洗干净，并去除浮麦；杀死寄生在大麦颗粒上的微生物，尤其是镰刀霉菌。④浸出有害物质。麦壳中含有发芽抑制剂，尤其是抑制休眠解除的物质，浸麦时必须将其洗出并去除。麦壳中的酚类物质、苦味物质等对啤酒口味不利的物质，浸麦时应尽可能将其分离。浸麦水中适量添加石灰乳、Na_2CO_3、NaOH、KOH、甲醛等任一种物质，以加速酚类、谷皮酸等有害物质的浸出。

（3）发芽　当浸渍大麦达到要求的浸麦度后即进入发芽阶段，首先是根芽生长，主根冲破果皮、种皮及皮壳，可见到根芽白点时称为“露点”，然后长出一些须根。而后是叶芽生长，叶芽冲破果皮和种皮后，在果皮、种皮与麦壳之间沿着大麦颗粒背部朝着尖部生长。发芽时要人工控制根芽和叶芽的生长长度，特别是叶芽作为外观判断发芽进度的指标之一。实际上大麦的萌发在浸麦期间就已经开始，只不过浸麦条件并不完全适合发芽。

发芽激活大麦原有的少量束缚态的水解酶，使这些酶游离出来，同时糊粉层产生大量的新酶，在这些酶的作用下，大麦胚乳中的淀粉、蛋白质、半纤维素等物质发生了溶解和分解，以满足糖化的需要，胚乳结构也发生了变化。在淀粉酶的作用下，大麦颗粒里的淀粉分解为麦芽糖、麦芽三糖、葡萄糖等糖类和糊精，这些淀粉酶主要包括α-淀粉酶、β-淀粉酶、支链淀粉酶、蔗糖酶和麦芽糖酶。

水分、温度、通风供氧是发芽的三要素。水解酶的形成是大麦发芽的关键，此阶段各种水解酶量达到高峰，淀粉、蛋白质、半纤维素等达到适当分解。国内流行的发芽方法和发芽设备是萨拉丁箱式和劳斯曼转移箱式，温度12～18℃，周期5～7d，可配合使用赤霉酸等促进水解酶类的形成。发芽开始，胚部的叶芽和根芽开始发育，同时释放出多种赤霉酸，并向糊粉层分泌，由此诱发一系列水解酶的形成，故赤霉酸是促进水解酶形成的主要因素。

（4）干燥　干燥的目的是除去多余水分，中止酶的作用，除去生青腥味，产生麦芽特有的色、香、味物质。干燥分为凋萎、干燥和焙焦三个阶段。干燥前期要求低温大风量以大量除去水分，后期高温小风量以形成类黑素。设备采用双层或三层水平式干燥炉或单层高效干燥炉。干燥至水分3%～5%。

（5）除根和贮存　因麦根吸湿性强会有不良苦味，麦芽必须及时除根，然后入库贮存。

评定麦芽质量需从感官特征、物理检验和化学检验几个方面考察。此外，生产特种啤酒用特种麦芽，有焦糖麦芽、黑麦芽、类黑素麦芽、乳酸麦芽、小麦麦芽、小米芽、高粱芽等。

三、麦汁制备

麦汁制备是将固态的麦芽、非发芽谷物、酒花用水调制加工成澄清透明的麦芽汁的过程，包括原料的粉碎、糊化、糖化；糖化醪过滤；混合麦汁加酒花煮沸；麦汁处理澄清、冷却、通氧等一系列物理、生物化学的加工过程。

所用设备：糊化锅、糖化锅、过滤槽、煮沸锅、回旋沉淀槽和薄板换热器等。

1. 粉碎

原料的粉碎程度和糖化制成麦汁的组成及原料利用率有密切的关系，它是糖化的预处理阶段。原料经粉碎后，有较大的比表面积，提高了贮存物质、酶与水之间的接触面，加速酶促反应及麦芽可溶性物质的迅速溶出，有利于难溶物质的快速降解变为可溶性物质，缩短糖化时间，提高收得率。

麦芽粉碎多采用多辊式粉碎机，以五辊或六辊居多。麦芽可粉碎成麦皮、粗粒、粗粉、细粉五个部分，粉碎度通常以各部分占料粉的质量分数表示。麦芽粉碎既要有利于反应速度，又要有利于过滤速度。

粉碎后麦芽皮壳破而不碎，胚乳部分尽可能细一些。皮壳过碎会使其中对酒质不利的苦涩味物质、色素、单宁过多浸出，影响啤酒的色泽和口味。另外，皮壳过细会使过滤困难。

2. 糖化

所谓糖化是利用麦芽自身的酶（或外加酶制剂代替部分麦芽）以及水和热力的作用将麦芽和辅助原料中不溶性高分子物质（如淀粉、蛋白质、核酸、植酸盐、半纤维素等）分解成可溶性低分子物质（如糖类、糊精、氨基酸、肽类等）的过程。由此制得的溶液称为麦汁（或麦芽汁），溶解出来的物质叫做浸出物。麦汁中的浸出物对原料所有干物质的比值称为浸出率。

糖化过程是一项非常复杂的生化反应过程。糖化的要求是麦汁的浸出收得率要高，浸出物的组成及其比例复合产品的要求，而且要尽量减少生产费用，降低生产成本。糖化过程中的各种酶主要来自大麦芽，有时为了补充酶活力的不足，也加α-淀粉酶、葡萄糖淀粉酶（糖化酶）、支链淀粉酶、β-葡聚糖酶和蛋白酶等酶制剂。麦芽中的酶系统对整个糖化过程起决定性作用。酶活力主要与温度、时间、pH 值有关，因此糖化工艺条件选择的依据就是影响酶作用效果的三个因素。

糖化设备有糊化锅、糖化锅、过滤槽（或压榨机）、煮沸锅。

糖化方法包括煮出糖化法和浸出糖化法。煮出糖化法是在糖化过程中对部分醪液进行煮沸，利用酶的生化作用和热力的物理作用，使其有效成分分解和溶解的方法。浸出糖化法是指糖化过程仅以酶的作用进行溶解的方法，其特点是醪液没有煮沸，将全部醪液从一定温度开始，缓慢升温到糖化结束温度。

3. 麦汁过滤

麦芽醪的过滤要求是迅速和彻底地分离出可溶性浸出物，减少有害于啤酒风味的麦壳多酚、色素、苦味物质等被萃取，获得澄清透明的麦芽汁。

麦芽醪的过滤包括如下三个过程：

① 残留在糖化醪的耐热性α-淀粉酶将少量的高分子糊精进一步液化，使之全部转变成无色糊精和糖类，提高原料浸出物得率。

② 从麦芽醪中分离出“头号麦汁”。

③ 用热水洗涤麦糟，洗出吸附于麦糟的可溶性浸出物，得到“二号麦汁”“三号麦汁”。

麦汁过滤使用的设备有过滤槽和压滤机，过滤槽法是目前国内啤酒厂大多使用的方法，过滤效果较好。

4. 麦汁煮沸与酒花添加

煮沸要达到以下几个目的：

① 蒸发多余水分，使麦汁浓缩到产品规定浓度；

② 钝化全部酶，稳定麦汁成分；

③ 麦汁灭菌；

④ 浸出酒花中的有效成分，赋予麦汁苦味与香味；

⑤ 析出凝固蛋白质，提高啤酒非生物稳定性；

⑥ 降低 pH 值，产生还原性物质，稳定风味和提高非生物稳定性；

⑦ 蒸出风味有害物质，使其挥发掉。

头号麦汁和洗涤麦汁混合成混合麦汁，添加酒花，经煮沸浓缩使酶钝化，蛋白质变性并产生絮凝沉淀。麦汁煮沸常用的方法有常压煮沸和低压煮沸。国内啤酒厂普遍采用蒸汽常压煮沸法，它是在麦汁的容量没过加热层后开始加热，使麦汁的温度保持在 80℃左右，待麦糟洗涤结束后，即加大蒸汽量，使麦汁达到沸腾。同时测定麦汁的容量和浓度，计算煮沸后麦汁产量。煮沸时间随麦汁浓度及煮沸强度而定，一般为70～90min。麦汁在煮沸过程中，必须始终保持强烈对流状态，使蛋白质凝固得更多些。同时，需检查麦汁蛋白质凝固情况，尤其在酒花加入后，可用清洁的玻璃杯取样向亮处检查，有絮状凝固物，麦汁清亮透明。压力小于1×10^4Pa（100～120℃）的加压煮沸，称为低压煮沸。常用的低压煮沸设备是在煮沸锅内安装加热器或用锅外热交换器与煮沸锅结合器。

在麦汁煮沸时，酒花中的苦味物质一部分被溶解而进入麦汁，并在煮沸中不断变化；一部分被变性絮凝的蛋白质吸附，在热凝固物分离后被除去；还有一部分从酒花中萃取出来，残留在酒花糟中。绝大多数酒花精油随水蒸气蒸发而被挥发，煮沸时间越长，挥发越多。因此，优质酒花一般在最后添加，使酒花中的香味成分能较多地保留在麦汁中。

酒花的添加量应根据啤酒的类型、酒花质量、煮沸条件而定。一般可以酒花中α-酸含量和啤酒苦味值确定添加值。国内一般为麦汁质量的0.05%～0.13%，大多数采用酒花分次添加法，分1～3次添加，原则是先差后好，先苦味后香型；香型酒花一般在煮沸结束前10min加入。为提高啤酒酒花利用率，现在酒厂增加了第一次添加量，使α-酸尽可能转化为异α-酸。

5. 麦汁冷却与充氧

麦汁煮沸后要尽快过滤除酒花糟，分离热凝固物，急速降温至发酵温度6～8℃，并给麦汁充入溶解氧，以利酵母生长繁殖。糖化醪过滤后得到的麦汁中含有水溶性清蛋白、部分盐溶性球蛋白及水溶性高肽等，它们在煮沸中变性和多酚结合成“热凝固物”。在发酵中，热凝固物会吸收大量活性酵母，使发酵不正常，同时在发酵中被分散，将来进入啤酒影响啤酒的非生物稳定性和风味，所以工艺上力求彻底分离热凝固物。

完成冷却工序的设备主要是回旋式澄清槽和薄板式冷却器。

制麦芽与啤酒的生产工艺流程如图8-2所示。

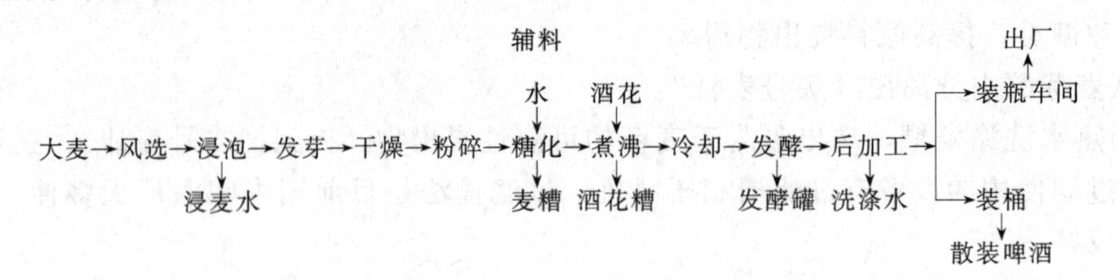

图8-2 制麦芽与啤酒的生产工艺流程

四、啤酒酵母

1. 啤酒酵母的种类

(1) 上面啤酒酵母和下面啤酒酵母　由于酵母细胞壁外层的不同化学结构，使一些酵母具有疏水表面，发酵时随着二氧化碳和泡沫漂浮于液面上，发酵终了形成酵母泡盖，经长时间放置，只有少量酵母沉淀，此类酵母称为上面啤酒酵母。

另一些酵母具有亲水表面，在发酵时，悬浮于发酵液内，发酵终了，酵母很快凝集成块并沉淀在池底，此类酵母为下面发酵酵母。

(2) 凝集性酵母和粉末性酵母　啤酒酵母的凝集特性是重要的生产特性，它会影响酵母回收再利用于发酵的可能性，影响发酵速度和发酵度，影响啤酒过滤方法的选择，乃至影响到啤酒风味。大多数下面酵母为凝集性酵母。用这种酵母发酵时，由于大量酵母沉淀，发酵度低，发酵澄清快，此类酵母蛋白酶含量较少，不易分解蛋白质。

发酵结束时，仍长期悬浮于发酵液中，很难下沉的酵母称为粉末酵母。用此类酵母发酵，发酵液澄清慢，但发酵度高，对蛋白质分解能力强，适用于发酵降糖慢的麦芽汁。

对啤酒酵母的基本要求是：发酵力高，凝聚力强，沉降缓慢而彻底，繁殖能力适当，生理性能稳定，酿制出的啤酒风味好。我国和世界上大多数国家使用的都是下面酵母，典型的下面酵母是卡尔斯伯酵母。

2. 啤酒酵母扩大培养

（1）实验室扩大培养阶段

斜面菌种→活化（25℃，3～4d）→10mL 液体试管（25℃，24～36h）→100mL 锥形瓶（25℃，24h）→1L 锥形瓶（20℃，24～36h）→5L 小发酵罐（16～18℃，24～36h）→25L 卡氏罐（14～16℃，36～48h）

（2）生产车间扩大培养阶段

25L 卡氏罐（14～16℃，36～48h）→250L 汉生罐（12～14℃，2～3d）→1500L 发酵罐（10～12℃，3d）→10 m^3 发酵罐（9～11℃，3d）→20m^3 发酵罐（8～9℃，36～48h）→0 代酵母

3. 酵母的回收保存

（1）发酵罐的酵母回收　第一次扩大培养得到的酵母，称为 0 代酵母。经过车间生产周转过来的第一次沉淀酵母，称为第一代酵母。在正确回收、洗涤和正常发酵条件下，酵母使用一般为 5～8 代。

（2）汉生罐的酵母留种　发酵罐的回收酵母使用代数过多，生产性能就会下降。啤酒厂一般采用汉生罐留种，重新进行纯种扩大培养。

五、啤酒发酵

冷麦汁接种啤酒酵母，发酵产生酒精和 CO_2、高级醇、挥发酯、醛类和酸类、连二酮类、含硫化合物等一系列代谢产物，构成啤酒特有的香味和口味。其中啤酒界几乎把连二酮类看成啤酒成熟与否的决定性指标。连二酮类主要包括戊二酮和丁二酮（双乙酰）两种化合物，尤其丁二酮是衡量啤酒成熟程度的主要指标，赋予啤酒特殊风味。

发酵分主发酵（亦称前发酵）和后发酵（即贮酒）。主发酵是将糖转化为乙醇和 CO_2，后发酵是将主发酵嫩酒送至后酵罐，长期低温贮存，以完成残糖的最后发酵，澄清啤酒，促进成熟。经后发酵的成熟酒，需经过滤或分离去除残余酵母和蛋白质。过滤后的成品酒，若作为鲜（生）啤酒出售，可直接桶装（散装），就地销售。外运的啤酒，必须经杀菌，以保证生物稳定性。

目前啤酒发酵几乎全部采用大罐发酵法，大罐发酵又称为一罐法和两罐法。一罐法的主发酵和后发酵（后熟）在同一罐中完成。两罐法的主发酵和后发酵（后熟）则分别在两个罐中进行。

1. 一罐法发酵的工艺流程

（1）接种　选择发酵中降糖正常、双乙酰还原快、微生物指标合格的发酵罐酵母作为种子，采用罐对罐的方式进行串种，接种量以满罐后酵母数在（1.2～1.5）$\times 10^7$ 个/mL 为准。

（2）满罐时间　正常情况下，要求满罐时间不超过 24h，扩培时可根据起发情况而定。满罐后每隔 1d 排放一次冷凝固物，共排 3 次。从第一批麦汁进罐到最后一批麦汁进罐所需

时间称为满罐时间。满罐时间长，酵母增殖量大，产生的代谢副产物 α-乙酰乳酸多，双乙酰峰值高。一般满罐时间在 12～24h，最好在 20h 以内。

(3) 主发酵　温度 10℃，普通酒 (10±0.5)℃，优质酒 (9±0.5)℃，旺季可以升高 0.5℃。当外观糖度降至 3.8%～4.2%时可封罐升压。发酵罐压力控制在 0.10～0.15MPa。

(4) 双乙酰还原　主发酵结束后，关闭冷媒升温至 12℃进行双乙酰还原。双乙酰浓度降至 0.10mg/L 以下时，开始降温。

(5) 降温　双乙酰还原结束后降温，24h 内使温度由 12℃降至 5℃，停留 1d 进行酵母回收。旺季或酵母不够用时可在主发酵结束后直接回收酵母。

(6) 贮酒　回收酵母后，锥形罐继续降温，24h 内使温度降至－1.5～－1℃，并在此温度下贮酒。贮酒时间：淡季 7d 以上，旺季 3d 以上。

2. 高浓酿造后稀释工艺

传统浅色下面发酵啤酒的原麦汁浓度，习惯在 14°P 以下。20 世纪 70 年代美国、加拿大等国啤酒厂推出"高浓酿造后稀释工艺"，即采用高浓度麦汁（15°P 以上）糖化和发酵，啤酒成熟后，在过滤前用饱和 CO_2 的无菌水稀释成传统浓度（8～12°P）的成品啤酒。它可在不增加或少增加生产设备的条件下，提高产量 20%～40%，并且提高了设备利用率，降低了生产成本。

六、啤酒主要风味物质的形成

啤酒发酵期间除生成乙醇和 CO_2 外，还产生少量的代谢副产物，如双乙酰（连二酮类）、醛类、高级醇、酯、有机酸、含硫化合物等。这些物质虽然含量少，但由于阈值小，对啤酒风味的影响很大。双乙酰、醛类和含硫化合物是造成啤酒不成熟的主要原因。

1. 双乙酰（连二酮类）

连二酮类是双乙酰和 2,3-戊二酮的总称，其中对啤酒风味起主要作用的是双乙酰。双乙酰是挥发性的、有强烈刺激的化合物，它是多种风味物质的前驱物质，是黄油、奶酪等乳制品的重要香味物质，也是白酒等蒸馏酒的重要香味物质。双二酰含量过高则成为令人嫌忌的生酒味。双乙酰在啤酒中的感官界限值为 0.15g/L，优质啤酒的双乙酰含量控制在 0.11g/L 以下。因此，啤酒厂家将双乙酰含量作为发酵工艺控制和成品啤酒的重要指标。

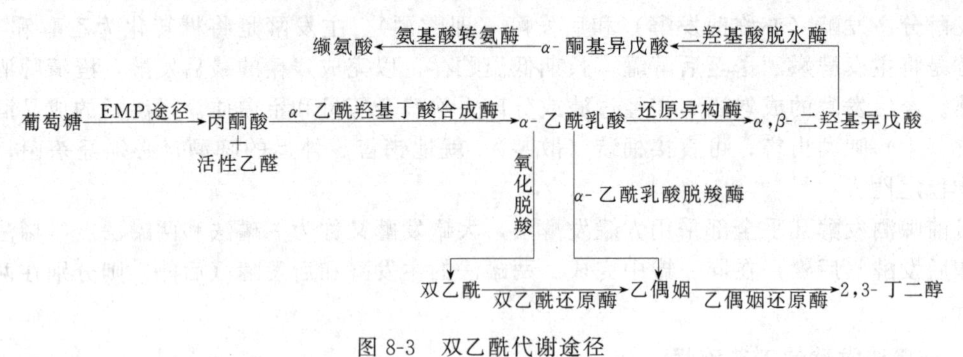

图 8-3　双乙酰代谢途径

双乙酰的代谢途径有三个（图 8-3）：

① 酵母合成缬氨酸时，由 α-乙酰乳酸的非酶分解形成。

② 直接由乙酰辅酶 A 和活性乙醛缩合而成。

③ 发酵过程中污染的链球菌等杂菌代谢产生。其中，第一个途径产生的双乙酰的数量

最多：在酵母菌代谢合成缬氨酸的过程中，一部分中间产物 α-乙酰乳酸会排出酵母菌细胞外，进行非酶氧化脱羧反应形成双乙酰。双乙酰可以被酵母菌吸收，在酵母菌细胞内经双乙酰还原酶还原为乙偶姻，再进一步还原为 2,3-丁二醇（2,3-丁二醇对啤酒的正常风味不造成影响）。而非酶氧化形成双乙酰的速度远远低于双乙酰的酶促还原速度。

为保证啤酒风味的纯正，降低双乙酰生成过量，采取的措施有：

① 提高麦汁中氨基氮含量，这样可以通过反馈作用，抑制从丙酮酸合成缬氨酸的支路代谢作用，从而避免过量的双乙酰前驱体 α-乙酰乳酸的形成。

② 加速 α-乙酰乳酸的分解速度，可通过提高发酵温度和降低麦汁 pH 值来实现。

③ 选育优良强壮、还原双乙酰能力强的酵母菌种。

④ 增加酵母菌种用量，这样双乙酰形成快，降解也快。

⑤ 降低成品酒的含氧量，防止装瓶后 α-乙酰乳酸氧化为双乙酰。

⑥ 加强工艺卫生的管理，防止污染杂菌。

⑦ 在发酵液中添加 α-乙酰乳酸脱羧酶，乙酰乳酸脱羧酶可将 α-乙酰乳酸直接分解成乙偶姻，进而转化成 2,3-丁二醇，使双乙酰在啤酒中的含量大大降低，缩短发酵周期，从而保证啤酒的风味质量。

2. 醇、酯、酸和醛类

高级醇是啤酒的重要风味物质，含量适当能使酒体丰满，香气协调，并有刺激性。但含量过高，会出现高级醇味及后苦味，容易使人饮后出现头晕、头疼等“上头”现象。高级醇对人体有毒害和麻醉作用，其在人体内的代谢速度比乙醇慢，其毒害和麻醉力比乙醇强。啤酒中的高级醇浓度应在 80～100mg/L，优质酒应在 95mg/L 以下。

酯类是通过脂酰辅酶 A 与醇缩合而形成的。酯是传统啤酒香味的重要组成部分，啤酒含有适量的酯，香味才丰满协调，酯含量过高，会使啤酒有不愉快的异香味。近代啤酒酯含量有升高的趋势，有些酒乙酸乙酯的含量超过阈值，有淡雅的果香，形成特殊的风味。一般小麦啤酒要求有明显的酯香味。

酸类不构成啤酒的香味，是主要的呈味物质。啤酒含有适量的酸有爽口的感觉；缺少酸类，则显得呆滞、不爽口；过量的酸会使啤酒口感粗糙、不柔和、不协调。麦汁中总酸浓度为 1.4～1.5mg/100mL。啤酒发酵时会产生有机酸（丙酮酸、α-酮戊二酸、乳酸、琥珀酸、脂肪酸等）。

醛类（主要是乙醛）对啤酒风味影响很大，当乙醛在啤酒中的浓度＞25mg/L，就会有强烈的刺激性和辛辣感，及腐败性气味、麦皮味等。

3. 硫化物

挥发性硫化物对啤酒风味有重大影响，这些成分主要有硫化氢、二甲基硫、甲基和乙基硫醇、二氧化硫等。其中二氧化硫、二甲基硫对啤酒风味的影响最大。啤酒中的挥发性硫化氢大都是在发酵过程中形成的。啤酒中的硫化氢应控制在 0～10μg/L 内，啤酒中二甲基硫浓度超过 100μg/L 时，啤酒就会出现硫黄臭味。

七、啤酒的成分

1. 酒精

啤酒中含酒精极低，一般在 3.5%（质量分数）左右。啤酒中的酒精除了具有兴奋和产生热量的作用外，对提高啤酒的稳定性也有一定的作用。啤酒中酒精含量主要取决于麦汁浓度和发酵度，麦汁浓度和发酵度高的啤酒，酒精含量也较高，反之则低。

2. CO_2

它使啤酒具有爽口的风味，啤酒中的 CO_2 是后发酵中聚积而溶解于酒液中的，其含量的高低与贮酒桶的压力及温度有关。一般成品啤酒中，CO_2 的含量均在 0.4%（质量分数）。

3. 泡沫

啤酒的泡沫要求洁白细腻，持久挂杯，一般在 3min 以上。泡沫的产生与 CO_2 的含量有关，也与啤酒所含浸出物有关，浸出物含量增加，能使啤酒泡沫细腻持久。

4. 浸出物

啤酒中浸出物的含量在质量指标中是用实际浓度表示的，主要包括糖分、含氮物、甘油、矿物质、酸类等。一般 12°P 啤酒，其浸出物含量（或实际浓度）在 4.5%（质量分数）左右。

八、啤酒的质量指标

1. 啤酒的稳定性

啤酒的稳定性包括生物稳定性、非生物稳定性、啤酒的风味稳定性。

（1）生物稳定性　所谓生物稳定性就是成品啤酒中的微生物（包括酵母菌和细菌）繁殖到某种程度（如 $10^4 \sim 10^5$ 个/mL 以上）时，啤酒就产生浑浊，为生物浑浊。引起啤酒浑浊的主要菌类是酵母菌、八联球菌、乳酸杆菌和醋酸菌，这主要是卫生不良或巴氏灭菌不彻底造成的。

（2）非生物稳定性　啤酒是一种胶体溶液，当它在包装后受到种种条件的影响，如震动、光照、氧化、受热、骤冷等，其分散粒子就会从原来稳定的状态中凝聚析出，形成沉淀和浑浊，这种浑浊被称为非生物浑浊。

① 蛋白质多酚氧化浑浊　这是一种最常见的非生物浑浊。啤酒中蛋白质含量与多酚聚合形成复合物。在低温情况下，蛋白质-多酚复合物的聚合以疏水胶体的形式析出，此时的浑浊称为冷浑浊。当啤酒加热到 20℃以上时，这种浑浊可以消失，为“暂时浑浊”。但花色苷等多酚物质可以氧化聚合，待氧化聚合度达到相当程度时，就会和聚合蛋白质之间形成不可逆的聚合。

② 其他类型的非生物浑浊　麦芽糖化力低，糖化不完全，洗糟水温度过高，使酒液中混有大分子糊精，达到一定数量会造成糊精浑浊。使用劣质酒花，泡盖沉入酒中，会引起树脂浑浊。酒花处理不好，碳钢发酵罐内涂料质量不好，也会引起啤酒的浑浊。

（3）啤酒的风味稳定性　把啤酒（从包装出厂到品尝）能保持啤酒新鲜、完美、柔和的风味而没有因氧化出现老化味的时间称“风味稳定期”。啤酒的风味稳定非常复杂，涉及酿造的整个过程，主要因素有以下几个方面：原料、制麦、糖化、发酵、过滤、灌装、食品卫生、啤酒在贮存及运输过程中受热和光照过度等。

在啤酒风味变化过程中，常见的是氧化味问题，除此以外还应克服酵母味、苦涩味、生青味、日光臭味、杂菌引起的异味、铁锈味、涂料味等。

2. 感官指标

（1）透明度　澄清透明，不含有明显的悬浮粒子，无失光。

（2）口味和香味　有酒花所产生的微苦香味和麦芽酒香味，口味纯，干爽，具有发酵味，不允许有明显的酸味和不愉快的异味。

（3）泡沫形态　洁白、细腻。

3. 理化指标

啤酒的理化指标，如表 8-1 所示。

表 8-1　啤酒的理化指标

指标项目		特级	普通
酒精度(20℃,质量分数)/%	≥	3.5	3.5
实际浓度(质量分数)/%	≥	4.5	4.5
原麦汁浓度(啤酒分析计算,质量分数)/%	≥	12	12
实际发酵度(质量分数)/%	≥	56	56
色度[0.1mol/L(1/2I_2)碘液的体积]/mL	<	0.7	0.4～0.7
总酸度[中和 100mL 啤酒所需的 0.1mol/L NaOH 溶液的体积数]/mL		1.9～3.0	1.9～3.0
二氧化碳量(质量分数)/%	≥	0.3	0.3

第三节　葡萄酒发酵工艺

根据国际葡萄与葡萄酒协会的规定，葡萄酒是以新鲜葡萄或葡萄汁为原料，破碎或不破碎，经全部或部分发酵陈酿而制成的饮料酒，所含酒精度不得低于 7%（体积分数）。葡萄酒是国际性饮料酒，产量列世界饮料酒第二，酒精含量低，营养价值高，是饮料酒的主要发展品种。由于葡萄赋予葡萄酒以丰富的糖分、较丰富的矿质元素，尤其是钾、锌、硒等对人体调节生理平衡、增强免疫系统都有很好的作用。葡萄中含有水和矿物质、糖类、乙醇、酸类、酚类、含氮物质、酯类以及相关的化合物类萜烯类、挥发性芳香化合物和维生素等，具有独特的保健作用。近年来美国科学杂志发表文章称葡萄和葡萄酒中的物质对心血管病和癌症有明显的效果，适度饮用葡萄酒有利于降低神经系统疾病发病率、降低动脉硬化症、抑制前列腺细胞癌变和延长平均寿命。

一、葡萄酒的类型

（1）按色泽分　白葡萄酒、红葡萄酒、桃红葡萄酒。

（2）按含糖量分（以葡萄糖计）　干葡萄酒（<4.0g/L）、半干葡萄酒（4.1～12g/L）、半甜葡萄酒（12.1～45g/L）、甜葡萄酒（>45g/L）。

（3）按酿造方法分　天然葡萄酒、加强葡萄酒、加香葡萄酒。

（4）按 CO_2 含量分　平静葡萄酒、起泡葡萄酒、葡萄汽酒。

（5）按葡萄品质与使用方法分　佐餐葡萄酒、餐后葡萄酒、高级葡萄酒、调和葡萄酒。

（6）按含果汁密度分　全汁葡萄酒和非全汁葡萄酒。

二、葡萄酒的酿造原料

（1）酿造白葡萄酒的葡萄品种　龙眼、雷司令、白羽、李将军（灰品乐）、贵人香、白诗南等。

（2）酿造红葡萄酒的葡萄品种　法国兰、佳丽酿、赤霞珠、品丽珠、黑品乐、汉堡麝香等。

三、葡萄汁的制备

葡萄分为白葡萄和红葡萄两种，其中的糖分由果糖和葡萄糖组成，酸度主要来自酒石酸和苹果酸，还有少量的柠檬酸。果胶在葡萄中的含量因品种而异，少量的果胶能使酒柔和，果胶过多则对酒的稳定性有不良影响。无机盐主要是钾、钠、铁和镁等与酒石酸和苹果酸形成的各种盐类。

葡萄酒质量的好坏，主要取决于葡萄原料的质量。葡萄品种、栽培环境和酿造技术是决定葡萄酒品质的三大因素。

1. SO_2 在葡萄酒生产中的应用

(1) 杀菌防腐作用　SO_2 能抑制各种微生物的活动，葡萄酒酵母抗 SO_2 能力较强，适量加入 SO_2，可以达到抑制杂菌生长且不影响葡萄酒酵母正常生长和发酵的目的。

(2) 抗氧化作用　SO_2 能抑制葡萄中的多酚氧化酶活性，阻止氧化浑浊，防止葡萄汁过早褐变。

(3) 增酸作用　SO_2 生成的亚硫酸氧化成硫酸，与苹果酸及酒石酸的钾盐、钙盐等盐类作用，使酸游离，增加了不挥发酸的含量。

(4) 澄清作用　可延缓葡萄汁的发酵，使葡萄汁充分澄清。

(5) 溶解作用　SO_2 生成亚硫酸，有利于果皮成分包括色素、酒石、无机盐等成分的溶解，对葡萄汁和葡萄酒色泽有很好的保护作用。

SO_2 在葡萄汁或葡萄酒中的用量要视添加目的而定，同时还要考虑葡萄品种、葡萄汁及酒的成分（如糖分、pH 值等）、品温以及发酵菌种的活力等因素。我国允许成品酒中总 SO_2 含量为 250mg/L，游离 SO_2 含量为 50mg/L。SO_2 含量过高，会使葡萄酒产生如臭鸡蛋般的难闻气味，人体饮用后会引起急性中毒，严重的还可能引起水肿、窒息、昏迷。

2. 葡萄的破碎与除梗

葡萄包括果实与果梗两个部分，其中果实占 94%～96%、果梗占 4%～6%。葡萄果实包含三部分，它们的质量分数如下：果皮 6%～12%，果核 2%～5%，果肉 83%～92%。果皮含有单宁、多种色素及芳香物质，这些成分对酿制红葡萄酒很重要。大多数葡萄，色素只存在于果皮中，往往因品种不同而形成各种色调。葡萄果皮还含有芳香成分，它赋予葡萄酒特有的果香味。

果肉和果汁是葡萄的主要成分，其中水分 65%～80%，还原糖 15%～30%，其他成分（酸、含氮物、果胶质）5%～6%。果梗含大量水分、木质素、树脂、无机盐、单宁，和果实相反，只含少量糖和有机酸。葡萄酒带梗发酵，弊多利少，因果梗富含单宁、苦味树脂和鞣酸等物质，所以常使酒产生过重的涩味。果梗的存在也使果汁水分增加 3%～4%。当制造白葡萄酒或浅红葡萄酒时，带梗压榨，可使果汁易于流出和挤压；但不论哪一种葡萄，都不带梗发酵。

酿造葡萄酒对葡萄的含糖量有一定的要求，必须根据产品的要求，采摘达到工艺成熟度的葡萄。把不同品种、不同品质的葡萄分别存放。葡萄的分选工作最后在田间进行，即采摘的葡萄分品种、分品质存放，进厂后再次进行分选。

不论酿造红葡萄酒或白葡萄酒，都需先将葡萄去梗。在红葡萄酒的酿造过程中，葡萄破碎后，应尽快除去葡萄梗，除梗晚会给酒带来一种青梗味。生产白葡萄酒时，葡萄破碎后即进行压榨，果梗在压榨中还可充当果汁的流道，使葡萄汁易与果浆分离。

3. 果汁的分离与压榨

(1) 果汁分离　葡萄破碎后立即与皮渣分离，能缩短葡萄汁与空气接触时间，降低氧化程度，皮中的色素、单宁等物质溶出量少。自流汁中果肉含量少，蛋白质含量低，单宁、色素含量低，色泽浅，透明度高，不利于酿酒的成分少，适合酿制高档葡萄酒。

(2) 压榨　在白葡萄酒生产中，葡萄浆提取自流汁后，还需经过压榨使葡萄中的葡萄汁充分地提取出来，提高葡萄的利用率。在红葡萄酒酿造过程中，通过压榨从葡萄浆中分离前发酵酒。在葡萄汁或葡萄酒的压榨时，应根据生产规模、产品特点选择适宜的压榨方法和设备。

4. 葡萄汁的改良

葡萄汁的改良主要是糖度、酸度的调整，使酿成的酒成分接近。

(1) 糖度的调整　成熟的红葡萄在不加糖时，酿成的初酒液酒精度一般为7%～10%。若制高度酒，加糖量要多，通常添加蔗糖或浓缩葡萄汁，但由于酵母不耐高浓度糖液，所以应分次加糖。

(2) 酸度的调整　一般情况下，不需要降低酸度，因为酸度稍高对发酵有好处。在贮存过程中，酸度会自然降低30%～40%，主要以酒石酸盐析出。若酸度过高，可添加$CaCO_3$降酸。若酸度低，生产红葡萄酒一般添加酒石酸，生产白葡萄酒一般添加柠檬酸。一般调整酸度到6g/L，即pH值3.3～3.5。

四、葡萄酒的发酵机制

(一) 酵母培养与酒精发酵

1. 葡萄酒酵母的来源

葡萄酒酵母的来源有天然野生酵母以及选育改良的酵母。葡萄成熟时，在葡萄皮、果柄及果梗上，生长有大量的天然酵母，当葡萄被破碎、压榨后，酵母进入葡萄汁中，进行发酵。此酵母为天然酵母或野生酵母。为保证酵母发酵的顺利进行，获得优质的葡萄酒，可从天然酵母中选育优良的纯种酵母进行改良。

优良的葡萄酒酵母应该具有下述特性：除葡萄本身的果香外，酵母也能产生良好的果香与酒香；能将葡萄汁中所含糖完全降解，残糖在4g/L以下；具有较高的二氧化硫抵抗力；具有较高的发酵能力，可使酒精含量达到16%以上；具有较好的凝聚力和较快的沉降速度；能在低温或酒液适宜温度下发酵，以保持果香和新鲜清爽的口味。目前，国内使用的优良葡萄酒酵母菌种有：中国食品发酵研究院选育的1450号及1203号酵母；青岛葡萄酒厂使用的加拿大LALLE-MAND公司的活性干酵母。

2. 葡萄酒发酵的酒母制备

酒母即用于酒精发酵的酵母菌种子培养液。制备葡萄酒发酵的酒母常用以下几种方法：

(1) 天然酵母的扩大培养　利用自然发酵方式酿造葡萄酒时，每年酿酒季节的第一罐醪液起天然酵母的扩大培养作用，可以在以后的发酵中作为酒母添加。

(2) 纯种酵母的扩大培养　保藏的斜面试管菌种经麦芽汁斜面试管活化后，再经液体试管、锥形瓶、卡氏罐、酒母罐等数次扩大培养制成酒母，每次扩大倍数为10～20倍。

(3) 葡萄酒活性干酵母的应用　葡萄酒活性干酵母复水活化后直接作为酵母添加，也可扩大培养后再使用。

3. 葡萄酒酒精发酵及主要副产物

(1) 酒精和甘油　实际上，在发酵开始时，酒精发酵和甘油发酵同时进行，而且甘油发酵占优势。以后酒精发酵则逐渐加强并占绝对优势，而甘油发酵减弱，但并不完全停止。葡萄酒中甘油的含量还受酵母菌种、基质中的糖和 SO_2 含量等因素的影响。基质中糖的含量高，SO_2 含量高，则葡萄酒甘油含量高。

甘油味甜，可使葡萄酒味圆润。在葡萄酒中，甘油含量为 6～10mg/L。

(2) 乙醛　在葡萄酒中乙醛的含量为 0.02～0.06mg/L，有时可达 0.3mg/L。乙醛可与 SO_2 结合形成稳定的亚硫酸乙醛，这种物质不影响葡萄酒质量，而游离的乙醛则使葡萄酒具氧化味，可用 SO_2 处理，使氧化味消失。

(3) 有机酸　醋酸是构成葡萄酒挥发酸的主要物质。在正常发酵情况下，醋酸在酒精中的含量为 0.2～0.3g/L。它是由乙醛经氧化作用而形成的。葡萄酒中醋酸含量过高，就会具酸味。琥珀酸主要来源于酒精发酵和苹果酸-乳酸发酵，在葡萄酒中其含量一般低于 1g/L。此外，还产生甲酸、延胡索酸、丙酸、醋酸酐和 3-羟丁酮等。

(4) 高级醇和酯类　葡萄酒中含有有机酸和醇类，而有机酸和醇可以发生酯化反应，是葡萄酒芳香的主要来源之一。一般可把葡萄酒的香气分为三大类：第一大类是果香，它是葡萄浆果本身的香气，又叫一类香气；第二大类是在发酵过程中形成的香气，为酒香（发酵香），又叫二类香气；第三大类是葡萄酒在陈酿过程中形成的香气，为陈酒香，又叫三类香气。

葡萄酒中的高级醇有异丙醇、异戊醇等，主要是由氨基酸形成的。在葡萄酒中的含量很低，是构成葡萄酒二类香气的主要物质。葡萄酒中的生化酯类是在发酵过程中形成的，其中最主要的为醋酸乙酯。

葡萄酒中的色泽主要来自葡萄中的花色苷，发酵过程中产生的酒精和 CO_2 均对花色苷有促溶作用。单宁也有增加色泽的作用，所以发酵后的酒液色泽会加深。

4. 影响酵母菌生长和酒精发酵的因素

酵母菌生长发育和繁殖是酒精发酵所必需的条件，因为只有在酵母菌出芽繁殖的条件下，酒精发酵才能进行，而发酵停止就是酵母菌停止生长和死亡的信号。

(1) 温度　酵母菌的活动最适温度为 20～30℃。当温度达到 20℃，酵母菌的繁殖速度较快，在 30℃时达到最大值。而当温度继续升高达到 35℃时，其繁殖速度迅速下降，酵母菌呈疲劳状态，酒精发酵有停止的危险。在 20～30℃的温度范围内，发酵速度（即糖的转化）随着温度的提高而加快。但是，发酵速度越快，停止发酵越早，酵母菌的疲劳现象出现越早。

当发酵温度达到一定值时，酵母菌不再繁殖并且死亡，这一温度称为发酵临界温度。由于发酵临界温度受许多因素的影响，如通风、基质的含糖量、酵母菌的种类及其营养条件。在一般情况下，发酵危险温度区为 32～35℃。应尽量避免温度进入危险区，而不能在温度进入危险区以后才开始降温，因为这时酵母菌的活动能力和繁殖能力已经降低。

因此，如要获得高酒精度的葡萄酒，必须将发酵温度控制在足够低的水平。红葡萄酒发酵最佳温度为 26～30℃，白葡萄酒和桃红葡萄酒发酵最佳温度为 18～20℃。

(2) 通风　在进行酒精发酵以前，对葡萄的处理（破碎、除核、运送以及对白葡萄汁的澄清等）保证了部分氧的溶解。在生产中常用倒罐的方式来保证酵母菌对氧的需要。

(3) 酸度　酵母菌在中性或微酸性条件下发酵能力最强。在pH值很低的条件下酵母菌活动生成挥发酸或停止活动。酸度低并不利于酵母菌的活动，但却能抑制其他微生物的繁殖。

(4) SO_2　发酵液中少量的 SO_2 的存在，可抑制或淘汰杂菌，保证酵母菌发挥主导作用。SO_2 量达到10mg/L以上，对酵母菌的生长与发酵有明显的抑制作用；SO_2 量达1g/L以上可杀死酵母菌，发酵停止。

（二）苹果酸-乳酸发酵机理

苹果酸-乳酸发酵（MLF）是红葡萄酒在酒精发酵结束后进行的二次发酵，即在乳酸菌的作用下，将苹果酸分解成乳酸和二氧化碳的过程。苹果酸-乳酸发酵对于干红葡萄酒的生产很重要，使葡萄酒中的口感生硬、酸性较强的苹果酸变成比较柔和、酸性较弱的乳酸，酸度降低，香气加浓，加速红葡萄酒成熟，提高其感官质量和稳定性。若酒的含酸量较低，则不需进行苹果酸-乳酸发酵。干白葡萄酒要求口感清爽，不进行苹果酸-乳酸发酵。

1. 苹果酸-乳酸发酵对葡萄酒的质量影响

引起苹果酸-乳酸发酵的乳酸菌分属于明串珠菌属、乳杆菌属、片球菌属和链球菌属。明串珠菌属的酒明串珠菌能耐较低的pH值、较高的 SO_2 和酒精，是MLF的主要启动者和完成者。苹果酸-乳酸发酵对葡萄酒的质量影响作用如下：

(1) 降酸作用　在较寒冷的地区，葡萄酒的总酸尤其是苹果酸的含量可能很高，苹果酸-乳酸发酵就成为理想的降酸方法。苹果酸-乳酸发酵是乳酸菌以L-苹果酸为底物，在苹果酸-乳酸酶催化下转变成L-乳酸和 CO_2 的过程。二元酸向一元酸的转化使葡萄酒总酸下降，酸涩感降低。降酸幅度取决于葡萄酒中苹果酸的含量及其与酒石酸的比例。通常，苹果酸-乳酸发酵可使总酸下降1～3g/L。

(2) 增加细菌学稳定性　苹果酸和酒石酸是葡萄酒中两大固定酸。与酒石酸相比，苹果酸为生理代谢活跃物质，易被微生物分解利用，在葡萄酒酿造学上，被认为是一种起关键作用的酸。通常的化学降酸只能除去酒石酸，较大幅度的化学降酸对葡萄酒口感的影响非常显著，甚至超过了总酸本身对葡萄酒质量的影响。而葡萄酒进行苹果酸-乳酸发酵可使苹果酸分解，苹果酸-乳酸发酵完成后，经过抑菌、除菌处理，使葡萄酒细菌学稳定性增加，从而可以避免在贮存过程中和装瓶后可能发生的二次发酵。

(3) 风味修饰　苹果酸-乳酸发酵另一个重要作用就是对葡萄酒风味的影响。例如，乳酸菌能分解酒中的柠檬酸生成醋酸、双乙酰及其衍生物（乙偶姻、2,3-丁二醇）等风味物质。乳酸菌的代谢活动改变了葡萄酒中醛类、酯类、氨基酸、其他有机酸和维生素等微量成分的浓度及呈香物质的含量。这些物质的含量如果在阈值内，对酒的风味有修饰作用，并有利于葡萄酒风味复杂性的形成。但超过了阈值，就可能使葡萄酒产生泡菜味、奶油味、奶酪味、干果味等异味。其中，双乙酰对葡萄酒的风味影响很大，当其含量小于4mg/L时对风味有修饰作用，而高浓度的双乙酰则表现出明显的奶油味。苹果酸-乳酸发酵后有些脂肪酸和酯的含量也发生变化，其中醋酸乙酯和丁二酸二乙酯的含量增加。

(4) 降低色度　在苹果酸-乳酸发酵过程中，由于葡萄酒总酸下降（1～3g），引起葡萄酒的pH值上升（约0.3个pH单位），这导致葡萄酒由紫色向蓝色转变。此外，乳酸菌利用了与 SO_2 结合的物质（α-酮戊二酸、丙酮酸等酮酸），释放出游离的 SO_2，后者与花色苷结合，也能降低酒的色密度，在有些情况下苹果酸-乳酸发酵后，色密度能下降30%左右。

因此，苹果酸-乳酸发酵可以使葡萄酒的颜色变得老熟。

2. 苹果酸-乳酸发酵的控制方法

(1) MLF 的自然诱导　提供适宜的环境条件，MLF 可以自然发生。但是，自发的 MLF 是难以预测的。由于酒精发酵后的葡萄酒中可能还存在乳酸菌的噬菌体，它们可能延迟或抑制 MLF，使得 MLF 的触发难以保证。腐败菌在进行 MLF 的同时，也产生异香与异味，导致葡萄酒病害的可能性。

(2) MLF 的人工接种诱导　生产上常利用优良乳酸菌种经人工培养后添加到葡萄酒中，以克服自然发酵不稳定、难控制等问题。根据不同的地域条件和原料品质选择适宜的菌种进行 MLF，成为葡萄酒厂酿制优良葡萄酒的关键。

(3) MLF 的抑制　MLF 并不总是对改进葡萄酒的品质有益处，有时即使用理想的乳酸菌发酵，也难免会产生一些不愉快的气味。一般来说，如果希望获得口味清爽、果香味浓、可以尽早上市的白葡萄酒，则应防止这一发酵的进行。为此，可以采取以下抑制措施：保持葡萄酒的 pH 值在 3.2 以下，使酒精度达 14%以上；低温贮存；把总 SO_2 浓度调至 50mg/L 以上，尽早倒酒和澄清；缩短葡萄皮的浸渍时间；巴氏灭菌和滤菌板过滤；添加化学抑制剂、细菌素或溶菌酶等。

五、葡萄酒的酿造工艺

(一) 红葡萄酒酿造工艺

红葡萄酒是由红葡萄连皮和籽一起发酵的。红葡萄先去梗压榨，然后放入容器进行酒精发酵，浸渍也在同步进行，香味、单宁及其他色素等物质逐步融入葡萄酒中。我国酿造红葡萄酒主要以干红葡萄酒为原酒，然后按标准调配、勾兑成半干、半甜、甜型葡萄酒。生产干红葡萄酒应选用适宜酿造干红葡萄酒的单宁含量低、糖含量高的优良酿造葡萄作为生产原料。

葡萄入厂后，经破碎去梗，带渣进行发酵，发酵一段时间后，分离出皮渣（蒸馏后所得的酒可作为白兰地的生产原料），葡萄酒继续发酵一段时间，调整成分后转入后发酵，得到新干红葡萄酒，再经陈酿、调配、澄清处理，除菌和包装后便可得到干红葡萄酒的成品。

1. 原料的处理

葡萄完全成熟后进行采摘，并在较短的时间内运到葡萄加工车间，经分选青粒、烂果后送去破碎。发酵 2～3d 即可进行压榨除去果渣。在发酵温度比较低的条件下，果渣可以在发酵葡萄醪中停留 5d 左右，再行压榨除去果渣。破碎去梗后的带渣葡萄浆，用送浆泵送到已经用硫黄熏蒸过的发酵桶或池中，进行前发酵（主发酵）。

2. 前发酵（主发酵）

葡萄酒前发酵主要是进行酒精发酵、浸提色素物质和芳香物质。前发酵的好坏是决定葡萄酒质量的关键。发酵方式按是否隔氧可分为开放式和密闭式发酵。传统方法是采用水泥地，生产中要注意容器的充氧系数、皮渣的浸渍、温度控制、葡萄汁的循环和二氧化硫的添加。近年被新型发酵罐取代，方法有旋转罐法、二氧化碳浸渍法、热浸提法和连续发酵法。

葡萄皮、汁进入发酵池后，因葡萄皮相对密度比葡萄汁小，发酵时产生二氧化碳，葡萄皮、渣往往浮在葡萄汁表面，形成很厚的盖子（生产中称“酒盖”或“皮盖”）。这种盖子与空气直接接触，容易感染有害杂菌，败坏葡萄酒的质量。在生产中需将皮盖压入醪中，以便充分浸渍皮渣上的色素及香味物质，这一过程叫做压盖。

压盖有两种方式：一种用人工压盖，用木棍搅拌，将皮渣压入葡萄汁中，也可用泵将葡萄汁从发酵池底部抽出，喷淋到皮盖上，其循环时间视发酵池容积而定；另一种是在发酵池四周制作卡口，装上压板，压板的位置刚好使皮盖浸于葡萄汁中。

发酵温度是影响红葡萄酒色素物质含量和色度值大小的主要因素。红葡萄酒发酵温度一般控制在25～30℃。进入主发酵期，必须采取措施控制发酵温度。控制方法有外循环冷却法、循环倒池法和池内蛇形管冷却法。

为防止细菌繁殖，二氧化硫应在葡萄破碎后，发酵醪产生大量酒精以前添加。酒母一般在葡萄醪加 SO_2 4～8h 后再加入，以减少游离 SO_2 对酵母的影响。酒母的用量视情况而定，一般控制在1%～10%（自然发酵工艺不需此步骤）。

红葡萄酒发酵时进行葡萄汁的循环是必要的，循环可以起到以下作用：增加葡萄酒的色素物质含量；降低葡萄汁的温度；可使葡萄汁与空气接触，增加酵母菌的活力；葡萄浆与空气接触，可促使酚类物质的氧化，使之与蛋白质结合形成沉淀，加速酒的澄清。红葡萄酒生产工艺流程如图8-4所示。

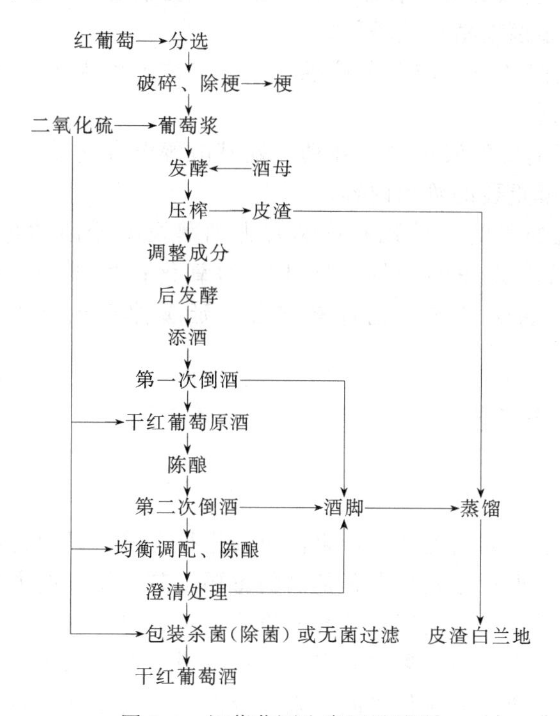

图8-4 红葡萄酒生产工艺流程

3. 出池与压榨

当残糖降至5g/L以下，发酵液面只有少量的二氧化碳气泡，“皮盖”已经下沉，液面较平静，发酵液温度接近于室温，并且有明显酒香，表明前发酵已经结束，可以出池。一般前发酵时间为4～6d，最佳发酵温度25～30℃。出池前先将自流原酒由排汁口放出，放净后打开人孔清理皮渣进行压榨，得压榨酒。

皮渣的压榨靠使用专用设备压榨机来进行。压榨出的酒进入后发酵，皮渣可蒸馏制作皮渣白兰地，也可另作处理。

4. 后发酵

(1) 后发酵的主要目的

① 残糖的继续发酵　前发酵结束后，原酒中还残留 3～5g/L 的糖分，这些糖分在酵母作用下继续转化为酒精与二氧化碳。

② 澄清作用　前发酵得到的原酒中还残留部分酵母，在后发酵期间发酵残留糖分，后发酵结束后，酵母自溶或随温度降低形成沉淀。残留在原酒中的果肉、果渣随时间的延长形成沉淀，即酒脚，使酒逐步澄清。

③ 陈酿作用　新酒在发酵过程中，进行缓慢的氧化还原作用，并促使醇酸酯化，理顺乙醇和水的缔合排列，使酒的口味变得柔和，风味上更趋于完善。

④ 降酸作用　有些红葡萄酒在压榨分离后诱发苹果酸-乳酸发酵，对降酸及改善口味有很大好处。

(2) 后发酵的工艺管理要点

① 补加 SO_2　前发酵结束后压榨得到的原酒需要补加 SO_2，添加量（以游离 SO_2 计）为 30～50mg/L。

② 控制温度　原酒进入后发酵容器后，品温一般控制在 18～25℃。若品温高于 25℃，不利于酒的澄清，并给杂菌繁殖创造条件。

③ 隔绝空气　后发酵的原酒应避免接触空气，工艺上称为厌氧发酵。其隔氧措施一般为封口安装水封或酒精封。

④ 卫生管理　由于前发酵液中含有残糖、氨基酸等营养物质，易感染杂菌，影响酒的质量，搞好卫生是后发酵重要的管理内容。

(3) 使用二氧化硫的目的　杀死和抑制有害细菌及酵母菌的生长；推迟发酵，利于葡萄汁澄清；抑制多酚氧化酶的活性，防止酒的氧化；生成的亚硫酸盐与过氧化氢反应；与乙醛、丙酮酸、酮戊二酸及花青素结合；延缓棕色色素的加深；调节和控制发酵等。

(二) 白葡萄酒生产工艺

1. 果汁分离

白葡萄破碎后要尽快分离出葡萄汁，果汁单独进行发酵，即白葡萄酒压榨在发酵前，而红葡萄酒压榨在发酵后。果汁分离是白葡萄酒的重要工艺。压榨的方式和压榨的程度都直接影响着葡萄汁的成分和质量。白葡萄果汁与皮渣要分离的目的有两个：其一是果皮中含有大量的野生微生物；其二是为了降低果皮中酚类物质的浸出量。果汁分离时应注意葡萄汁与皮渣分离速度要快，缩短葡萄汁的氧化时间。果汁分离后，需立即进行二氧化硫处理，以防止果汁氧化。

2. 果汁澄清

果汁澄清的目的是在发酵前将果汁中的杂质尽量减少到最低含量，以避免葡萄汁中的杂质因发酵而给酒带来异杂味。为了获得洁净、澄清的葡萄汁，往往采用二氧化硫静置澄清和果胶酶法、皂土澄清法、机械澄清法等。果胶酶可以软化果肉组织中的果胶质，使之分解成半乳糖醛酸和果胶酸，使葡萄汁的黏度下降，原来存在于葡萄汁中的固形物失去依托而沉降下来，以增强澄清效果，同时也可加快过滤速度，提高出汁率。

3. 发酵

白葡萄酒的发酵多采用人工培育的优良酵母菌（或固体活性干酵母菌）进行低温发酵。发酵温度一般在16～22℃，最佳发酵温度18～22℃，主发酵期为15d左右。温度高，挥发性物质损失较大。木桶发酵起始温度18℃，中途会升至峰值22℃，然后回至窖温。发酵温度直接影响着葡萄本身芳香物质的保留及形成挥发性副产物基团（即酒香）。白葡萄酒发酵目前常采用密闭夹套冷却的钢罐。

主发酵结束后，残糖降低至5g/L，即可转入后发酵。后发酵温度一般控制在15℃以下。在缓慢的后发酵中，葡萄酒香和味的形成更为完善，残糖继续下降至2g/L。后发酵约持续1个月。

4. 白葡萄酒的防氧

白葡萄酒中含有多种酚类化合物，如色素、单宁、芳香物质等，与空气接触时，很容易被氧化，生成棕色聚合物，使白葡萄酒的颜色变深，酒的新鲜感减少，甚至造成酒的氧化味。因此，老熟期间要格外小心，由于可能产生乙醛，因此白葡萄酒老熟要加入抗坏血酸作抗氧化剂。白葡萄酒防止氧化的措施：①发酵阶段严格控制温度，避免酒液接触空气；②添加0.02％～0.03％皂土以减少氧化物质和降低氧化酶的活性；③在发酵罐内充入N_2或CO_2等；④避免酒液与铁、铜等金属工具及设备接触。白葡萄酒生产工艺流程如图8-5所示。

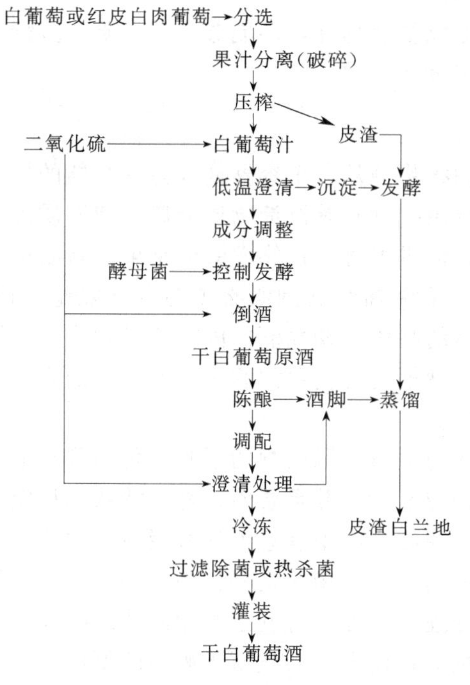

图8-5 白葡萄酒生产工艺流程

六、葡萄酒的贮存及陈酿

新鲜葡萄汁（浆）经发酵而制得的葡萄酒称为原酒。原酒一般要经过半年左右的低温（10～15℃）贮存，湿度85％～90％为宜，使各种风味物质之间达到和谐平衡，酒石酸钾、酒石酸钙、单宁、蛋白质在倒酒、添酒、下胶净化和过滤等工艺过程中形成沉淀而析出或分离，达到澄清的目的。贮存容器通常采用橡木桶、水泥地和金属罐三种形式。葡萄酒在贮存过程中发生一系列物理的、化学的、生物化学的变化，以保持香味和酒体醇厚，提高酒的稳定性。

1. 葡萄酒陈酿的化学反应

(1) 酯化作用　酯化反应的速度与温度成正比。因此，葡萄酒在存贮过程中，温度越高，酯的含量就越高，在超过某种温度时，葡萄酒就要变质。在适当的条件下将葡萄酒加热，可以增加酯的含量，从而改变葡萄酒的风味，这就是葡萄酒进行热处理的依据。

(2) 氧化还原　醇香的形成是随着陈酿、果香、酒香的浓度下降，醇香产生并变浓，由果香转变而来。最浓郁的还原醇香是在氧化还原电位降至最低时达到的。醇香形成需要的条件：①源于葡萄的果香或其前体物质；②还原条件，如密封、SO_2、温度、微量铜等；③装瓶前适当氧化，产生一些还原性物质，利于瓶内的还原作用。

由于木桶的微透气性（控制性氧化）和木桶特殊成分（香气和口感），因而传统的葡萄酒生产国家及美国、澳大利亚几乎所有的红葡萄酒和85%的霞多丽（一种白葡萄酒）均经木桶陈酿。酒泥可以抑制氧化反应，橡木桶使白葡萄酒带酒泥陈酿成为可能。酒泥中有重要的甘露蛋白（酵母菌活性细胞释放或自溶），能改善感官质量，提高稳定性（蛋白质、酒石、多酚），与芳香物质相互作用，使香气更持久，使高单宁含量的葡萄酒柔和。现代陈酿常采用钢罐＋橡木片＋微氧技术。

单宁色素除了氧化和形成复合物外，还能够与蛋白质、多糖聚合，花色素苷还能与酒石酸形成复合物，导致酒石酸沉淀。

2. 贮存条件与操作

(1) 倒酒和添酒　倒酒指将酒从一个容器换入另一容器的操作，目的是分离酒脚，使桶或池中澄清的酒和底部酵母菌、酒石等沉淀物质分离，使酒质混合均一；起通气作用，使酒接触空气，溶解适量的氧，促进酵母菌最终发酵的结束；新酒被二氧化碳饱和，倒酒可使过量的挥发性物质挥发溢出。干白葡萄酒倒酒必须与空气隔绝，以防止氧化，保持酒的原果香。倒酒次数取决于葡萄酒的品种、葡萄酒的内在质量和成分。添酒的目的是避免菌膜及醋酸菌的生长，必须随时使贮酒桶内的葡萄酒装满，不让它的表面与空气接触。添加的原酒应和容器中的酒质一致或同类。

(2) 葡萄酒的下胶净化与澄清　葡萄酒的下胶净化与澄清的目的是除去葡萄酒中过量水平的某些组分、获得应有的澄清度，并且要使这种澄清状态稳定，尤其是具有物理化学上的稳定性。下胶净化是指在葡萄酒生产中有意添加有吸附能力的化合物，然后利用沉降或沉淀作用除去酒中部分可溶组分的操作。用于这一目的的物质总体上称为下胶剂。

(3) 葡萄酒的冷、热处理　冷处理有利于葡萄酒的成熟及稳定性的提高，使过量的酒石酸盐与不安全的色素析出沉淀；使发酵后残留于酒中的蛋白质、死酵母菌、果胶等有机物质加速沉淀，显著改善口味。葡萄酒适当的热处理不仅可以改善葡萄酒的品质，而且还能提高葡萄酒的稳定性。热处理也称马德拉化，使酒具有马德拉酒的风味。新酒经过热处理，色、香、味都有所改善，挥发酯增加，产生保护胶体，使酒更澄清。热处理可除去有害物质，如酵母菌、细菌、氧化酶等，达到生物稳定和酶促稳定。

(4) 葡萄酒的过滤　目的是获得清亮透明的葡萄酒。工业上常用的过滤机有棉饼过滤机、硅藻土过滤机、膜过滤机等。

3. 葡萄酒的瓶贮

葡萄酒的瓶贮是指葡萄酒装瓶后至出厂的一段时间，它能使葡萄酒在瓶内进行陈酿。据测定，葡萄酒在装瓶几个月后，其氧化还原电位达到最低值，而葡萄酒的香味物质只有在低电位下形成，并且香味物质只有在还原型时才有愉快的香味，经过瓶贮的葡萄酒显示出特有的风格。瓶贮时，酒瓶应卧放，软木塞浸入酒中，可起到类似木桶的作用，以改善陈酒的风味。瓶装葡萄酒应该贮存在稳定、干燥、黑暗、冷凉处，避开潮湿和有震动的地方，瓶贮周期最少 4～6 个月，高档葡萄酒可达 1～2 年。

葡萄酒是一种随时间而不停变化的产品，这些变化包括葡萄酒的颜色、澄清度、香气、口感等，葡萄酒在正常贮存条件下其质量会随着时间延长先上升后下降，从而构成了葡萄酒的“生命曲线”。所以，葡萄酒并非越陈越好。

七、葡萄酒的质量指标

1. 感官指标

葡萄酒的感官指标，如表 8-2 所示。

表 8-2　葡萄酒的感官指标

指标项目		具体内容
外观	色泽	白葡萄酒应为浅黄微绿、浅黄、淡黄、禾秆黄色 红葡萄酒应为紫红、深红、宝石红、红微带棕色 桃红葡萄酒应为桃红、淡玫瑰红、浅红色
	清、浑	澄清透明，不应有明显的悬浮物 （使用软木塞的酒，允许有不大于 1mm 的软木渣 3 个以下）
香 味		具有醇正、清雅、优美、和谐的果香及酒香
口味		干葡萄酒和半干葡萄酒有洁净、醇美、幽雅、爽干的口味及和谐的果香味和酒香味 半甜葡萄酒和甜葡萄酒有甘甜、醇厚、舒适、爽顺的口味及和谐的果香味和酒香味

2. 理化指标

葡萄酒的理化指标，如表 8-3 所示。

表 8-3　葡萄酒的理化指标

指标项目		干葡萄酒	半干葡萄酒	半甜葡萄酒	甜葡萄酒
酒精度(20℃)/%		7～13	7～13	7～13	12～24
总糖含量（以葡萄糖计）/(g/L)		≤4	4.1～12.0	12.1～50.0	≥50.1
总酸含量（以酒石酸计）/(g/L)		5.0～7.5	5.0～7.5	5.0～7.5	5.0～8.0
挥发酸含量（以醋酸计）/(g/L)		1.1	1.1	1.1	1.1
游离 SO_2 含量/(mg/kg)	≤	50	50	50	50
总 SO_2 含量/(mg/kg)	≤	250	250	250	250
干浸出物含量/(g/L)	≥	14	14	14	14
铁含量/(mg/kg)	≤	白 10 红 8 桃红 8	白 10 红 8 桃红 8	白 10 红 8 桃红 8	白 10 红 8 桃红 8

第四节　酱油酿造工艺

中国是世界上最早酿造酱油的国家，已有3000多年的历史。酱油在历史上名称很多，有清酱、豆酱、酱汁、豉油、淋油、晒油等，最早使用“酱油”的名称是在宋代。

传统酱油是以富含蛋白质的豆类和富含淀粉的谷类及其副产品为主要原料，在微生物酶的催化作用下分解并经浸滤提取的调味汁液。

一、酱油分类及生产原料

（一）酱油的分类

1. 按生产原料分类

（1）以大豆、脱脂大豆及代用大豆为原料生产的酱油　我国和日本大部分地区均以脱脂大豆和大豆为主要原料，中国南方也用豌豆、葵花籽饼、花生饼、棉籽饼等代用大豆酿制酱油。

（2）以小鱼、小虾等原料生产的酱油　也有人将欧美国家以使用蛋白质酸水解液为主的调味汁，东南亚一些国家和我国广东、福建等地以海产小鱼、小虾为原料酿造的鱼露归属到酱油。

2. 按加工方法分类

（1）酿造酱油

① 高盐稀态发酵酱油（含固稀发酵酱油）　以大豆（脱脂大豆）、小麦（小麦粉）为原料，经蒸煮、曲霉菌制曲后与盐水混合成稀醪，再经发酵制成的酱油。

② 低盐固态发酵酱油　以脱脂大豆及麦麸为原料，经蒸煮、曲霉菌制曲后与盐水混合成固态酱醅，再经发酵制成的酱油。

（2）配制酱油　以酿造酱油为主体，与酸水解植物蛋白调味液、食品添加剂等配制而成的液体调味品。

（3）改制酱油　也称花色酱油，是以酿造酱油为原料，再配以辅料制成的。它具有辅料的特殊风味，如虾子酱油、蘑菇酱油、五色酱油等。

3. 按发酵方法分类

（1）根据加温条件分类

① 天然晒露法酱油　它是经过日晒夜露的自然发酵制成的酱油。此法酿制的酱油具有优良风味，但生产周期较长，成熟时间要在半年以上，目前除传统生产酱油外一般很少采用。

② 保温速酿法酱油　用人工保温法，可提高发酵温度，缩短发酵周期，这是目前常用的方法。

（2）以成曲拌水的多少分类　成曲拌盐水后所形成的混合物，如果呈固态称为酱醅，呈流动态是酱醪。

① 稀醪发酵法酱油　拌水量为成曲重量的200％～250％，制成稀薄的酱醪进行发酵。此法适合大规模的机械生产，酱油品质优良，但设备占地面积大。

② 固态发酵法酱油　成曲拌水量为65％～100％。此法是目前生产常用的方法。

③ 固稀发酵法酱油　固态发酵法和稀醪发酵法相结合进行生产的酱油。

(3) 按拌盐水浓度分类

① 高盐发酵法酱油　拌曲盐水浓度为19～20°Bé。此法发酵周期长。

② 低盐发酵法酱油　拌曲盐水浓度为10～14°Bé。此法是目前生产常用的方法。

③ 无盐发酵法酱油　拌曲水中不加食盐，发酵周期短，发酵温度较高，风味欠佳。

(4) 按成曲的种类分类　采用单菌种制曲酱油、多菌种制曲酱油、液体曲发酵酱油。其中液体曲酶的活力较高，原料利用效率高，适合于机械化生产，但风味差。

4. 其他分类方法

按物理形态分为液体酱油、固态酱油和粉末酱油；按酱油的颜色分为浓色酱油和淡色酱油；根据成品中是否含盐分为含盐酱油和忌盐酱油（不加食盐而加入氯化钾）。

(二) 酱油的生产原料

酱油生产中主要原料有蛋白质原料、淀粉质原料、食盐、水；辅助原料有增色剂、助鲜剂、香辛料、防腐剂等。

1. 蛋白质原料

蛋白质原料对酱油色、香、味、体的形成至关重要，是酱油生产的主要原料，酱油酿造一般选择大豆、脱脂大豆作为蛋白质原料，也可以选用其他蛋白质含量高的代用原料。我国目前大部分酿造厂已普遍采用提油后的饼粕作为主要的蛋白质原料。

(1) 大豆　大豆为黄豆、青豆、黑豆的统称，富含蛋白质及脂肪。大豆含水分7%～12%，粗蛋白质35%～40%，粗脂肪12%～20%，糖类21%～31%，纤维素4.3%～5.2%，灰分4.4%～5.4%。应选用蛋白质含量高，色泽黄，无腐烂，无霉变，无虫蛀，颗粒均匀的优质大豆作原料。酿造酱油传统上选用大豆作为蛋白质原料，但油脂没有充分利用，有些仍留在酱渣内，因而造成了资源浪费。

(2) 脱脂大豆　脱脂大豆是利用萃取和压榨提取油脂后的副产品。根据提取油脂的方式不同可分为豆粕和豆饼。脱脂大豆蛋白质含量高，脂肪极少，水分也少。

① 豆粕　未经高温处理蛋白质变性程度小，易于粉碎，在蒸煮时，时间和压力容易掌握，是酱油生产的理想原料。豆粕应符合国家标准GB/T 13382—2008。

② 豆饼　分为热榨豆饼和冷榨豆饼。热榨豆饼蛋白质含量相对较高，容易粉碎，大豆蛋白已经发生一定程度的变性，部分蛋白质变成不能溶于水、食盐及碱液的不溶性蛋白质。

③ 花生饼　花生经机械加工，将油脂榨出后所剩余的饼状物。花生中的蛋白质主要为球蛋白。由于花生饼霉变后极易产生黄曲霉毒素，因此用花生饼作为酱油原料时，必须选择新鲜干燥、无霉烂变质的原料。

④ 葵花籽饼　葵花籽经压榨提取油脂后的饼状物质。由于葵花籽饼蛋白质含量较高，也无特殊气味，使用作为酱油原料。葵花籽饼的蛋白质含量一般在40%左右。

⑤ 菜籽饼　油菜种子经过压榨提取油脂后的饼状物质。菜籽饼富含蛋白质，有特殊的气味并含有有毒物质菜油酚，菜油酚一般可用0.2%～0.5%浓度的稀酸和稀碱除去。酿造原料需经严格检查，得到有关部门批准方可使用。

⑥ 棉籽饼　棉籽经过压榨提取油脂后的物质，蛋白质含量也较高，但由于棉籽饼含有有毒物质棉酚，因此必须设法去除此有毒物质，并经过有关部门批准后方可使用。

⑦ 其他蛋白质原料　如芝麻饼、椰子饼、玉米浆及豆渣等也可用来酿造酱油。

2. 淀粉质原料

酱油酿造中所用的淀粉质原料有小麦、麸皮、面粉、碎米、高粱、玉米、薯干等，主要提供糖类，同时提供酱油中1/4氮素，特别是天冬氨酸含量高，是酱油鲜味的主要来源。目前，大部分酱油生产都用麸皮和小麦作为主要的淀粉质原料。

(1) 小麦　小麦提供较多的淀粉，经炒熟破碎处理有利于制曲过程中的通风，炒熟后小麦的香气，构成酱油的特殊香气成分。小麦中的糖类（无氮浸出物），除主要含有70%左右淀粉外，还存在2%～4%的蔗糖、葡萄糖、果糖等，2%～3%糊精类。小麦中蛋白质含量为10%～14%，蛋白质也是生产酱油鲜味的来源。

(2) 麸皮　麸皮是小麦经过制粉后的副产品，是目前酱油生产的主要淀粉质原料。麸皮中含有丰富的多聚糖和一定量的蛋白质，质地疏松，易于制曲，含有的残糖和氨基酸类物质进行反应，氨基酸与糖分（特别是戊糖）结合，形成酱油的色泽。麸皮中的木质素经过酵母发酵后又生成4-乙基愈创木酚，是酱油香气主要成分之一。麸皮中还含有多量的维生素及钙、铁等无机元素，因此采用麸皮为原料可以促进米曲霉的生长繁殖和提高酶的分泌能力。

3. 食盐

食盐是酱油酿造的重要原料之一，能使酱油具有适当的咸味，并具有杀菌防腐作用，可以使发酵在一定程度上减少杂菌的污染，在成品中有防止腐败的功能。大豆蛋白质在盐水溶液中溶解度增加，使成品中的含氮量增加，提高了原料的利用率。食盐还可以和氨基酸结合构成酱油的鲜味。低浓度的盐对于耐盐性酵母的生长有激活作用。只有在盐存在条件下，耐盐酵母菌和非产膜酵母菌才能起到酒精发酵的作用。食盐应符合GB/T 5461—2016的规定。

4. 水

水是酱油的主要成分之一，又是物料和酶的溶解剂，每生产1t酱油需要6～7t水。水质影响酱油质量，一般使用饮用水，应符合GB 5749—2006规定。

二、酱油中的主要化学成分

酱油在生产时，把粮食原料经蒸煮、曲霉菌制曲后与盐水混合成酱醅（原料在制曲过程中加入少量盐水发酵后，呈不流动稠厚状态的物质），利用微生物的酶，把酱醅中的有机物通过酶解与合成等生物化学变化转化成酱油的成分。

1. 氨基酸

我国生产的酱油中游离氨基酸主要有17种，这些氨基酸来自两个途径：一是蛋白酶水解原料中的蛋白质生成；二是葡萄糖直接生成谷氨酸。

(1) 蛋白酶的水解作用　目前我国生产酱油的菌株是米曲霉，该菌株具有活性较强的蛋白质水解酶系，包括各种内肽酶和外肽酶。内肽酶能水解蛋白质内部肽键，将其分解为多肽。根据酶的最适pH值，分为碱性蛋白酶、中性蛋白酶和酸性蛋白酶。外肽酶是水解末端肽键的酶。蛋白水解酶所产生的氨基酸，是内肽酶与外肽酶协同作用的结果，外肽酶可以直接产生游离的氨基酸。

(2) 葡萄糖直接生成谷氨酸　原料中的淀粉经淀粉酶作用产生葡萄糖，葡萄糖通过生物酶的作用，转化为α-酮戊二酸，再生成谷氨酸。

2. 有机酸

酱油含有多种有机酸，这些有机酸主要是由原料分解生成的醇、醛氧化生成的，还有一些来自于曲霉菌的代谢产物。酱油中的有机酸以乳酸、琥珀酸、醋酸为主。乳酸主要是乳酸菌将葡萄糖发酵而来的；琥珀酸主要是由酵母菌酒精发酵的中间产物乙醛生成的，谷氨酸的脱氨、脱羧与氧化也可生成琥珀酸；醋酸主要是醋酸菌将酒精氧化而来的。适量的有机酸生成，对酱油呈香、增香有重要作用，有机酸也是酯化反应构成“酯”的基础物质。

3. 糖类

酱油中的糖主要是原料淀粉经曲霉淀粉酶水解生成的双糖和单糖。淀粉的糖化原理是：原料淀粉在α-淀粉酶、糖化酶（又称葡萄糖苷酶）的作用下，分解为糊精、麦芽糖和葡萄糖等的混合物。α-淀粉酶在淀粉的内部切断1,4-葡萄糖苷键生成大分子糊精及少量的麦芽糖和葡萄糖；糖化酶，由6-葡萄糖苷键生成直链淀粉，并从直链淀粉的非还原端开始，依次水解生成葡萄糖分子。

4. 酒精和高级醇

酱油中的酒精是发酵生成的，主要通过酵母菌将酱醅中的葡萄糖转化为酒精和CO_2。酱醅中的酒精，一部分被氧化成有机酸类，一部分与有机酸生成酯，一部分挥发散失，还有少量残留在酱醅中。酒精发酵过程中除了生成酒精和CO_2外，还有其他副产物，如甘油、杂醇油（戊醇、异戊醇、丁醇、异丁醇等高级醇）、有机酸等，它们主要由氨基酸脱羧、脱氨而来。高级醇也是酯化反应的基础物质。

5. 酯类

酱油中含有多种酯，如醋酸乙酯、乳酸乙酯等。酯类具有芳香味，是构成酱油香气的主体。

6. 色素

酱油有深红棕色，色素主要来自两个途径：一是美拉德反应，指含有氨基的化合物和含有羰基的化合物之间经缩合、聚合生成类黑素的反应，反应使酱油颜色加深并赋予酱油一定的风味；二是原料中的多酚类物质重新聚合，或酚类物质在多酚氧化酶的作用下生成黑色素。

7. 食盐

食盐能抑制杂菌繁殖，防止酱醅腐败，但食盐过多也会抑制酶的活性，导致蛋白质分解速度过慢。目前各酱油酿造厂，一般采用氯化钠含量在12%～13%的盐水，这样既能发挥食盐的防腐作用，又不影响酶的活力。

8. 防腐剂

酱油中添加的防腐剂主要有：①苯甲酸钠，是我国酱油行业中使用量最大的防腐剂；②尼泊金酯（对羟基苯甲酸酯），是一类低毒高效的防腐剂；③乳酸链球菌素，是乳酸链球菌乳酸亚种的一些菌株产生的多肽，是一种天然食品防腐剂。

总之，酱油的发酵是一个复杂的酶解与合成的过程。原料中的蛋白质、糖类及油脂等，在微生物各种酶系的催化下，生成相应的产物。这些产物又相互合成新物质，构成酱油的成分。

三、酱油酿造中主要微生物及生化机制

酱油酿造是利用微生物分泌的各种酶类对原料进行水解，蛋白酶把蛋白质分解为氨基酸，淀粉酶把淀粉分解为葡萄糖，经过复杂的生物化学变化形成独特的风味，加入食盐构成鲜、咸、甜、酸、苦五味调和的红棕色，形成酱油的色、香、味、体的过程。酱油的酿造主要有曲霉菌作用的制曲阶段和酵母菌、乳酸菌作用的发酵阶段两个过程。

（一）酱油酿造中的主要微生物

1. 酱油酿造用曲霉菌及作用

曲霉菌是决定酱油性质及原料利用率等的重要因素，我国酱油生产主要用的菌种是米曲霉。米曲霉的营养需求比较广泛，能直接利用淀粉，在生产中小麦、玉米粉、麸皮等均可作为碳源，氮源以大豆蛋白质为主。无机盐类的需求量极少，包括磷酸盐、硫酸盐以及钾、钙、镁，在生产原料中已经具备。米曲霉是一种好氧性微生物，空气不足，就会抑制其生长，在制曲时加入疏松物料如麸皮、稻壳等，通入空气满足好氧性曲霉菌的繁殖，生长的最适宜温度为28～30℃。高温（35℃以上）时，菌丝是灰色的，影响蛋白酶的活力，制曲时就会造成米曲霉在曲料繁殖中温度过高，造成米曲霉繁殖停止或死亡，酶活力急剧下降的“烧曲”现象。制曲时要求水分较高，熟料水分含量在50%左右为宜。制曲阶段的温度要根据不同的时期调节，最适pH 6左右。

所用菌种不产生黄曲霉毒素，蛋白酶及糖化酶活力高，生长繁殖快，对杂菌抵抗力强，同时发酵后具有酱油固有的香气而不产生异味。目前经选育的酱油酿造米曲霉有沪酿3.042米曲霉、珲辣1号米曲霉、中科3.860米曲霉、沪酿UE-336米曲霉、渝3.811米曲霉。这些菌株都是以提高蛋白质利用率为主，往往蛋白酶活力高而肽酶活力低，影响了酱油的风味。

2. 酱油生产中主要的酵母菌

与酱油质量关系密切的酵母是鲁氏酵母、酱醪结合酵母、易变球拟酵母等，这些酵母都是在制曲发酵时由空气中落入的或通过人工的方法加入的有益耐盐酵母菌。在酱油酿造中，酵母菌与酒精发酵作用、酸类发酵作用、酯化作用等都有直接或间接的关系，对酱油的香气影响很大。在低盐固态发酵中食盐含量一般为7%～8%，氮的含量比较高，活跃在这一特殊环境中的酱油酵母是耐盐性强的酵母，包括鲁氏酵母、球拟酵母等。鲁氏酵母嗜高渗透压能，可在含糖量极高和18%食盐的基质中繁殖，可将醇转化成酯、酸，生成酱油香味成分之一的糖醇，增加酱油的酱香风味。球拟酵母在酱醅的发酵后期是产生酱油香味成分（4-乙基愈创木酚、4-乙基苯酚等）的主要菌种之一。发酵后期鲁氏酵母自溶能促进球拟酵母的生长繁殖。

3. 酱油生产中的乳酸菌

乳酸菌与酱油的风味有很大关系，包括嗜盐片球菌、酱油片球菌、酱油四联球菌和植物乳杆菌等。乳酸菌的作用是利用糖产生乳酸，可与乙醇生成香气很浓的乳酸乙酯。在发酵过程中加入乳酸菌，不会使酱醅的酸度过大，如果在制曲时加入乳酸菌，就会大量繁殖，代谢产生许多酸，增加了成曲的酸度。目前大部分厂家都是开放式制曲，产酸菌已经大量生酸，加入乳酸菌后会使成曲的酸度过高，影响酱醅的发酵，不利于原料利用率的提高。

（二）酱油酿造的生化机制

酱油生产本质就是微生物逐级扩大培养积累酶、原料分解、合成酱油成分的过程，微生物的生理生化特性是决定酱油的色、香、味，原料利用率及使用安全性的重要因素。

1. 酱油色素的形成途径

（1）非酶褐变反应　这是酱油色素形成的主要途径。在酿造过程中，原料成分经过制曲、发酵，由蛋白酶将蛋白质分解成氨基酸，将淀粉水解为糖类。糖类与氨基酸结合发生美拉德反应。褐变形成色素的温度越高，反应速率越快，时间越长，色泽越深。

(2) 酶褐变反应　主要是氨基酸在有氧存在的条件下进行的，所产生的色泽比非酶褐变所生成的色泽深而发黑，如酪氨酸经氧化聚合为黑色素。我们常见到的瓶装酱油长久贮存后，与空气接触的瓶壁形成一圈黑色环，就是由酪氨酸发生的氧化褐变所致。酱醅的氧化层主要由酶褐变反应形成。

在一定条件下发酵拌盐水量的多少与水解率、原料利用率关系很大，影响酱油颜色。拌盐水量少，酱醅的黏稠度高，品温上升快，促进酱油色泽生成，但对于水解率与原料利用率不利；拌盐水量多，酱醅品温上升缓慢，酱油的色泽淡，但可以提高原料利用率。

2. 酱油香气的形成

酱油的香气是评价成品质量优劣的主要标准之一。酱油中的香气成分由大豆和小麦成分经曲霉菌分解和耐盐酵母菌、耐盐乳酸菌发酵生成的物质以及化学反应生成成分组成，包括醇、酮、醛、酯、酚及含硫化合物等。由小麦中的配糖体和木质素经曲霉分解后生成的4-乙基酚等烷基酚类的含量，对酱油香气影响很大。

3. 酱油五味的形成

优质酱油滋味应鲜美而醇厚、调和，不应有酸味、苦涩味，虽然在酱油中含有18%左右的食盐，但在味觉上不能突出咸味；含有多种有机酸而不能感觉其酸味；含有多种氨基酸而应突出其鲜味；含有多种醇类而不能突出其酒味；含有多种酯类、酚类、醛类化合物不产生异味。达到这些要求就是五味调和的好酱油。

(1) 甜味　酱油中的甜味主要来源于糖类，主要有葡萄糖、果糖、阿拉伯糖、木糖、麦芽糖、异麦芽糖等。另外，具有甜味的氨基酸如甘氨酸、丙氨酸、丝氨酸等也提供甜味，氨基酸含量因酱油品种和原料配比而有显著的差别。在发酵过程中，淀粉质原料分解后形成糖类物质，大豆中的糖如棉籽糖、水苏糖等经酶水解均转化为葡萄糖，小麦中的淀粉经酶水解均变为葡萄糖。

(2) 酸味　酱油中酸味来自有机酸如柠檬酸、谷氨酸、琥珀酸、丙酮酸、乳酸、乙酸、α-酮戊二酸、异丁酸等，这些有机酸使酱油的强烈咸味变得温和，有机酸的种类和数量取决于生产过程中微生物的活动状态。

(3) 咸味　酱油中的咸味来自所含的盐类，成品中含盐量一般在18%左右。由于酱油中含有大量的有机酸和氨基酸使得酱油的咸味不那样强烈，随着酱油的成熟，肽及氨基酸含量的增加使得咸味变得柔和，如果加入甜味料和味精，咸味就会变得缓和。

(4) 苦味　普通酱油感觉不到任何苦味，但如果发酵过程中产生的谷氨酸含量较少，就会出现苦味。苦味的来源有两个：一是某些苦味氨基酸及肽，在酒精发酵过程中也会产生一些苦味的物质，如乙醛（有苦杏仁味），一般情况下，发酵初期有苦味成分，随着水解的进行，苦味逐渐消失，增加了鲜味，最后成为调和的良好风味；二是食盐中的杂质所带苦味，如氯化镁、氯化钙等氯化物均有一定的苦味，所以使用食盐时尽可能使用优质盐或陈盐，避免苦味过大，影响酱油的风味。

(5) 鲜味　主要有氨基酸及肽类，有少部分来自葡萄糖生成的谷氨酸。这些鲜味成分几乎全部来自大豆蛋白及小麦蛋白的分解。

4. 酱油的异味

酱油的异味指成品中的鲜、甜、酸、咸、苦味不调和，酸苦味突出而有臭味。造成酱油酸味突出的主要原因是：制曲过程中产酸菌污染严重，使之在发酵初期产生了大量的有机酸；发酵时温度低、含盐量少也容易造成产酸过多的现象。酱油中的苦味主要来源于食盐中杂质如卤汁等；成曲培养时间过长，形成了大量的孢子，也会增加酱油的苦味，高温发酵也是酱油高温时较臭和有苦味的原因之一。造成成品有臭味的因素较多。制曲时，污染了腐败性细菌如枯草芽孢杆菌，在发酵时它会分解氨基酸生成游离的氨，形成了酱油的“氨臭味”。制醅时，使用了长膜、有异味的三淋水拌曲，发酵时这些腐败菌加速繁殖，代谢一定量的异味物质。水浴保温层中的水，由于发酵池有透水现象，也会进入酱醪和成品中，加重了成品酱油中的异臭味。在春、冬季节，室内外温差较大，发酵室内有许多冷凝水进入到醪醅中，这些污染了大量杂菌的冷凝水，会在表面封闭不严、盖面盐少的酱醅表面繁殖生长，长出一层绒毛状的菌丝，增加了酱醅表面的黏度和恶臭味。因此，制曲时，要防止冷凝水的侵入，经常检查发酵池是否漏水，适当增加酱醅表面的盐度和水分，不要用高温发酵的方法，避免“高温臭”产生。

四、酱油生产工艺

酱油生产（酿造）工艺一般分为原料处理、制曲、发酵、浸提与消毒四个阶段。其中，制曲包括种曲和成曲。

酱油酿造工艺流程如下：

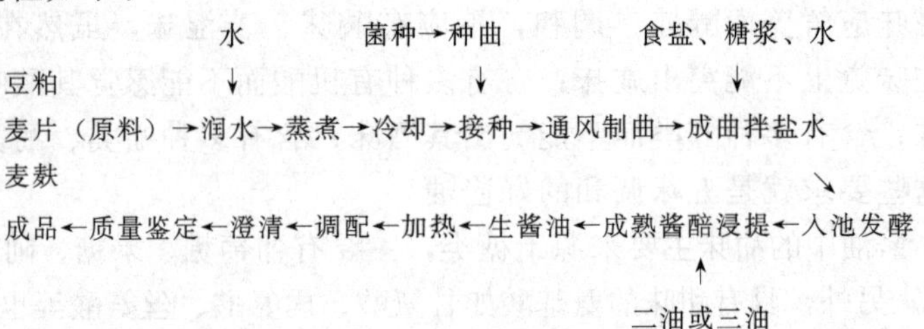

1. 种曲

酱油酿造所用的种曲是曲霉孢子经斜面试管、锥形瓶逐级扩大培养得到的用来接种于制曲的原料上而得到的培养物。优良的种曲能使曲霉充分繁殖，不仅决定酱油种曲的质量，而且影响酱醪的成熟速度和成品的质量。

（1）根据菌种种类分　根据菌种种类的多少可分为单菌种制曲、多菌种制曲（强化种曲）。单菌种制曲是目前大多数厂家采用的方法，它具有工艺条件容易控制、操作简单、劳动强度小等优点。多菌种制曲是在米曲霉中再加入一些其他微生物，如黑曲霉、酵母菌、乳酸菌、绿色木霉等，但工艺复杂，制备种曲条件不易控制，要防止菌种之间的交叉污染。

（2）种曲制备方法　根据种曲制备方法不同分为木盘种曲、自动种曲培养机种曲和曲精等。用木盘种曲保温、保湿性能好，但倒盘时劳动强度大，木盘易损坏，不易灭菌。自动种曲培养机由培养罐体、接种装置、空气除菌装置、加湿除菌装置、温度调节装置、湿度调节装置、控制柜等组成。种曲培养处在密闭的环境中，能保持最有利于米曲霉生长的湿度和温度的环境，自动化程度高，孢子数多，酶活力高，杂菌少，劳动强度低。曲精是成熟种曲孢子的集合体，是专业化企业生产的酱油制曲的种子。制曲时用量只有曲料的0.05%。曲精水分少，长期保存失活速度慢，适合于中小企业使用。

2. 种曲制作过程（木盘种曲）

种曲制作过程如下：

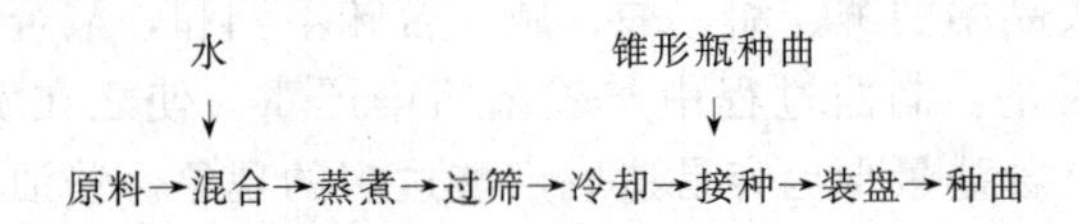

3. 制曲

制曲是种曲的扩大培养过程，此过程中微生物完成了各种酶的分泌、积累。成曲质量直接影响原料利用率、成品风味。制曲有大曲制曲、厚层通风制曲、圆盘制曲等方式。

制曲原料的处理是酱油生产过程中的一个重要阶段，处理是否得当直接影响制曲的难易、曲的质量、酱醪的成熟、出油的多少、酱油的质量以及原料利用率等。原料处理得好，对产品质量及原料利用率提高是有很大帮助的。

制曲工艺流程如下：

水（↓润料）　种曲（↓接种）

原料→粉碎→润料→蒸煮→冷却→接种→装池→培养→成曲

4. 酱油发酵

发酵是酿造酱油过程中极为重要的一个工艺环节，直接影响酱油的质量与原料的利用率。考虑出油率或原料利用率，温度采用以先中温（40～50℃）后高温（50～55℃）型的工艺较好，而考虑酱油的色泽以高温型最好。低温发酵（35～36℃）盐水浓度要提高，否则容易引起酱醅酸败。我国大部分地区多采用先高后低型。

（1）低盐固态发酵法　低盐固态发酵是以脱脂大豆及麦麸为原料，经蒸煮、曲霉菌制曲后与11～13°Bé盐水混合成固态酱醅，经微生物分泌的酶分解，形成酱油色、香、味、体的过程。低盐固态发酵法工艺流程如下：

食盐、水→溶解（↓拌入发酵容器）

成曲→拌入发酵容器→酱醅保温发酵→成熟酱醅

（2）淋浇法发酵　淋浇法就是将发酵池底下的酱油，用水泵抽取回浇于酱醅表面的方法。淋浇法发酵是低盐固态发酵方法的一种，它弥补了厚层发酵法中酱醅中的酶不易浸出、品温上升快、不易控制等不足之处。淋浇一般采用自循环淋浇以减少酱汁中的热量损失。

（3）高盐稀态法发酵　高盐稀态发酵法是指成曲中加入大量、高浓度的盐水，使酱醅呈流动状态进行的发酵方法。高盐稀态发酵法制得的酱油具有酯香气足、色泽浅的特点，有利于机械化和自动化生产。

高盐稀态发酵工艺流程如下：

成曲→稀酱醪→翻拌→保温发酵→成熟酱醅→压榨→生酱油→加热

盐水（食盐、水）（↑稀酱醪）

成品←澄清（↖加热）

5. 酱油的提取

酱醅成熟后利用浸出方法提取酱油的工艺简称为浸出法，它包括浸取、洗涤和过滤三个主要过程。浸取是将酱醅所含的可溶性有效成分渗透到浸出液中的过程；洗涤将浸取后还残留在酱醅颗粒表面及颗粒与颗粒之间所夹带的浸出液以水洗涤加以回收；过滤是将浸出液、洗涤液与固体酱醅分离的过程。

浸出法工艺流程如下：

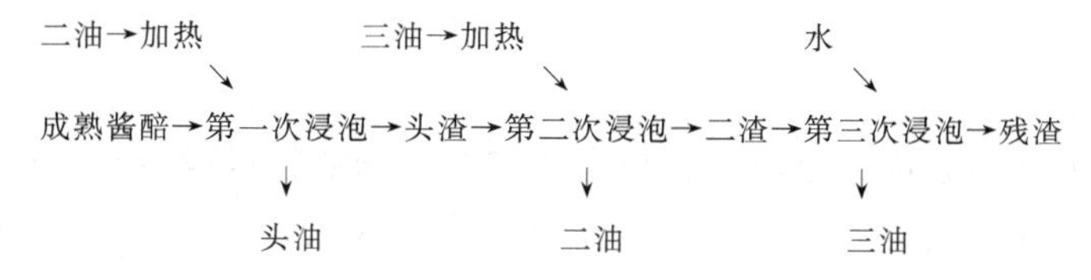

6. 酱油的杀菌、配制

（1）酱油的加热灭菌　生酱油含有大量微生物，风味、色泽较差，且浑浊。加热目的有：杀灭酱油中的残存微生物，延长酱油的保质期；破坏微生物所产生的酶，特别是脱羧酶和磷酸单酯酶，避免继续分解氨基酸而降低酱油的质量；可起到澄清、调和香味、增加色泽的作用。除去悬浮物，使蛋白质发生絮状沉淀，可带动悬浮物及其他杂质一起下沉；破坏酱油中的酶类，使酱油质量稳定。加热的条件为：①90℃，15～20min，灭菌率为85%。②超高温瞬时灭菌135℃，0.78MPa，3～5s达到全灭菌。

（2）成品酱油的配制　因为每批酿造酱油质量会出现差异，故需要进行适当的配制。配制是将每批生成的头油和二油按统一的质量标准进行配兑，使成品达到感官指标、理化指标和卫生指标的质量标准。此外，由于各地风俗习惯不同，口味不同，对酱油的要求也不同，因此还可以在原来酱油的基础上，分别调配助鲜剂、甜味剂以及其他各种香辛料等以增加酱油的花色品种。常用的助鲜剂有谷氨酸钠（味精），强烈助鲜剂有肌苷酸和鸟苷酸，甜味剂有砂糖、饴糖和甘草，香辛料有花椒、丁香、桂皮、大茴香、小茴香等。酱油的理化指标有多项，一般均以氨基酸态氮、全氮和氨基酸生成率来计算。

（3）酱油的澄清　生酱油经过加热灭菌后，一些可溶性差的物质发生“聚结”现象，使酱油成品浑浊。形成酱油沉淀物的原因有很多，如N性蛋白质的存在、原料分解不彻底、杂菌污染等。澄清就是把这些沉淀物除去，提高酱油澄清度和产品质量。澄清过程要防止闷热变质，一般要一周时间。澄清产生的沉淀物，可以进入二次过滤（回淋），也可以作为制醅用水拌曲入罐重新发酵，每天生产的酱油应注入贮藏罐中，沉淀贮藏容器大厂基本以罐为主，中小厂以陶瓷罐为主，也有厂家以水泥构筑贮油池。酱油在贮藏时，发生生物化学变化，色泽加深、香气改善、水分减少等。贮藏时要防止冷热酱油的混合引起酱油风味变化和变质。贮藏时最好能在低温下，要经常搅动以避免酱油生白。定期清洗贮藏容器，消除剩余的浑浊物。

（4）包装　酱油包装容器有瓶（袋）、塑料桶和缸等。瓶（袋）装适合于家庭，销售时以瓶（袋）为佳，因瓶装易于清洗灭菌，具有食用期短、易运输的特点；塑料桶、缸、木桶多用于商店、食堂。装酱油前，所用容器必须刷洗干净并进行灭菌，防止杂菌污染而引起酱油腐败。要明确出厂日期，以便随时检查产品质量和贮藏效果。

（5）酱油贮存与运输　产品应贮存在阴凉、干燥、通风的专用仓库内；瓶装产品的保质期应不低于12个月；袋装产品的保质期应不低于6个月。产品在运输过程中应轻拿轻放，防止日晒雨淋，运输工具应清洁卫生，不得与有毒、有污染的物品共同运输。

加热杀菌及配制工艺流程：

助鲜剂、甜味剂、防腐剂
↘
生酱油→加热→配制→澄清→质量鉴定→各级成品

第五节　食醋酿造工艺

酿造食醋是单独或混合使用各种含有淀粉、糖的物料或酒精，经微生物发酵酿制而成的液体调味品。我国是世界上最早使用谷物酿醋的国家，酿醋有3000多年的历史。世界上著名的传统食醋有意大利传统香脂醋、日本米醋、西班牙葡萄酒醋等，以及我国传统的“四大名醋”。食醋的主要成分为醋酸，同时还含有乳酸、葡萄糖酸、琥珀酸、氨基酸、糖、钙、磷、铁、维生素等物质。食醋不仅味酸而醇厚，液香而柔和，是烹饪中不可缺少的调味品，而且有软化血管、帮助消化、杀菌消炎、促进食欲、抗衰老等功效。

一、食醋分类及酿造原料

1. 食醋分类

由于食醋酿造的地区不同，地理环境、原料与工艺存在差异，形成了品种繁多、风味不同的食醋。食醋按制醋的生产工艺来分，可分为酿造醋和调配醋。食醋按原料处理方法来分，粮食原料不经过蒸煮糊化处理，直接用来制成的醋，称为生料醋；经过蒸煮糊化处理后酿制的醋，称为熟料醋。若按制醋用糖化曲分类，食醋则有麸曲醋、老法曲醋之分。若按醋酸发酵方式分，食醋则有固态发酵醋、液态发酵醋和固稀发酵醋之分。食醋若按颜色分类，则有浓色醋、淡色醋、白醋之分。若按风味分类，陈醋的醋香味较浓，熏醋具有特殊的焦香味，甜醋则添加有中药材、植物性香料等。

国家行业标准（SB/T 10174—1993）根据生产原料不同，将酿造醋分为以下 6 种：

（1）粮谷醋　以各种谷类或薯类为主要原料制成的酿造醋。

① 陈醋　以高粱为主要原料、大曲为发酵剂，采用固态醋酸发酵，经陈酿而成的粮谷醋。

② 香醋　以糯米为主要原料、小曲为发酵剂，采用固态分层醋酸发酵，经陈酿而成的粮谷醋。

③ 麸醋　以麸为主要原料、采用固态发酵工艺酿制而成的粮谷醋。

④ 米醋　以大米（糯米、粳米、籼米）为主要原料，采用固态或液态发酵工艺酿制而成的粮谷醋。

⑤ 熏醋　将固态发酵成熟的全部或部分醋醅，经间接加热熏烤成为熏醅，再经浸淋而成的粮谷醋。

⑥ 谷薯醋　以谷类（大米除外）或薯类为原料，采用固态或液态发酵工艺酿制而成的粮谷醋。

（2）酒精醋　以酒精为主要原料制成的酿造醋。

（3）糖醋　以各种糖类为主要原料制成的酿造醋。

（4）酒醋　以各种酒类为主要原料制成的酿造醋。

（5）果醋　以各种水果为主要原料制成的酿造醋。

（6）再制醋　在冰醋酸或醋酸的稀释液里添加糖类、酸味剂、调味剂、食盐、香辛料、食用色素、酿造醋等制成的食醋。

2. 食醋酿造的原料

酿醋原料一般分为主料、辅料、填充物和添加剂四类。

（1）主料　酿造食醋的主要原料有淀粉质原料，如谷物、薯类、野生植物；酒质原料，如酒精、酒糟等。长江以南习惯采用大米和糯米为酿醋原料，长江以北多以高粱、玉米、小米为酿醋原料，东北地区以酒精、白酒为主料酿制酒醋。制曲原料常用小麦、大麦、豌豆等。

采用原料不同，酿造出食醋成品的风味也有所不同，比如高粱含有一定量的单宁，由高粱酿出的食醋芳香；糯米酿制的食醋残留的糊精和低聚糖较多，口味浓甜；大米蛋白质含量低、杂质少，酿制出的食醋纯净；玉米含有较多的植酸，发酵时能促进醇甜物质的生成，所以玉米醋甜味突出。

① 粮食类　我国目前制醋多以含淀粉质的粮食为基本原料。粮食原料中淀粉含量丰富，还含有蛋白质、脂肪、纤维素、维生素和矿物质等成分。常用于制醋的粮食主要有高粱、玉米、大米（糯米、粳米、籼米）、小米、青稞、大麦、小麦。

② 薯类　薯类含有丰富的淀粉，并且原料淀粉颗粒大，蒸煮易糊化，是经济易得的酿醋原料。用薯类原料酿醋可以大大节约粮食，常用的薯类原料有甘薯、马铃薯和木薯等。

③ 农产品加工副产物　一些农产品加工后的副产物含有较为丰富的淀粉、糖或酒精，可以作为酿醋的粮食代用原料，如碎米、淀粉渣、醪糟、糖蜜等。生产中要注意其成分并进行适当调整。

④ 果蔬类原料　可以利用水果和含有较多糖分和淀粉的蔬菜为原料酿醋。常用的水果有柿子、苹果、菠萝等的残果、次果、落果或果品加工后的皮、屑、仁等，能用于酿醋的蔬菜有番茄、山药、瓜类等。

⑤ 野生植物原料　如橡子、酸枣、蕨根等。

⑥ 酒类　如白酒等。

（2）辅料　酿醋需要较多的辅助原料，它们不但含有糖类，而且还有丰富的蛋白质和矿物质，能为微生物提供营养物质，并增加食醋中的糖分和氨基酸含量，形成食醋的色、香、味成分。一般采用细谷糠、麸皮、米糠、高粱糠、豆粕等作为辅助原料。在固态发酵中，辅料还起着吸收水分、疏松醋醅、贮存空气的作用。

（3）填充物　固态发酵酿醋及速酿法制醋都需要填充物，其主要作用是疏松醋醅，使空气流通，以利醋酸菌好氧发酵。填充物要求疏松，有适当的硬度和惰性，没有异味，表面积大。酿醋常使用的填充料一般有谷壳、稻壳、粗谷糠、高粱壳、木刨花、玉米秸秆、玉米芯、木炭、瓷料等。

（4）添加剂　添加剂能不同程度地提高固形物在食醋中的含量，同时对食醋色、香、味、体的改善有益。酿制食醋的添加剂主要有以下几种：

① 食盐　食盐起到调和食醋风味的作用，醋醅发酵成熟后加入食盐能抑制醋酸菌的活动，防止醋酸菌分解醋酸。

② 砂糖　砂糖有增加甜味的作用。

③ 香辛料　茴香、桂皮、生姜等香辛料赋予食醋特殊的风味。

④ 炒米色　增加成品醋的色泽和香气。

3. 食醋生产的技术指标

（1）总酸　即食醋产品有机酸的含量指标。总酸含量越高，表示食醋酸味越浓。食醋的酸度以乙酸计，一般在 3.50～8.00g/100mL。

（2）不挥发酸　食醋中含有多种有机酸，如琥珀酸、苹果酸、柠檬酸、酒石酸、葡萄糖酸和乳酸等，不挥发酸指标影响着食醋的风味和醇度，含量越高，食醋的风味越好，滋味越柔和。一般固态发酵食醋中不挥发酸含量不小于 0.50g/100mL。

（3）氨基态氮　该指标是表示酿造食醋中蛋白质分解程度的高低，是原产地地域标准与通用国家标准的重要差异指标之一，其含量越高，表示蛋白质利用率越高，食醋的鲜美滋味越好。企业按食醋品种不同有内控指标，醋酸度越高，其含量也就越高，一般不小于 0.10g/100mL。

(4) 可溶性无盐固形物　该指标是指食醋中除水、食盐、不溶性物质（如淀粉、纤维素、灰分等）外的其他物质的含量，主要是有机酸类、糖类、氨基酸类等物质，是影响食醋风味的重要指标，固态酿造食醋不小于1.00g/100mL，而液态酿造食醋不小于0.50g/100mL。

(5) 还原糖　从糖化、酒精发酵结束、醋酸发酵结束到熟醋勾兑，都有不同的标准要求。还原糖是生产中产酸能力的高低和发酵程度好坏的指示指标，在成品中也是风味物质的标示之一。还原糖还能反映成品的酸甜比，还原糖的存在，使食醋口感酸而不涩、香而微甜，滋味更柔和。

(6) 铅、砷含量　该指标主要表示食醋制作过程中重金属溶解于其中的含量，是食醋的卫生标准之一。

(7) 黄曲霉毒素　该指标是食醋卫生标准之一，它能标示原料（糯米、麸皮、糠）是否霉变。

(8) 游离矿酸　按国家卫生标准规定以粮食为原料酿造的食醋，不得有游离矿酸（硫酸、盐酸、硝酸、磷酸等）存在。醋中有游离矿酸成分，食用后轻者造成消化不良、腹泻，长期食用会危害身体健康。

(9) 微生物指标、菌落总数　是指食品检样经过处理后，在一定的条件下（如培养基成分、培养温度和时间、pH、需氧性质等）培养后，所得1mL检样中所含菌落的总数，主要作为判定食品被污染程度的标志，标示产品的卫生状况。

二、酿造食醋的主要微生物及糖化发酵剂

1. 传统食醋生产中主要微生物及变化

在食醋传统生产工艺中，微生物自然地进入生产原料中富集、繁殖，自发地形成了以曲霉菌、酵母菌和醋酸菌为主的稳定群落结构。其中曲霉菌能使淀粉水解成糖，使蛋白质水解成氨基酸；酵母菌能使糖转变成酒精；醋酸菌能使酒精氧化成醋酸。食醋发酵就是这些菌群参与并协同作用的结果。这些功能微生物能够产生大量的风味物质，赋予了食醋独特的风味和重要的营养价值。在固态发酵工艺中，一般通过添加曲等发酵剂来促进原料中淀粉的糖化。曲中含有丰富的微生物，是食醋酿造阶段微生物的主要来源。

不同的生产原料、环境、加工工艺会对食醋的风味造成一定的影响。山西老陈醋酿造过程中酒精发酵酵母菌有德克酵母属、酒香酵母属、卵孢酵母属、克鲁弗氏酵母属、毕赤酵母属，醋酸发酵产酸菌为植物乳杆菌和巴斯德醋酸杆菌。老陈醋酿造过程中微生物的变化规律为，在酒醅发酵过程中，酵母菌和细菌是其主要菌落，数量的变化比较大，变化趋势是先增后减，代谢产物中乙醇的产量持续增加；在醋醅发酵过程中，主要的菌群是醋酸菌，其他菌群的数量较少，所有的菌群都随着发酵过程的进行逐渐进入残留期，代谢产物的种类在此阶段比较丰富。

2. 食醋酿造的主要微生物作用

(1) 霉菌　在食醋的酿造过程中，霉菌的功能是分泌大量的酶，将淀粉、蛋白质等大分子物质水解为糊精、葡萄糖、多肽和氨基酸等，常用以制成糖化曲。霉菌可分为黑曲霉群和黄曲霉群两大类。

① 黑曲霉　生长适宜温度为37℃，最适pH值为4.5～5.0。其分生孢子穗呈黑色或紫褐色，顶囊大，球形，有两层小梗，着生球形分生孢子，除分泌糖化酶、液化酶、蛋白酶、

单宁酶外，还有果胶酶、纤维素酶、脂肪酶、氧化酶。常用于酿醋的优良菌株有乌沙米曲霉（*As. usamii*，又称宇佐美曲霉）、黑曲霉（*As.* 3.4309）、甘薯曲霉（*As.* 3.324）。

② 黄曲霉（*As. flavus*） 最适生长温度为37℃，菌落生长较快，结构疏松，表面为灰绿色，背面无色或略呈褐色。菌体由许多复杂的分枝菌丝构成。黄曲霉的分生孢子穗呈黄绿色，发育过程中菌丛由白色转为黄色，最后变为黄绿色，衰老的菌落则呈黄褐色。黄曲霉分生孢子梗、顶囊、小梗和分生孢子合成孢子头，可产生淀粉酶、蛋白酶和磷酸二酯酶等。黄曲霉菌群的菌株还可产生纤维素酶、转化酶、菊糖酶、脂肪酶、氧化酶等。黄曲霉菌群包括黄曲霉和米曲霉，黄曲霉中的某些菌株会产生对人体致癌的黄曲霉毒素，为安全起见，必须对菌株进行严格检测，确认无黄曲霉毒素时方能使用。常用的米曲霉菌株有沪酿 3.040、沪酿 3.042（*As.* 3.951）、*As.* 3.863 等，黄曲霉菌株有 *As.* 3.800、*As.* 3.384 等。

（2）酵母菌 在食醋酿造过程中，淀粉质原料经糖化曲的作用产生葡萄糖，酵母菌则通过其酒化酶系将葡萄糖转化为酒精和二氧化碳，完成酿醋过程中的酒精发酵阶段。除酒化酶系外，酵母菌还分泌麦芽糖酶、蔗糖酶、转化酶、乳糖分解酶及脂肪酶等。在酵母菌的酒精发酵阶段，除生成酒精外，还有少量的有机酸、杂醇油、酯类等物质生成，这些物质对形成醋的风味有一定的作用。在醋酸发酵阶段，随着酵母菌在醋醅中自然降解，其中的一些营养物质也释放到醋醅中，能够被其他微生物利用。因此，酵母菌的作用除将糖转化为酒精外，还能形成醋风味物质。在传统食醋的酿造过程中，乙醇在酵母菌和醋酸菌的竞争中起着关键作用，高浓度的乙醇能够抑制醋酸菌的增殖。

酵母菌培养和发酵的最适温度是 25～30℃，酿醋用的酵母菌与生产酒类使用的酵母菌相同。北方地区常用 1300 酵母菌，上海香醋酿制使用黄酒酵母菌（工农 501）。南阳混合酵母菌（1308 酵母菌）适合于高粱原料及速酿醋生产；克鲁维酵母菌适用于高粱、大米、甘薯等多种原料酿制普通食醋；适用于淀粉质原料酿醋的有 AS2.109、AS2.399；适用于糖蜜原料的有 AS2.1189、AS2.1190。另外，为了增加食醋香气，有的企业或加工厂还添加了产酯能力强的产酯酵母菌进行混合发酵，使用的菌株有 AS2.300、AS2.338 以及中国食品发酵工业研究院的 1295 和 1312 等产酯酵母菌。

（3）醋酸菌 醋酸菌能将酒精氧化生成醋酸，具有较高的醋酸耐受性。其主要功能是氧化酶和乙醇，可以将乙醇氧化为高浓度的醋酸，同时还能生成大量的其他有机酸。醋酸菌分为醋酸杆菌和葡萄糖杆菌两大类，醋酸杆菌在 39℃下可以生长，增殖最适温度在 30℃以上，主要作用是将乙醇氧化为醋酸，在缺少乙醇的醋醅中，会继续把醋酸氧化成 CO_2 和 H_2O，也能微弱氧化葡萄糖为葡萄糖酸，常见菌有沪酿 1.01 醋酸菌（*Ace. iovaniense*）、恶臭醋酸杆菌（*Ace. rancens*）、许氏醋酸杆菌（*Ace. schuenbachii*）。葡萄糖杆菌能在低温下生长，增殖最适温度在 30℃以下，主要作用是将葡萄糖氧化为葡萄糖酸，也能微弱氧化酒精生成醋酸，但不能把醋酸氧化为 CO_2 和 H_2O。酿醋用醋酸菌菌株大多属于醋酸杆菌属，仅在老法酿醋醋醅中发现葡萄糖氧化杆菌属的菌株。

（4）其他微生物 在食醋固态发酵过程中，微生物群落结构复杂，其中有些重要功能的微生物如乳酸菌、芽孢杆菌等对食醋的风味也有着积极的影响。在食醋中含量最多的不挥发酸是乳酸，主要来源于乳酸菌。食醋中的乳酸菌主要属于乳杆菌属，其主要功能是产生大量的乳酸，能够缓解食醋刺激的酸味，改善口感。在食醋风味成分中，醋酸和乳酸是两种最主要的有机酸。芽孢杆菌是一类好氧菌，主要功能是通过三羧酸循环途径产生有机酸，这些有机酸可以改善食醋中由醋酸造成的刺激的酸味，使口感变得柔和。另外，芽孢杆菌产生的具有高度活性的蛋白酶可以将蛋白质水解成氨基酸，对食醋的风味和颜色起着重要的作用。

3. 酿醋用糖化发酵剂（糖化剂）

（1）糖化剂　糖化剂是把淀粉转变成可发酵性糖所用的微生物培养物或酶制剂。我国食醋生产采用的糖化剂，主要有以下六种类型：

① 大曲　大曲作为生产大曲白酒的糖化发酵剂，我国一些名优食醋生产企业采用大曲作为糖化发酵剂来酿醋。它是以根霉、毛霉、曲霉和酵母为主，兼有野生菌杂生而配制成的糖化剂。大曲作为糖化剂的优点是微生物种类多，成醋风味佳，香气浓，质量好，也便于保管和运输；其缺点是制作工艺复杂，糖化力弱，淀粉利用率低，用曲量大，生产周期长，出醋率低，成本较高。

② 小曲　小曲酿制的醋品味纯正，颇受江南消费者欢迎，小曲也是我国的传统曲种之一。小曲是以碎米、大麦为制曲原料，有的添加草药利用野生菌或接入曲母制备。小曲中主要微生物是根霉及酵母。小曲的优点是糖化力强，用量少，便于运输和保管；其缺点是对原料的选择性强，适用于糯米、大米、高粱等原料，对于薯类及野生植物原料的适应性差。

③ 麸曲　麸曲是国内酿醋厂普遍采用的糖化剂。它是以麸曲为制曲原料，接种纯培养的曲霉菌，以固体法培养而制得的曲。其优点为糖化力强，出醋率高，生产成本低，对原料适应性强，制曲周期短。

④ 液体曲　液体曲就是在发酵罐内深层培养制得的霉菌培养液，含有淀粉酶及糖化酶，可直接代替固体曲用于酿醋。液体曲的优点是生产机械化程度高，生产效率高，出醋率高；缺点是生产设备投资大，技术要求高，酿制出的醋香气较淡，醋质较差，这也是今后还需改进和提高的方面。

⑤ 红曲　红曲被广泛用于食品增色剂及红曲醋、玫瑰醋的酿造。红曲是将红曲霉接种培养于米饭上，使其分泌出红色素和黄色素，并产生较强活力的糖化酶，是我国特色曲。

⑥ 酶制剂　采用酶制剂作为生产食醋的糖化剂，还是比较新型的生产技术。酶制剂在酿醋中作为单一糖化剂应用不多，常用作辅助糖化剂以提高糖化质量。

（2）酿醋发酵剂

① 酒母　酵母菌完成将糖化醪进行酒精发酵的任务。酒母就是能将糖类发酵成乙醇的人工酵母培养液，在酿酒、酿醋中被广泛使用。传统的酿醋工艺是在酒精发酵基础上依靠曲中以及空气中落入物料的酵母菌自然接种、繁殖后进行生产的。由于依靠自然接种，菌种多而杂，优点是酿制出的食醋风味好、口味醇厚，缺点是质量很难保证稳定，而且出醋率低。现在常采用人工选育优良酵母菌菌种用于酿醋，大大提高了生产效率，出醋率提高，产品质量稳定性好。在菌种的选择方面，酿醋常用的酵母菌基本上与酿酒相同。发酵性能良好的酵母菌有拉斯 2 号、拉斯 12 号、K 氏酵母菌、南阳 5 号等菌株，还有一些产醋酵母菌，如 AS2.300、AS2.338、汉逊酵母菌等。

② 醋母　醋母原意是“醋酸发酵之母”，就是含有大量醋酸菌的培养液，完成将酒精发酵生成醋酸的任务。传统法酿醋，是依靠空气、原料、曲子、用具等上面附着的野生醋酸菌，自然进入醋醅进行醋酸发酵的，因此，生成周期长、出醋率低。现在多使用人工选育的醋酸菌，通过扩大培养得到的醋酸菌种子即醋母，再将其接入醋醅或醋醪中进行醋酸发酵，使生产效率大为提高。目前，国内生产厂家应用的纯种培养大多为沪酿 1.01 和中科 1.41。

三、食醋酿造基本原理

食醋的酿造是由众多微生物参与的生物转化过程。传统酿造工艺按发酵状态可分为固态发酵和液态发酵，使用淀粉质原料固态发酵通常包括淀粉糖化、酒精发酵和醋酸发酵三个阶段，液态发酵包括酒精发酵和醋酸发酵两个阶段。

酿醋采用淀粉质原料要先经蒸煮、糊化、液化、糖化，使淀粉变为糖，再由酵母菌使糖类发酵生成乙醇，然后在醋酸菌作用下将乙醇氧化成醋酸。以糖质原料酿醋，可使用葡萄、苹果、柿子、枣等，也可使用蜂蜜及糖蜜为原料（需经酒精发酵和醋酸发酵两个生化阶段制醋）。以酒类为原料，加醋酸菌经醋酸发酵产生醋酸。食醋生产中的醋酸发酵大多数是敞口操作的，酿醋过程中由于微生物的活动，发生着复杂的生化作用，这些复杂的反应形成了食醋的主体成分和色、香、味、体。

1. 酿醋中的生化作用

（1）糖化作用　淀粉质原料经润水、蒸煮、糊化及酶的液化成为溶解状态，由于酵母菌缺少淀粉水解酶系，需要借助于糖化的作用使淀粉转化为葡萄糖供酵母菌利用。成曲中起糖化作用的酶主要有属于内切酶的淀粉酶（α-1,4-糊精酶，又称液化酶）、属于外切酶的α-1,4-葡萄糖苷酶（又称糖化酶）以及专一性地作用于分支淀粉分支点的α-1,6-糊精酶和对分支淀粉中带有一条多糖直链分支的α-1,6键有作用的α-1,6-糖苷酶。

（2）酒精发酵　酵母菌是兼性厌氧菌，酒精发酵是酵母菌在厌氧条件下，经细胞内一系列酶的催化作用，把可发酵性糖转化生成酒精和CO_2，然后排出体外。把参与酒精发酵的酶称为酒化酶系，它包括糖酵解途径的各种酶以及丙酮酸脱羧酶、乙醇脱氢酶。酒精发酵后除生成酒精和CO_2外，还可生成醛类物质、甘油、高级醇、有机酸、微量酯类。

（3）醋酸发酵　酒精在醋酸菌氧化酶的作用下生成醋酸。用醋酸菌进行醋酸发酵，除生成醋酸外，也会有少量其他有机酸和酯类物质生成。

2. 食醋色、香、味、体

食醋的品质取决于本身的色、香、味三要素，而色、香、味的形成经历了错综复杂的过程，除了发酵过程中形成风味外，很大一部分还与成熟陈酿有关。

（1）色　食醋的“色”来源于原料本身的色素带入醋中，原料预处理时发生化学反应而产生的有色物质进入食醋中，发酵过程中由于化学反应、酶反应而生成的色素，微生物有色代谢产物，熏醅时产生的色素以及进行配制时人工添加的色素。醋中的糖分与氨基酸结合发生美拉德反应是酿造食醋过程中色素形成的主要途径。熏醅时产生的主要是焦糖色素，是多种糖经脱水、缩合而成的混合物，能溶于水，呈黑褐色或红褐色。

（2）香　食醋的“香”来源于食醋酿造过程中产生的酯类、醇类、醛类、酚类等物质，有些食醋还添加茴香、桂皮、陈皮等。酯类以乙酸乙酯为主，其他还有乙酸异戊酯、乳酸乙酯、琥珀酸乙酯、乙酸异丁酯、乙酸甲酯、异戊酸乙酯等。酯类物质一部分是由微生物代谢产生的，另一部分是由有机酸和醇经酯化反应生成的，但酯化反应速率很慢，需要经过陈酿来提高酯类含量，所以速酿醋香气较差。食醋中醇类物质除乙醇外，还有甲醇、丙醇、异丁醇、戊醇等；醛类有乙醛、糖醛、乙缩醛、香草醛、异丁醛、异戊醛等；酚类有4-乙基愈创木酚等。发酵产生的双乙酰、3-羟基丁醇等成分一旦过量会造成食醋香气不良甚至异味等问题。

（3）味　食醋的味道主要是由“酸、甜、鲜、咸”构成的。

① 酸味　食醋是一种酸性调味品，其主体酸味物质是醋酸。醋酸是挥发性酸，酸味强，尖酸突出，有刺激性气味。此外，食醋还含有一定量的不挥发性有机酸，如琥珀酸、苹果酸、柠檬酸、葡萄糖酸、乳酸等，它们的存在可使食醋的酸味变得柔和，假如缺少这些不挥发性有机酸，食醋口感会显得刺激、单薄。

② 甜味　食醋中的甜味物质主要是发酵后的残糖。另外，发酵过程中形成的甘油、二酮等也有甜味，对于甜味不够的醋，可以添加适量蔗糖来提高其甜度。

③ 鲜味　原料中的蛋白质水解产生氨基酸；酵母菌、细菌的菌体自溶后产生各种核苷酸，如5′-鸟苷酸、5′-肌苷酸，它们是强烈的助鲜剂；钠离子是由酿醋过程中加入食盐提供的；食醋因为存在氨基酸、核苷酸的钠盐而呈鲜味。

④ 咸味　酿醋过程中添加食盐，可以使食醋具有适当的咸味，从而使醋的酸味得到缓冲，口感更好。

(4) 体　食醋体态构成主要是由固形物含量决定的。固形物包括有机酸、酯类、糖分、氨基酸、蛋白质、糊精、色素、盐类等。采用淀粉质原料酿制的醋固形物含量高，体态好。

四、食醋酿造工艺

食醋按发酵工艺主要分为固态发酵醋、固稀发酵醋和液态发酵醋三种类型。固态发酵工艺与液态发酵工艺相比有能耗低、废水排放少等优点，但需要的加工场地大，生产周期长。

1. 原料处理

生产前原料要经过检验，霉变等不合格的原料不能用于生产。无论选用何种原料、何种工艺酿造食醋，对原料都要进行处理。

(1) 除去泥沙杂质　制醋原料多为植物原料，在收割、采集和贮运过程中，往往会混入泥沙、金属之类的杂质。谷物原料在投产之前采用风选、筛选等处理方式将原料中的尘土和轻质杂物吹出，并经过几层筛网把谷粒筛选出来。鲜薯要经过洗涤除去表面附着的沙土，洗涤薯类多用搅拌式洗涤机。

(2) 粉碎与水磨　为了扩大原料同糖化曲的接触面积，使有效成分被充分利用，粮食原料应先粉碎，然后再进行蒸煮、糖化。常用的设备有锤击式粉碎机、刀片轧碎机和钢磨等。采用酶法液化通风回流制醋工艺时，用水磨法粉碎原料，淀粉更容易被酶水解，并可避免粉尘飞扬。磨浆时，先浸泡原料，再加水，加水比例以(1∶1.5)～(1∶2.0)为宜。

(3) 原料蒸煮　原料蒸煮的目的是使原料在高温下灭菌，使粉碎后的淀粉质原料润水后在高温条件下蒸煮，使植物组织和细胞破裂，细胞中淀粉被释放出来，淀粉由颗粒状变为溶胶状态，在糖化时更易被淀粉酶水解。蒸煮方法随制醋工艺而异，一般分为煮料发酵法和蒸料发酵法两种。蒸料发酵法是目前固态发酵酿醋中用得最广泛的一种方法，为了便于蒸料糊化，以利于进一步糖化发酵，必须在原料中加入定量的水进行润料，并搅拌均匀，再进行蒸煮。

2. 固态发酵法

固态发酵食醋是以粮食及其副产品为原料，采用固态醋醅发酵酿制而成的食醋。我国食醋生产的传统工艺大都为固态发酵法。采用这类发酵工艺生产的产品，在体态和风味上都具有独特风格。其特点是：发酵醅中配有较多的疏松料，使醋醅呈蓬松的固态，创造一个利于多种微生物生长繁殖的环境。固态发酵培养周期长，发酵方式为开放式，发酵体系中菌种复杂，所以生产出的食醋香气浓郁、口味醇厚、色泽优良。我国著名的大曲醋如山西老陈醋，小曲醋如镇江香醋，药曲醋如四川保宁醋等，都是采用固态发酵法生产的。采用该酿醋工艺，一般每50kg甘薯粉能产含5%醋酸的食醋700kg。

下面利用固态发酵法制麸曲醋为例说明固态发酵酿醋工艺：

谷壳　　　　　　　　　　麸曲、酒母　　　　　　　　　　醋酸菌、粗谷壳
↓　　　　　　　　　　　　↓　　　　　　　　　　　　　↓
原料粉碎→混合→润水→蒸熟→摊凉过筛→拌匀入缸→糖化、酒精发酵→拌匀→
醋酸发酵→加食盐→后熟→淋醋→陈酿→灭菌→配制→检验→包装→成品

(1) 原料配比　高粱粉或薯干100kg、酒母40kg、醋酸菌种子40kg、食盐4～7kg、麸曲20～30kg、麸皮30～60kg、谷壳120～150kg。

(2) 原料处理

① 粉碎和润水　薯干粉碎至2mm以下，高粱粉碎至粗细粉比例约为1∶1。按每100kg高粱粉粒与100kg谷壳的比例拌匀。加入50%水润料3～4h，使原料充分吸收水分。润料时间夏天短，冬天长。以用手握成团，指缝中有水而不滴为宜。

② 蒸料　蒸料分常压蒸料和加压蒸料。常压蒸料是把润好水的原料用扬料机打散，装入常压蒸锅中。注意边上汽边轻撒，装完待上大汽后计时，蒸1h，停火焖1h。加压蒸料常采用旋转式蒸煮锅，在140～150kPa的蒸煮压力下蒸料30min。

③ 摊凉　过筛熟料出锅后，立即用扬料机打散过筛、摊凉降温。冬、春季凉至30～32℃，夏季凉至比室温低1～2℃，撒入麸曲，泼下酒母，翻拌均匀，加入冷水25%～30%，使入池料醅含水量达65%～68%。再通过扬料机打散，团入缸中进行糖化和酒精发酵。

(3) 糖化、酒精发酵　原料入缸后，压实。赶走醅内空气，用无毒塑料布密封缸口进行发酵。糖化和酒精发酵应做到低温下曲、低温入缸、低温发酵。品温过高容易烧曲而降低糖化力。所以，把下曲温度控制在30～32℃。入缸温度低是低温发酵的前提，冬天把入缸温度控制在18～25℃，夏季入缸温度不超过28℃。夏季气温高，可在凉爽的时刻入缸；酒精发酵期间采用降低室温和倒缸的方法使发酵温度控制在28～32℃。夏季采用严密封缸减少氧气、控制品温，采用倒缸降温的效果不理想。发酵期间品温不超过36℃。冬季发酵6～7d，夏季发酵5～6d，品温自动下降，抽样检查酒精含量为6°～8°时，酒精发酵基本结束。

(4) 醋酸发酵　酒精发酵结束后的醅拌入谷壳、粗谷糠和醋酸菌种子液，调制后的醅料松散装入缸或池中进行醋酸发酵。传统酿醋一般不接入醋酸菌，利用自然落入的醋酸菌在醅内繁殖。醋酸发酵过程中品温的变化总是由低到高，再逐渐降低。醋酸发酵室温控制在25～30℃，品温一般为39～42℃，每天按时检查温度，定温定时翻醅倒缸。倒缸操作要迅速，要分层，缸底缸壁要扫尽，做到倒散、倒匀、倒彻底、倒后表面摊平，严封缸口。经过12～15d醋酸发酵，品温开始下降，每天应抽样检查醋酸和酒精的含量。当相连两次化验结果醋酸含量不再增长、残留酒精量甚微、品温降至36℃以下时，醋酸发酵基本结束，醋酸含量能达到7%～7.5%。

(5) 加食盐　食盐一定要在醋酸发酵结束时及时加入，目的是防止成熟醋醅过度氧化。通常夏季加盐量为醋醅的2%，冬季稍少一些，加盐量为醋醅的1.5%。加盐操作先将应加食盐的一半与上半缸醋醅拌匀移入另一个空缸，次日再将剩下的一半盐与下半缸醋醅并为一缸。加盐后盖紧放置2～3d，有时需更长的时间，以作后熟或陈酿，使食醋的香气和色泽得到改善。

(6) 淋醋　淋醋采用淋缸三套循环萃取工艺。淋醋设备有陶瓷淋缸或涂料耐酸水泥池，缸或池内安装木箅，下面设漏口或阀门。淋头醋需浸泡20～24h，淋二醋浸泡10～16h，用清水浸泡淋三醋，浸泡的时间可更短些。三醋淋完后，醋渣中含醋0.1%。最后得到的醋渣可作饲料。淋醋具体工艺如下：

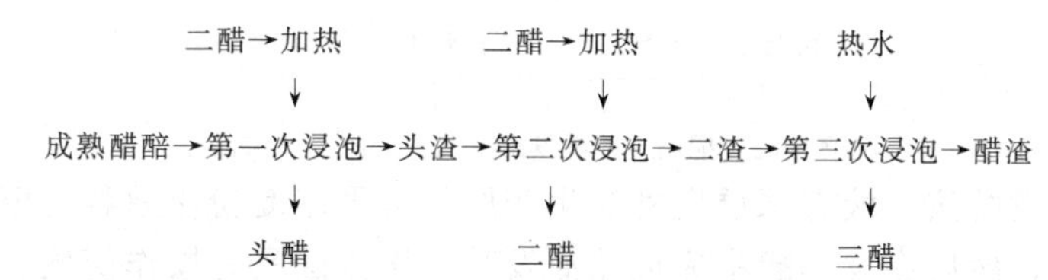

(7) 陈酿　品质较好的醋都要在约20℃的室温下放置1个月或数月，来提高醋的品质、风味、色泽。陈醋分醋醅陈酿和醋液陈酿两种。醋醅陈酿是将加盐后熟的醋醅移入缸内砸实，加盖面盐压层，以泥密封缸口，经过15～20d进行淋醋，并放入室外陶瓷缸内，加盖竹编的尖顶帽，每隔1～2d揭开缸帽晒1d，促进酯化并提高固形物浓度，增加香气，调和滋味，使之澄清透明，色泽鲜艳。醋液陈酿是将淋出的头醋放入缸中，加盖放置1～2个月，注意头醋含酸量应在5%以上。经过陈酿的醋叫作陈醋，镇江香醋陈酿期一般为30d，山西老陈醋陈酿期一般为9～12个月。

(8) 灭菌　食醋的灭菌又称为煎醋。煎醋是通过加热的方法把陈醋或新淋醋中的微生物杀死，并破坏残存的酶，使醋的成分基本稳定下来。同时经过加热处理，醋中各成分也会发生变化，香气更浓，味道更和润。灭菌常用的方法有直火加热和盘管热交换器加热等，直接加热法应防止煎煳，灭菌温度应控制在85～90℃，灭菌时间为40min左右。

(9) 配制　灭菌后的食醋应迅速冷却，加入0.1%的苯甲酸钠或山梨酸钾起到防腐作用，注意高档醋一般不加防腐剂。澄清后装坛封口即为成品。

3. 固稀发酵法酿醋

固稀发酵法酿醋是在食醋酿造过程中酒精发酵阶段采用稀醪发酵，在醋酸发酵阶段采用固态发酵的一种制醋工艺。其特点是出醋率高，并具有固态发酵的特点。北京龙门米醋制醋工艺及现代应用的酶法通风制醋工艺都属于固稀发酵法制醋。酶法液化通风回流制醋的工艺运用了细菌α-淀粉酶对原料处理、液化，提高了原料利用率，以通风回流代替了倒醅，减轻了工人劳动，改善了生产条件，使原料出醋率提高。一般每千克碎米可得8kg成品食醋。

下面以酶法液化通风回流制醋为例，介绍固稀发酵法制醋的工艺流程：

麸曲　酒母
↓　↓
碎米浸泡→磨浆→调浆→加热→液化→糖化→冷却→液体酒精发酵
↓
成品←装坛←加热灭菌←淋醋←加盐←固态醋醅发酵←搅拌入池←麸皮
谷糠
醋酸菌

4. 液态深层发酵生产食醋

液态发酵食醋是以粮食、糖类、果类或酒精为原料，采用液态醋醪发酵酿制而成的食醋。该法生产的食醋风味不及传统发酵的食醋风味好，但比固态发酵法酿醋生产周期短，便于连续化和机械化生产，原料利用率高，产品质量也比较稳定。现代液态发酵酿醋有液体回流发酵法和液体深层发酵法、酶法静置速酿法、连续浅层发酵法等多种方法。

(1) 液体回流发酵法　液体回流发酵法又称淋浇发酵法，又叫速酿法。常用的原料为白酒或酒精生产后的酒精残液。整个发酵过程都在醋塔中完成，食醋卫生条件好，不易污染杂菌，生产稳定，成品洁白透明，质量高。

液体回流发酵法酿醋工艺流程如下：

酵母液、热水　　循环醋

白酒→混合配制→喷淋发酵→醋液→配兑→成品

（2）液态深层发酵法　液态深层发酵法生产原料可采用淀粉质原料、糖蜜、果蔬类原料先制成酒醪或酒液，然后在发酵罐中完成醋液发酵。该方法具有操作简便、生产效率高、不易被杂菌污染的特点。液态深层发酵法多采用自吸式发酵罐，该罐既能满足醋酸发酵需要气泡小、溶解氧多、避免酒精和醋酸挥发的要求，又省去压缩机和空气净化设备，有醋酸转化率高、节约设备投资、降低动力消耗等优点。

液态深层发酵法酿醋工艺流程如下：

酒母、乳酸菌　　醋酸菌

大米→浸泡→磨浆→调浆→液化→糖化→酒精发酵→酒醪→液体深层醋酸发酵→醋醪→压滤→灭菌→配制→成品

5. 其他酿造法

前边介绍的回流发酵法制醋和液体深层发酵法制醋都是新型制醋工艺，除此之外还有生料法、新型固态法等新工艺。

生料制醋与一般的制醋工艺不同的是原料不需要蒸煮，粉碎之后加水进行浸泡，直接进行糖化和发酵。由于未经过蒸煮，淀粉糖化相对困难，所需的糖化时间也相对延长，故糖化时需要大量的麸曲，一般为主料的40%～50%。此外，生料制醋在醋酸发酵阶段要加入较多的麸皮填充料，这样更利于醋酸菌发酵。

新型固态法酿醋采用自动酿醋设备，它结合了固态发酵酿醋和液态发酵酿醋的优点：翻醅自动化、回流自动化、回收酸气、产醋率高、发酵醋醅温度可控、实现10d发酵、超高温灭菌、全年酿醋达到稳产高产。

五、典型酿造食醋生产案例

（一）镇江香醋

镇江香醋是以优质糯米为主要原料，采用独特的加工技术，经过酿酒、制醅、淋醋等三大工艺过程，约40多道工序，前后需要50～60d，才酿造出来的。镇江香醋素以“酸而不涩、香而微甜、色浓味鲜”而蜚声中外。这种醋具有“色、香、味、醇、浓”五大特点，深受广大消费者的欢迎，与山西醋相比，镇江香醋的最大特点在于微甜。镇江香醋的生产工艺流程如下：

酶制剂　酵母　　成熟醋醅　　米色

糯米→粉碎→蒸煮→糖化→酒精发酵→酒醅→拌麸皮→醋酸发酵→封醅→淋醋→浓缩→贮存→成品

1. 生产工艺

（1）原辅料及糖化　生产镇江香醋的主要原料有糯米、麸皮、大糠、盐、米色和麦曲等。米质对镇江香醋的质量、产量有直接的影响，糯米的支链淀粉比例高，所以吸水速度快，黏性大，不易老化，有丰富的营养，有利于酯类芳香物质的生成，对提高食醋风味有很大作用。麸皮能吸收酒醅和水分，起疏松和包容空气的作用，含有丰富的蛋白质，与食醋的风味有密切的关系。大糠主要起疏松酒醅的作用，还能积存和流通空气，利于醋酸菌好氧发酵。糯米经过粉碎后，加水和耐高温淀粉酶，打进蒸煮器进行连续蒸煮，冷却，加糖化酶进行糖化。

（2）酒精发酵　淀粉经过糖化后可得到葡萄糖，将糖化 30min 后的醪液打入发酵罐，再把酵母菌罐内培养好的酒母接入。在发酵罐里酵母菌将葡萄糖经过细胞内一系列酶的作用，生成酒精和 CO_2。酒精发酵分 3 个时期：前发酵期、主发酵期、后发酵期。

① 前发酵期　在酒母与糖化醪打入发酵罐后，这时醪液中的酵母细胞数还不多，由于醪液营养丰富，并有少量的溶解氧，所以酵母细胞能够迅速繁殖，但此时发酵作用还不明显，酒精产量不高，因此发酵醪表面比较平静，糖分消耗较少。前发酵期一般为 8～10h 左右，应及时通气。

② 主发酵期　8～10h 后，酵母菌已大量形成，并达到一定浓度，酵母菌基本停止繁殖，主要进行酒精发酵，醪液中酒精成分逐渐增加，CO_2 随之逸出，有较强的 CO_2 泡沫响声，温度也随之很快上升，这时最好将发酵醪的温度控制在 32～34℃，主发酵期一般为 12h 左右。

③ 后发酵期　后发酵期发酵醪中的糖分大部分已被酵母菌消耗掉，发酵作用十分缓慢。这一阶段发酵，发酵醪中酒精和 CO_2 产生得少，所以产生的热量也不多，发酵醪的温度逐渐下降，温度应控制在 30～32℃。如果醪液温度太低，发酵时间就会延长，这样会影响出酒率，这一时期约需 40h。

（3）醋酸发酵　酒精在醋酸菌的作用下，氧化为乙醛，继续氧化为醋酸，这个过程称为醋酸发酵，在食醋生产中醋酸发酵大多数是敞口操作，是多菌种的混合发酵，整个过程错综复杂，醋酸发酵是食醋生产中的主要环节。

① 提热过杓　将麸皮和酒醅混合，要求无干麸，酒精浓度控制在 5%～7%为好，再取当日已翻过的醋醅作种子，也就是取醋酸菌繁殖旺盛的醋醅作种子，放于拌好麸的酒麸上，用大糠覆盖，第 2 天开始，将大糠、上层发热的醅与下面一层未发热的醅充分拌匀后，再覆盖一层大糠，一般 10d 后可将配比的大糠用完，酒麸也用完开始露底，此操作过程称为过杓。

② 露底　过杓结束，醋酸发酵已达旺盛期。这时应每天将底部的潮醅翻上来，上面的热醅翻下去，要见底，这一操作过程称为露底。在这期间由于醋醅中的酒精含量越来越少，而醋醅的酸度越来越高，品温会逐渐下降，这时每日应及时化验，待醋醅的酸度达最高值，醋醅酸度不再上升甚至出现略有下降的现象时，应立即封醅，转入陈酿阶段，避免过氧化而降低醋醅的酸度。

（4）封醅淋醋　封醅前取样化验，称重下醅，耙平压实，用塑料或尼龙油布盖好，四边用食盐封住，不要留空隙和边缝，防止变质。目的是减少醋醅中的空气，控制过氧化，减少水分、醋酸、酒精挥发。

淋醋采用 3 套循环法。将淋池、沟槽清洗干净，干醅要放在下面，潮醅放在上面，一般上醅量离池口 15cm，加入食盐、米色，用上一批第 2 次淋出的醋液将醅池泡满，数小时后，抹去淋嘴上的小橡皮塞进行淋醋，醋液流入池中，为头醋汁，作为半成品。第 1 次淋完后，再加入第 3 次淋出的醋液浸泡数小时，淋出的醋液为二醋汁，作为第 1 次浸泡用。第 2 次淋完后，再加清水浸泡数小时，淋出的醋液为三醋汁，用于醋醅的第 2 次浸泡。淋醋时，不可一次将醋全部放完，要边放淋边传淋。将不同等级的醋放入不同的醋池，淋尽后即可出渣，出渣时醋渣酸度要低于 0.5%。

（5）浓缩贮存　将淋出的生醋经过沉淀，进行高温浓缩，高温浓缩有杀菌的作用。再将醋冷却到 60℃，打入贮存器陈酿 1～6 个月后，镇江香醋的风味就能显著提高。在贮存期间镇江香醋主要进行了酯化反应，因为食醋中含有多种有机酸和多种醇结合生成各种酯，例如醋酸乙酯、醋酸丙酯、醋酸丁酯和乳酸乙酯等。贮存的时间越长，成酯数量也越多，食醋的风味就越好。贮存时色泽会变深，氨基酸、糖分下降1%左右，因此也不是贮存期越长越好，从全面评定，一般均为1～6个月。贮存器上一定要注明品种、酸度、日期。

2. 操作要点

① 酒精发酵阶段　糯米粉碎后蒸煮要适当，不能过度糖化，前、后发酵的温度要准确掌握。应注意环境卫生和强化无菌观念，以免污染上杂菌而影响产酸率及成品质量。

② 醋酸发酵阶段　醋酸菌将酒精氧化成醋酸，必须有足够的氧气、足够的前体物质、一定量的水分和适宜的温度，而固态分层发酵法可满足上述四项条件。由于一年四季气温相差很大，使醋醅保持一定的品温，不是件容易的事情。若醅面层的品温为45～46℃，则发酵后能产生良好的醋香味；若醅温高于47℃，则有利于杂菌的生长，使醋醅产生异味。醋酸发酵开始时添加成熟醋醅，是利用“分子分割法”的原理，将成熟醋醅作为“种子”（或称为引子）。因此，所选用的成熟醋醅，一定要保证其品质优良，方能使其顺利地完成逐级扩大和发酵的双重任务。

③ 封醅浓缩阶段　封醅也是重要的一环。在历时30d的陈酿期内，要随时检查封口，避免产生裂缝等现象。浓缩作用有两个，既可灭菌，又能使蛋白质等变性凝固而作为沉淀物除去，但应控制煮沸时间（煮沸强度），以免醋酸及其他香气成分过多地挥发。

3. 香醋质量指标

香醋质量指标为：色泽为深褐色或红棕色，有光泽；香气浓郁；滋味、口味柔和，酸而不涩，香而微甜，醇厚味鲜；体态纯净，无悬浮物，无杂质，允许有微量沉淀。

4. 包装工艺

① 洗瓶　将固体氢氧化钠置入浸泡池内，加入蒸汽升温至50℃，将预洗的瓶子置入浸泡池内浸泡20min，进入洗瓶机刷洗，刷洗后的瓶子通过传送带至自动反冲机，用常温净水进行三次冲洗，冲洗完毕将瓶子倒置于控水型料箱中30min，即可送至灌装车间灭菌室，用紫外光等照射24h后，再进行灌装。

② 灌装装箱　灭菌后的瓶子经由传送带进入灌装机灌装。对产品装量有异常的，进行人工压空空气，调整装量后再自动塑封瓶盖；对贴标喷码不合格的，也要在人工处理后，方可装入包装箱，装箱人员要检查数量是否相符，然后用包装带封包，送进成品库存放，准备出厂。

③ 检验　将灌装好的产品进行抽样检查，送化验室进行各项指标的检验。化验员按规定的检验规程操作，进行严格的操作，发现不良产品，严禁进入市场流通。

（二）山西老陈醋

山西老陈醋是以高粱、麸皮、谷糠和水为主要原料，以大麦、豌豆所制的大曲为糖化发酵剂，经酒精发酵后，再经固态醋酸发酵、熏醅、陈酿等工序酿制而成。山西老陈醋主要酿造工艺特点为：以高粱为主的多种原料配比，以红心大曲为主的优质糖化发酵剂，低温浓醪酒精发酵，高温固态醋酸发酵，熏醅和新醋长期陈酿。山西老陈醋是中国四大名醋之一，至今已有3000多年的历史，素有“天下第一醋”的声誉，以色、香、醇、浓、酸五大特征著称于世。山西老陈醋色泽呈酱红色，食之绵、酸、香、甜、鲜。山西老陈醋含有丰富的氨基酸、有机酸、糖类、维生素等。以老陈醋为基质的保健醋有软化血管、降低甘油三酯等独特功效。

山西老陈醋的生产工艺流程如下：

大曲→碾碎
↙
高粱→粉碎→润料→闷料→冷却→拌曲→入缸→制醪→封缸→酒精发酵→出缸→
酒醪→拌糠（麸皮、谷糠）→入缸→加醋醅→保温→醋酸发酵
→封醅 {1/2 白醋→淋醋；1/2 熏醋→淋醋} 陈酿→夏日晒、冬捞冰→老陈醋成品
↑
食盐

（1）操作要点

① 原料的处理　高粱的粉碎细分不超过 1/4，加水比例是 1∶(0.55～0.60)，加水后要堆放润料 6～8h，蒸料 1.5～2h，蒸料要求蒸透，无生料。蒸料后加热水浸闷，加水量为 1∶2，形成醪状。

② 酒精发酵（稀醪发酵）　醪液温度降到 35℃时拌入粉碎后的大曲，比例为 (1∶0.4)～(1∶0.6)（按生料计），再加入 0.5～0.6 倍水。酒精发酵温度前期为 28～30℃，发酵 3d，每天拌料 2～3 次。后期密封发酵温度为 20～24℃，发酵 12～15d。发酵醪液呈黄色，酒精浓度在 5%以上，总酸小于 2g/100mL。

③ 醋酸发酵　向酒精发酵醪液中添加物料，包括麸皮、谷糠等，添加这些物料的目的为补充部分营养成分、疏松基质、带入部分醋酸菌等。添加物料后制成醅料，有时也接入上批发酵旺盛的醋醅，起到接种醋酸菌的作用。接入量为 5%～10%。醋酸发酵的温度为 38～42℃，每天翻醅一次，发酵 8～9d 后，醋酸含量不再增加，加入总生料量 4%～5%的食盐终止发酵。

④ 熏醋和淋醋　熏醋的目的是让醋醅在高温时产生类似火熏的味道，熏醋的方法为取一半发酵好的醋醅放入熏缸中，用间接火加热，保持品温为 70～80℃，每天倒缸一次，熏制 4～5d。

熏醅是山西醋获取熏香味的重要工艺措施，也是醋液色泽的主要来源，不论山西老陈醋、山西陈醋，还是山西熏醋，都要进行熏醋。一种熏醋的方法为：从每次投料的 30 坛成熟醋醅中各取 15 坛分别作白醅和熏醅，即白醅和熏醅的比例为 1∶1，用白醅淋子加水浸泡白醅 12h，所淋出的白醋再加热，用熏醅淋子浸泡熏醋 12h，所淋出的棕红色醋液称为熏醋，也称原醋。淋醋类似于酱油的淋制，但没有熏制粗醅的淋醋来淋制经熏制的粗醅。

⑤ 陈酿　经淋制后的半成品醋装入缸中，置于室外。陈酿老陈醋的精粹在于突出“陈”字，即原醋陈酿，传统工艺称为“夏日晒，冬捞冰”。通过这道工艺过程，“晒”使醋液不断蒸发，“捞冰”使水分不断减少，同时香味成分得以逐渐在代谢物质转化过程中突显，不溶物得以沉淀而使醋液澄清，最后获得陈化老熟的成品。按行业成规，除山西陈醋可以不必陈酿外，山西熏醋的陈酿时间要在半年以上，山西老陈醋则要在 9～12 个月以上。根据某方文记载，太原宁化府益源庆熏醋也要陈酿 5 个月，清源的山西老陈醋有贮陈 10 年的，介休的老陈醋有的陈酿长达 40 年。原醋陈酿 1 年左右，总酸（以乙酸计）由 6～7g/100mL 增至 10g/100mL 以上，1kg 高粱产原醋 3.6～4.0kg，夏季只产 3 kg。陈酿后，3 kg 原醋只得 1

kg 陈醋，可见成本之高，出品率之低。

(2) 山西老陈醋独特工艺特点

① 以曲带粮　原料品种多样。其他名优食醋多以糯米或麸皮为原料，品种较单一。加之使用小曲（药曲）、麦曲或红曲为糖化发酵剂，用曲量很少，如小曲的用量为糯米的 1%以下，麦曲的用量为糯米的 6%左右，红曲的用量可达糯米的 25%。山西老陈醋的高粱、麸皮的用量比高至 1∶1，使用大麦、豌豆大曲为糖化发酵剂，大麦与豌豆比为 7∶3，大曲与高粱的醅料比高达 55%～62.5%，名为糖化发酵剂，实为以曲代粮，其原料品种之多，营养成分之全，特别是蛋白质含量之高，为我们食醋配料之最。经检测，山西老陈醋中含有 18 种氨基酸，有较好的增鲜和融味作用。

② 曲质优良　微生物种群多样。其他名优食醋使用的小曲主要是根霉和酵母菌，麦曲主要是黄曲霉，红曲主要是红曲霉。这些在红心大曲中都能体现，而红心大曲中的其他微生物种群则未必都能得到体现，特别是大曲，使山西老陈醋形成特有的香气和气味。

③ 熏醅技术　源于山西，熏香味是山西食醋的典型风味。熏醅是山西食醋的独特技艺，可使山西老陈醋的酯香、熏香、陈香有机复合，同时熏醅也可获得山西老陈醋的满意色泽，与其他名优食醋相比，不需外加调色剂。

④ 突出陈酿　以新醋陈酿代替醋醅陈酿。镇江香醋、四川保宁麸醋等均为醋醅陈酿代替新醋陈酿，陈酿期分别为 20～30d 和 1 年左右，唯有山西老陈醋是以新醋陈酿代替醋醅陈酿，陈酿期一般为 9～12 个月，有的长达数年之久。新醋经日晒蒸发和冬捞冰之后，其浓缩倍数达 3 倍之上。山西老陈醋总酸在 9～11°Bé，其相对密度、浓度、黏稠度、可溶性固形物以及不挥发酸、总糖、还原糖、总酯、氨基态氮等质量指标，均可名列全国食醋之首。由于陈酿过程中酯化、醇醛缩合、不挥发酸比例增加，使老陈醋陈香细腻，酸味柔和。

综上所述，山西老陈醋的典型风味特征为：色泽棕红，有光泽，体态均一，较浓稠；有本品特有的醋香、酯香、熏香、陈香，香气浓郁、协调、细腻；食而绵酸，醇厚柔和，酸甜适度，微鲜，口味绵长，具有山西老陈醋“香、酸、绵、长”的独特风格。

第六节　柠檬酸的发酵

柠檬酸又名枸橼酸，学名 3-羟基-3-羧基戊二酸，是生物体主要代谢产物之一。商品柠檬酸为无色半透明晶体或白色颗粒或白色结晶性粉末，无臭，虽有强烈酸味但令人愉快，稍有一点涩味。柠檬酸在自然界主要分布于柠檬、柑橘、梅、李、梨、桃等植物的果实中，在动物中主要存在于骨骼、肌肉、血液、乳液、唾液、汗液及尿液中。早在 1784 年瑞典化学家 Scheel 就首次从柠檬汁中提取出了柠檬酸。直到 20 世纪初，这种柠檬酸仍然绝大多数是从柠檬中提取获得的，主要产地以意大利的西西里岛最为出名。其后许多科学家进行了微生物发酵生产柠檬酸的研究。比利时的一家公司和美国的 Ch. Pfizer 公司分别于 1919 年和 1923 年成功地实现浅盘发酵法大规模生产柠檬酸，直到 1952 年，美国 Miles 公司首先采用深层发酵法大规模生产柠檬酸，这种方法才在世界上流行至今。

我国柠檬酸工业的起步较晚，1968 年在黑龙江和平糖厂建成一个以甜菜糖蜜为原料、浅盘发酵法生产柠檬酸的车间；1969 年，试验成功以薯干粉为原料、深层发酵法生产柠檬酸，形成了我国柠檬酸生产的一大特色。

柠檬酸及其盐类、酯类和衍生物是食品工业、药物、美容化妆品等生产的重要原料；在工业生产中有着广泛的用途，如作为高效螯合清洁剂、电镀缓冲剂和络合剂等。在畜禽养殖中，柠檬酸是重要的饲料添加剂之一，它能改善动物消化道中的酸环境，促进肠道益生菌的生长，减少腹泻，提高生产性能。

一、黑曲霉的柠檬酸发酵机制

自 20 世纪 30 年代起，黑曲霉积累柠檬酸的机理引起了人们的广泛关注。随着酵母菌的酒精发酵机制（EMP 途径）被揭示和 Krebs（1940）提出三羧酸循环学说后，柠檬酸的发酵机制才逐渐被人们所认识，但目前还没有一种理论能够解释柠檬酸发酵过程中所有的现象。柠檬酸位于好氧（或兼性好氧）生物体内代谢枢纽——三羧酸循环的起始点，几乎所有的微生物都能合成柠檬酸。但由于代谢调节作用，在正常情况下，大多数微生物累积柠檬酸的量不多。目前，工业化生产菌种几乎都是黑曲霉。

（一）黑曲霉柠檬酸合成途径

柠檬酸生物合成涉及的生化途径有：EMP 途径、HMP 途径、TCA 循环（三羧酸循环）、乙醛酸循环、丙酮酸羧化、β-氧化，如图 8-6 所示。

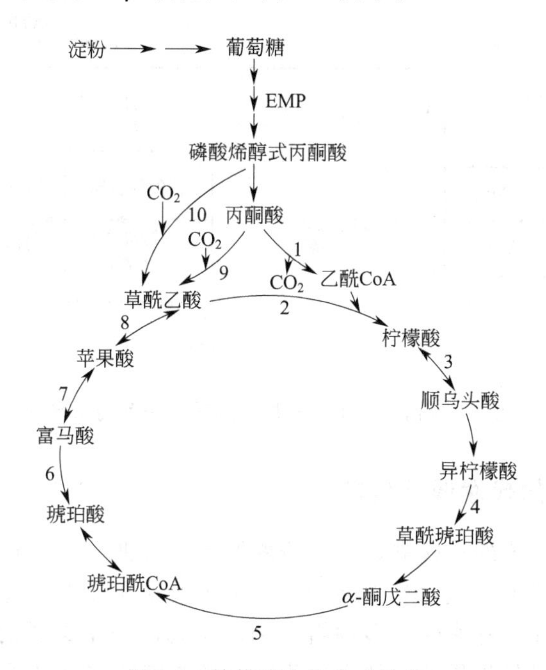

图 8-6　柠檬酸生物合成途径

1—丙酮酸脱氢酶；2—柠檬酸合成酶；3—乌头酸水合酶；4—异柠檬酸脱氢酶；5—α-酮戊二酸脱氢酶；6—琥珀酸脱氢酶；7—富马酸酶；8—苹果酸脱氢酶；9—丙酮酸羧化酶；10—磷酸烯醇式丙酮酸羧化酶

黑曲霉利用糖类发酵生成柠檬酸的生物合成步骤是：

① 葡萄糖经 EMP 途径、HMP 途径降解生成丙酮酸；

② 丙酮酸一方面氧化脱羧生成乙酰 CoA，另一方面通过羧化作用（CO_2 固定化反应）

生成草酰乙酸；

③ 由草酰乙酸与乙酰 CoA 缩合生成柠檬酸。

CO_2 固定作用对柠檬酸的积累具有重要意义。黑曲霉柠檬酸生产菌中存在 TCA 循环与乙醛酸循环，但在糖质原料发酵时，在柠檬酸积累的条件下，由于 TCA 循环和乙醛酸循环被阻断或减弱，不能由此来提供合成柠檬酸所需要的草酰乙酸，必须由另外途径来提供草酰乙酸。研究证实，黑曲霉柠檬酸生产菌中草酰乙酸是由丙酮酸（PYR）或磷酸烯醇式丙酮酸（PEP）羧化生成的。

黑曲霉柠檬酸生产菌中异柠檬酸裂解酶的活力比较弱，而酵母等利用烷烃发酵生产柠檬酸，则是通过乙醛酸循环途径。利用酵母发酵生产柠檬酸进行连续发酵的潜力很大，但在发酵过程中异柠檬酸产生率高。

（二）柠檬酸合成的理想途径

在能量平衡方面，在 EMP 途径中由底物水平磷酸化产生 2 个 ATP，由氧化磷酸化可产生 9 个 ATP，但部分经侧系呼吸链而没有产生 ATP，实际产生 ATP 数少于此数，所生成的 ATP 可供菌体维持渗透功能等，不必经 TCA 循环通过消耗碳源产生能量。

在黑曲霉发酵产酸阶段，由葡萄糖生成柠檬酸的理想途径及其碳平衡和能量平衡，如图 8-7 所示。

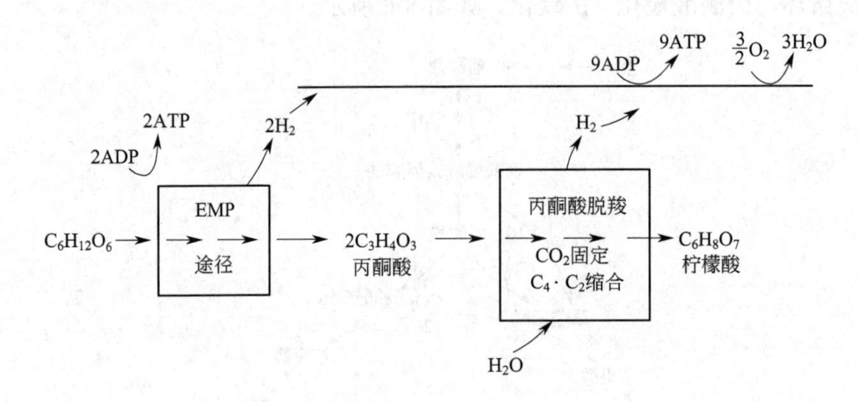

图 8-7　由葡萄糖生成柠檬酸的碳平衡和能量平衡

（三）柠檬酸积累的代谢调节机制

正常生长的细胞所合成的柠檬酸，在三羧酸循环中可进一步合成其他有机酸，以提供合成细胞物质的中间体，或彻底氧化产生能量，为细胞活动和合成代谢提供能量。由于正常细胞具有自我代谢调节机能，柠檬酸是多种组织和微生物的一个重要的代谢调节因子，因此，正常细胞中柠檬酸是不过量积累的。那么，为什么黑曲霉能够过量积累柠檬酸呢？要解释这一问题必然涉及：① 柠檬酸引起的反馈调节是如何进行的？而且最终被克服。②什么机制造成柠檬酸积累？这就必须了解柠檬酸发酵过程中黑曲霉的代谢调节。

1. 糖酵解及丙酮酸代谢的调节

现已公认，哺乳动物和酵母的磷酸果糖激酶能调节酵解过程，此酶为酵解途径的第一调节点。Habison 研究黑曲霉 B_{60} 时发现，EMP 途径的磷酸果糖激酶（PEK）是一种调节酶，它显示出典型的真核生物的共同调节性质。1981 年，Rohr 等通过比较糖酵解中间代谢物浓度和各种酶的热力学平衡常数，应用交换定理，确认产柠檬酸黑曲霉的 PFK 也是调节酶，研究人员用蓝色右聚糖琼脂亲和色谱的方法将黑曲霉的 PFK 提纯了约 60 倍，在正常生理浓度范围的柠檬酸和 ATP 对酶有抑制作用。AMP、无机磷和 NH_4^+ 对酶有活化作用，NH_4^+ 还能有效地解除柠檬酸和 ATP 对此酶的抑制。NH_4^+ 在细胞内的生理浓度水平下，PFK 对柠檬酸不敏感 。考查柠檬酸发酵时 PFK 的这些效应物在细胞内的浓度表明，NH_4^+ 浓度与柠檬酸生产速度有密切关系，正是细胞内 NH_4^+ 浓度升高，使 PFK 对细胞内积累的大量柠檬酸不敏感。

在比较 Mn^{2+} 丰富和 Mn^{2+} 缺乏的分批培养物的最大活力时发现，当黑曲霉在缺 Mn^{2+} 的产柠檬酸培养基中，菌体的组成代谢（戊糖磷酸途径、生成葡萄糖途径）酶和三羧酸循环的脱氢酶的活力显著降低，不论 Mn^{2+} 丰富或缺乏都未检出 α-酮戊二酸脱氢酶，乙醛酸支路酶也几乎完全无活力。测定菌体内中间代谢物的浓度和大分子的组成后表明，缺 Mn^{2+} 时 HMP 和 TCA 循环酶水平低，生长期菌丝体的蛋白质、核酸和脂肪含量明显减少，氨基酸和 NH_4^+ 水平升高，丙酮酸和草酰乙酸水平升高，甘油三酯和磷脂水平降低，细胞壁几丁质增加，但 β-葡聚糖和聚半乳糖减少，而糖酵解和三羧酸循环中间代谢物含量增加。可见，Mn^{2+} 缺乏时黑曲霉的组成代谢受损伤，这与柠檬酸的积累有关。

当黑曲霉生长在缺 Mn^{2+} 的高浓度糖培养基中时，细胞内 NH_4^+ 浓度异常高，达 25mmol/L，随之出现几种氨基酸（谷氨酸、谷氨酰胺、鸟氨酸、精氨酸和 γ-氨基丁酸）的积累和分泌，使 NH_4^+ 对细胞的毒性被解除。这些氨基酸的积累可能是由于蛋白质合成受干扰，从而导致蛋白质分解相应增加，使细胞内蛋白质和核酸减少。有 Mn^{2+} 存在时，添加环己酰亚胺（cycloheximide）可以促进 NH_4^+ 和氨基酸积累。由此可得出结论，NH_4^+ 积累是由蛋白质和 RNA 转换过程中细胞蛋白质的再合成受损引起的，后者是由 Mn^{2+} 缺乏所致。虽然在这一过程中 Mn^{2+} 的主要作用尚不清楚，但在添加 Mn^{2+} 后要经过几小时的延迟，并需要通过细胞质蛋白质（不是线粒体蛋白质）的合成才对柠檬酸发酵产生抑制效应。可以认为，Mn^{2+} 的效应是通过 NH_4^+ 水平升高而减少柠檬酸对 PFK 的抑制，NH_4^+ 水平升高是因为 Mn^{2+} 缺乏使蛋白质和核酸合成受阻。

现已证明，某些真菌的丙酮酸激酶是酵解过程的第二个调节点，但是关于黑曲霉尚未得到证实。测定柠檬酸发酵时酵解中间代谢物的量可推断流经丙酮酸激酶的量。丙酮酸是真菌糖代谢的一个重要分叉点，它既可由丙酮酸脱氢酶催化氧化脱羧生成乙酰 CoA，也可由丙酮酸羧化酶催化经 CO_2 固定生成草酰乙酸。CO_2 固定的强度对柠檬酸积累的重要意义早在 20 世纪 50 年代就已受到重视。保持丙酮酸这两个反应的平衡是获得柠檬酸高产率的一个重要条件。黑曲霉的丙酮酸羧化酶已被提纯，与其他真菌相反，此酶不被乙酰 CoA 抑制，α-酮戊二酸对其只有微弱的抑制作用，但该酶的调节性很差，为组成型酶。

2. 三羧酸循环的调节

在许多细胞中三羧酸循环起始酶柠檬酸合成酶是一种调节酶。然而，根据柠檬酸合成与 CO_2 固定之间的关系为化学计量关系，可以推断黑曲霉的柠檬酸合成酶没有调节作用。此酶仅对 CoA 和 ATP 敏感，而 ATP-Mg 络合物只是一种弱抑制剂，对其他有调节作用的化合物不起作用。由于细胞中 ATP 是以镁络合物形式存在的，所以 ATP 的影响并不显著，此酶的动力学性质是不平常的，它对乙酰 CoA 的亲和力取决于草酰乙酸的浓度，在柠檬酸积累的情况下，草酰乙酸浓度可提高此酶对乙酰 CoA 的亲和力。从理论上推测，顺乌头酸水合酶失活，TCA 循环阻断是积累柠檬酸的必要条件，顺乌头酸水合酶需要 Fe^{2+}。有报道称，在积累柠檬酸时，顺乌头酸水合酶和异柠檬酸脱氢酶活性降低。顺乌头酸水合酶是含铁的非血红素蛋白，以 Fe_4S_4 作为辅基，催化底物发生脱水、加水反应。因此，添加亚铁氰化钾等络合剂可使铁离子生成 Fe^{2+} 络合物，使反应液中 Fe^{2+} 减少，从而使该酶活性降低甚至失活，或者通过诱变等方法获得顺乌头酸水合酶缺失或活力大大降低的菌种，从而积累柠檬酸。随着柠檬酸的积累，发酵液 pH 值快速下降，当 pH 值达到 2.0 以下时，高酸环境可进一步造成顺乌头酸水合酶、NAD 和 NADP 异柠檬酸脱氢酶失活。但当柠檬酸发酵开始时，需要少量铁（质量分数为 0.1×10^{-6}）的存在以促进菌体生长和为合成柠檬酸做准备，随后要控制 Fe^{2+} 的存在才能够开始并大量合成柠檬酸。

黑曲霉中 TCA 循环的另一个特点是 α-酮戊二酸脱氢酶被葡萄糖和 NH_4^+ 抑制，在柠檬酸生成期，菌体内不存在 α-酮戊二酸脱氢酶或其活力很低，在乙酸为碳源时，有 α-酮戊二酸脱氢酶活力存在。对于其他真菌也有 α-酮戊二酸脱氢酶缺失的报道。α-酮戊二酸脱氢是 TCA 循环中唯一不可逆的反应步骤。这时的苹果酸、富马酸、琥珀酸由草酰乙酸生成，这种现象称为 TCA 循环的马蹄形表达形式。

3. 氧和 pH 值对柠檬酸发酵的影响

氧和 pH 值对柠檬酸发酵有很大的影响。柠檬酸发酵过程（EMP 途径和丙酮酸脱氢）生成的 $NADH_2$ 重新氧化时需要氧的参与。黑曲霉不仅有一条标准呼吸链，还有一条侧系呼吸链（图 8-8），后者对水杨酰异羟肟酸（SHAM）敏感。柠檬酸发酵产酸期受 SHAM 强烈抑制，而生长期不受其抑制。在生产中发现，只要很短时间中断供氧，就会导致柠檬酸产率的急剧下降，但并不影响菌体生长，这种现象是因为 $NADH_2$ 通过标准呼吸链氧化时产生 ATP，会抑制 PFK，而通过侧系呼吸链不产生 ATP，缺氧会导致侧系呼吸链的不可逆失活，从而导致产酸下降，但不影响菌体生长。

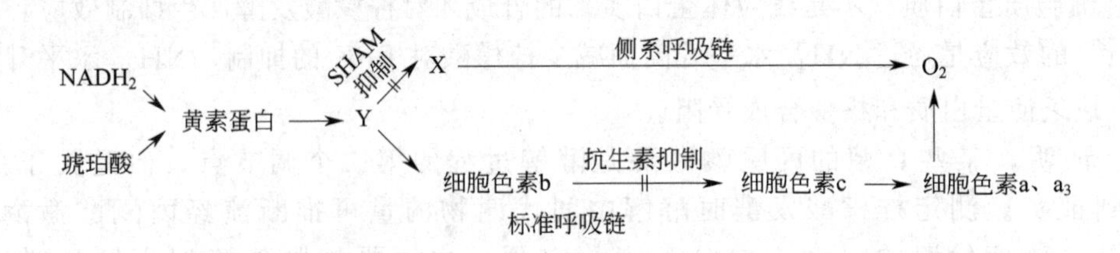

图 8-8　黑曲霉的标准呼吸链和侧系呼吸链

TCA 循环在柠檬酸积累中所起的作用可归纳为：

① 大量生成草酰乙酸是积累柠檬酸的关键。

② 丙酮酸羧化酶和柠檬酸合成酶基本上不受代谢调节的控制或其控制极微弱，而且这两个反应的平衡保证了草酰乙酸的提供，增加了柠檬酸的合成能力。

③ TCA 循环的阻断作用微弱（即顺乌头酸水合酶、异柠檬酸脱氢酶和 α-酮戊二酸脱氢酶活力降低），导致循环中间代谢物积累。由于各种酶处于平衡状态，使柠檬酸积累，当柠檬酸浓度超过一定水平时，就通过抑制异柠檬酸脱氢酶的活力来提高自身的积累。

综上所述，柠檬酸的积累机制可归纳为：

① 由于 Mn^{2+} 缺乏抑制了蛋白质合成，导致细胞内 NH_4^+ 浓度升高，形成一条呼吸活力

强的不产生 ATP 的侧系呼吸链，这两方面的原因分别解除了对 PFK 的代谢调节，促进了 EMP 途径的畅通。

② 由于丙酮酸羧化酶是组成型，不被调节控制，会源源不断地提供草酰乙酸。

③ 丙酮酸氧化脱羧生成乙酰 CoA 和 CO_2 固定两个反应的平衡，以及柠檬酸合成酶不被调节，都增强了合成柠檬酸的能力。

④ 由于顺乌头酸水合酶在催化时建立以下平衡，n（柠檬酸）：n（顺乌头酸）：n（异柠檬酸）＝90：3：7，同时在控制 Fe^{2+} 含量时，顺乌头酸水合酶活力低，使柠檬酸开始积累。

⑤ 当柠檬酸浓度升高到某一水平，就会抑制异柠檬酸脱氢酶的活力，从而进一步促进柠檬酸的自身积累。柠檬酸的积累使 pH 值下降，到 pH＝2.0 时，顺乌头酸水合酶和异柠檬酸脱氢酶失活，更有利于柠檬酸的积累并排出体外。

二、柠檬酸的发酵

（一）菌种

在自然界中，能够积累和分泌柠檬酸的微生物很多，包括黑曲霉、温氏曲霉、梨形毛霉、淡黄青霉等。当今柠檬酸大规模生产中多采用黑曲霉和温氏曲霉菌株，因为它们产量高，而且能够利用多种碳源。

（二）发酵

1. 表面发酵

表面发酵是利用生长在液体培养基表面的微生物的代谢作用，将原料转化为柠檬酸的发酵方式，如图 8-9 所示。

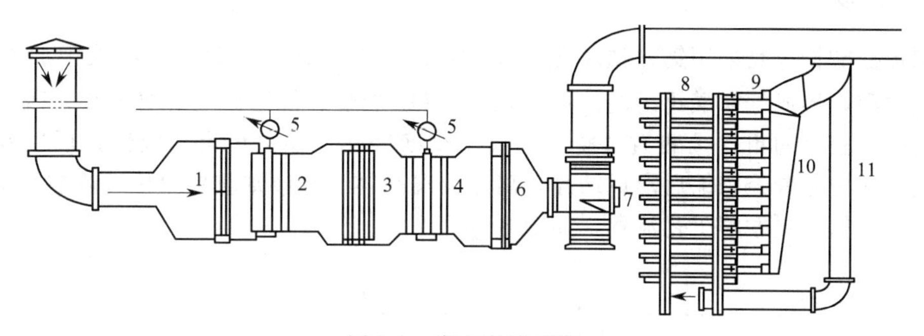

图 8-9　表面发酵系统

1,6—干燥过滤器；2—预热器；3—油过滤器；4—加热器；5—温度调节器；7—风机；8—发酵盘；9—接种管接头；10—上面空气竖管，11—下面空气管

2. 固体发酵

固体发酵是将发酵原料及菌体吸附在疏松的固体支持物上，经过微生物的代谢活动，将原料中可发酵成分转化为柠檬酸的发酵方式。固体发酵又有薄层发酵法和厚层通风发酵法之分。

（1）薄层发酵法　固体发酵过程，对温度和湿度的控制非常重要。

① 温度的控制　室温调节，使用制冷设备或在地上洒水，加大通风量。但加大通风量

时，要防止水分蒸发太多，影响产酸。

② 湿度控制　低温季节直接通蒸汽，高温季节在地上洒水。但湿度太大的时候易生毛霉，所以发现毛霉污染的时候不能再加大湿度。

③ 发酵过程是否正常的判断　观察菌丝的长势，接种 20h 可见白色菌丝变成黄色，36h 可见细小灰白色孢子头，孢子梗长达 2mm，48h 孢子转为棕色，以后色度逐渐增加。曲醅在发酵过程中逐渐收缩，紧密结块。

④ 发酵终点判断　出曲时间由产酸决定。培养 48h 开始测定，每 12h 测一次。72h 后每 4h 测一次，在酸度最高时出料，否则时间拉长柠檬酸反而被菌体分解。如果出现杂菌污染时，应根据杂菌的污染情况提前出曲。

(2) 厚层通风发酵法　在薄层发酵的基础上建立起来的，特点是：必须由容器的假底向上通风，以供给氧气和带走热量，机械化程度提高。这种工艺目前仍在日本占主要地位，日本主要在设备方面进行了改进，实现了发酵密闭化、操作机械化和部分自动化。

厚层发酵的重要控制仍然是温度和湿度：温度的控制与薄层发酵相似；湿度的控制主要是通风量和进风湿度（相对湿度接近 100%）。

厚层发酵曲层更加疏松，保证通风，防止水分蒸发。曲层厚度在 20cm 以下时无需翻料，否则一般都配有翻料装置。

厚层发酵的产酸率、产酸浓度、发酵时间与薄层法相似，但它的主要优点是设备占地面积小，污染的可能性较小，机械化程度高，能够形成较大的生产规模。

3. 深层发酵

深层发酵是菌体在液体培养基中，在通气的条件下通过代谢转化可发酵原料形成柠檬酸的发酵方式。当产酸不再升高、残糖降至 0.2%以下时，终止发酵，立即进入提取。

（三）提取

我国柠檬酸提取是采用钙盐法工艺。发酵液经加热处理后，过滤，滤液中加入 $CaCO_3$ 或石灰乳中和，形成柠檬酸钙沉淀。再加入 H_2SO_4 酸解，使柠檬酸游离出来，硫酸根以硫酸钙被滤除。获得的粗柠檬酸通过脱色和离子交换净化，除去色素和胶体杂质以及无机离子。净化后的柠檬酸经浓缩后形成结晶，离心分离晶体，母液则重新净化后浓缩、结晶。我国柠檬酸薯干粉深层发酵工艺流程，如图 8-10 所示。

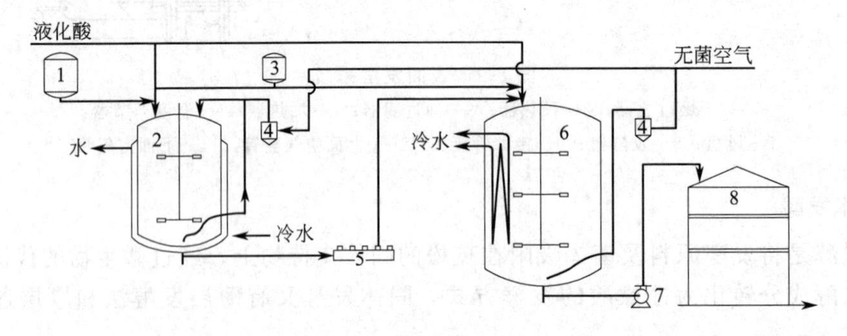

图 8-10　我国柠檬酸薯干粉深层发酵工艺流程

1—硫酸铵罐；2—种子罐；3—消泡剂罐；4—分过滤器；5—移种站；
6—发酵罐；7—泵；8—发酵醪贮罐

第七节　谷氨酸的发酵

谷氨酸，学名α-氨基戊二酸。其单钠盐为谷氨酸钠，商品名味精，是重要的调味品。早期生产谷氨酸的方法有两种：一是提取法，甜菜厂副产物糖蜜中含有焦谷氨酸，用强碱处理可得到谷氨酸；二是蛋白质水解法，将面筋加酸水解，再分离提纯。

谷氨酸生产菌之所以在体内合成谷氨酸，并排出体外，关键是菌体的代谢异常化，即长菌型细胞在生物素亚适量条件下，转变成伸长膨大的产酸型细胞。正常代谢的微生物不会大量积累谷氨酸，而谷氨酸生产菌能够在体外积累100g/L以上的谷氨酸，为菌体最大生长需要量0.3g/L的300多倍。这是菌体代谢调节控制和细胞膜通透性的特异调节以及优化发酵条件的综合结果。

一、谷氨酸的生物合成途径及调节机制

谷氨酸发酵是菌体异常代谢的产物，菌体正常代谢失调时，才能积累谷氨酸。在正常的微生物代谢中，由葡萄糖生成的磷酸烯醇式丙酮酸比天冬氨酸优先合成谷氨酸。谷氨酸合成过量时，谷氨酸抑制谷氨酸脱氢酶的活力和阻遏柠檬酸合成酶的合成，使代谢转向天冬氨酸的合成。所以，在正常条件下，谷氨酸并不积累。

谷氨酸生产菌由葡萄糖生物合成谷氨酸的途径见图8-11。它包括糖酵解途径（EMP途径）、磷酸己糖途径（HMP途径）、三羧酸循环（TCA循环）、乙醛酸循环、CO_2固定反应等。

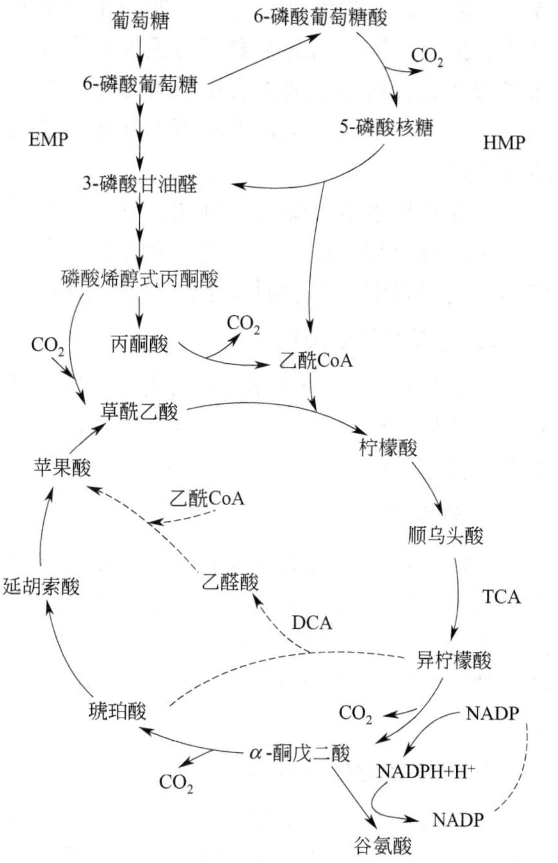

图8-11　谷氨酸棒杆菌的谷氨酸生物合成途径示意图

由于谷氨酸生产菌生理方面有以下共同特征，体内的代谢控制平衡被打破，使谷氨酸得以积累。

① 谷氨酸生产菌大多为生物素缺陷型。生物素是脂肪酸生物合成乙酰CoA羧化酶的辅酶，此酶与脂肪酸及磷脂合成有关。因此，控制生物素含量，就可以改变细胞膜的成分，从而引起膜的透性改变。当生物素不足时，脂肪酸及磷脂合成减少，谷氨酸向膜外分泌漏出，引起代谢失调，即由谷氨酸引起的反馈调节被解除，使谷氨酸得以大量积累。

② 谷氨酸生产菌的CO_2固定反应酶系活力强，可通过羧化作用更多地供应固定CO_2生成苹果酸或草酰乙酸转化成柠檬酸。

③ 谷氨酸生产菌的异柠檬酸裂解酶活力欠缺或微弱，使进入谷氨酸生成期后的乙醛酸循环弱，使异柠檬酸更多地转化成α-酮戊二酸。

④ 谷氨酸生产菌应丧失或仅有微弱的α-酮戊二酸脱氢酶活力，使α-酮戊二酸不能继续氧化。但谷氨酸脱氢酶活力很强，同时 $NADPH_2$ 氧化能力弱，这样就使α-酮戊二酸到琥珀酸的过程受阻，在有过量铵离子存在时，α-酮戊二酸经氧化还原共轭的氨基化反应生成谷氨酸而分泌泄漏于菌体外。

⑤ 谷氨酸生产菌不利用菌体外的谷氨酸，谷氨酸最终得到积累。

二、谷氨酸生产菌菌种选育模型

谷氨酸的分泌受细胞膜控制，而影响谷氨酸通透性的主要是细胞膜的磷脂含量。因此，提高细胞膜的谷氨酸通透性，必须从控制磷脂的合成着手或者使细胞膜受损伤。磷脂由不饱和脂肪酸、甘油、磷酸和侧链组成。控制磷脂含量可以通过控制油酸的形成、甘油的合成或磷脂的合成来实现。谷氨酸生产菌的选育可从以下几方面进行。

1. 选育生物素缺陷型

生物素是脂肪酸生物合成中乙酰 CoA 羧化酶的辅酶，该酶催化乙酰 CoA 合成丙二酰 CoA。生物素促进脂肪酸合成，再由脂肪酸合成磷脂。选育生物素缺陷型，阻断生物素合成，限制外源生物素供应量，抑制不饱和脂肪酸合成，使磷脂含量减少，导致细胞膜结构不完整，提高了细胞膜的谷氨酸通透性。当原料中生物素丰富时，可在发酵的适当时间添加饱和脂肪酸的表面活性剂或者添加青霉素，也能大量生成谷氨酸。饱和脂肪酸和它的表面活性剂对生物素有拮抗作用，阻断不饱和脂肪酸的合成，使磷脂合成受阻，提高了细胞膜的谷氨酸通透性。

添加青霉素也可促进谷氨酸分泌，青霉素的直接作用在于抑制细胞壁的合成。但添加青霉素引起磷脂和 UDP-*N*-乙酰己糖分泌，由此推断谷氨酸分泌增强是由细胞壁被破坏后，细胞膜失去细胞壁的保护而发生继发性变化所致。

2. 选育油酸缺陷型

不饱和脂肪酸是磷脂的组成成分。选育油酸缺陷型，阻断不饱和脂肪酸的合成，并限制外源供给量，就可限制磷脂的合成。现已得到许多株油酸缺陷型，在高生物素培养基中产谷氨酸量高达 90g/L。

3. 选育甘油缺陷型

甘油也是磷脂的组成成分。选育甘油缺陷型，阻断甘油的合成，并限制外源供给量，就可限制磷脂的合成。Kukuhi 等从溶烷棒杆菌选育得一株甘油缺陷型 G-21，以葡萄糖、乙酸、乙醇或 $C_{12}\sim C_{15}$ 烷为碳源，分别生成谷氨酸 18.6g/L、30g/L、32.5g/L 和 72g/L。该菌株缺失甘油-3-磷酸 NAD（P）氧化还原酶，由磷酸二羟丙酮合成α-甘油磷酸的途径被阻断。

4. 温度敏感型突变株

当磷脂本身的合成发生障碍，磷脂的含量就会降低。由于磷脂结构复杂，又是细胞膜的必要组成成分，所以磷脂合成障碍必须是条件性突变型，如温度敏感型突变株才可能存活。反之，从温度敏感型突变株中可找到细胞膜合成有缺损的突变株。根据这一设想，Momonse 从大量温度敏感型突变体中得到若干株，若先在较低温度下培养若干小时，再转至较高温度下培养几十小时，则即使在生物素丰富的培养基中也能分泌谷氨酸。

5. 其他突变型

近年来，有许多关于营养缺陷型、抗药性、突变性和敏感型突变株的谷氨酸产量比亲株高的报道，如表 8-4、表 8-5 所示。

表 8-4　抗药性突变株的谷氨酸生产

药物	菌种	碳源	转化率/%	
			亲株	突变株
氟乙酸 丙二酸	乳糖发酵短杆菌	葡萄糖 糖蜜 乙酸 乙醇	48 58 45 60	54 63 50 64
氟乙酸 丙二酸	谷氨酸棒杆菌	葡萄糖 糖蜜 乙酸	45 54 40	48 57 43
苯丙氨酸类似物	大肠杆菌	葡萄糖		1.65
S-2-氨乙基-L-胱氨酸(AEC)	乳糖发酵短杆菌	葡萄糖		56
2,6-吡啶二羧酸	乳糖发酵短杆菌	葡萄糖	50	54

表 8-5　其他突变株的谷氨酸生产

突变株特点	菌种	碳源	转化率/%	
			亲株	突变株
乙酸缺陷型	谷氨酸缺陷型	葡萄糖		62
二氨基庚二酸缺陷型	巨大芽孢杆菌	葡萄糖	0.1	0.5
溶菌酶敏感	KY9015			1.4
丙酮酸脱氢酶活力低	乳糖发酵短杆菌	葡萄糖	52	55
棕榈酰谷氨酸敏感	乳糖发酵短杆菌	葡萄糖		56

三、谷氨酸发酵

1. 谷氨酸生产菌的特征和种类

优良菌种的选育是任何发酵生产实现高产的关键，谷氨酸发酵也不例外。采用基因工程和细胞工程新技术改造原有高产菌株的性能，使新菌株生长、耗糖和产酸速度进一步提高，耐高温、高糖和高酸的性能也有所改善。

(1) 谷氨酸生产菌的特征

① 谷氨酸生产菌　棒状杆菌属细菌、短杆菌属细菌、小杆菌属细菌、节杆菌属细菌。

② 形态及生理特性　细胞形态为球形、棒形以及短杆形；革兰氏染色阳性，无芽孢，无鞭毛，不能运动；都是需氧型微生物；都是生物素缺陷型；脲酶强阳性；不分解淀粉、纤维素、油脂、酪蛋白及明胶；发酵中菌体发生明显的形态变化，同时发生细胞膜渗透性的变化；CO_2 固定反应酶系活力强；异柠檬酸裂解酶活力欠缺或微弱，乙醛酸循环微弱；α-酮戊二酸氧化能力缺失或微弱；柠檬酸合成酶、乌头酸酶、异柠檬酸脱氢酶及谷氨酸脱氢酶活力强；$NADH_2$ 进入呼吸链能力弱；具有向环境中泄漏谷氨酸的能力；能利用乙酸，不能利用石蜡；不分解、利用谷氨酸，并能耐受高浓度的谷氨酸，产谷氨酸 5%以上。

(2) 谷氨酸生产菌的种类　根据诱变出发菌株的不同，目前国内使用的谷氨酸生产菌主要分为三大类：

① 天津短杆菌 T6-13 及其诱变株 FM8209、FM415、CMTC6282、TG863、TG866、

S9114、D85 等；

② 钝齿棒杆菌 AS1.542 及其诱变株 B9、B9-17-36、F-263；

③ 北京棒状杆菌 AS1.299 及其诱变株 7338、D110、WTH-1 等。

其中，最常用的有 T6-13、FM415、CMTC6282、S9114 等。

根据噬菌体感染的类型，谷氨酸生产菌又分为两大类群：以北京棒状杆菌 AS1.299 为一类，包含 7338、D110 等；以钝齿棒杆菌 AS1.542 为另一类，包含 B9、B9-17-36 等。目前发现，AS1.299 类群不会与 AS1.542 类群发生噬菌体交叉感染，但同一类群中的菌株会发生噬菌体交叉感染。这样，当生产中出现某一菌株严重感染噬菌体时，可调换使用另一类群中的菌株。

我国现有生产谷氨酸的菌种有以下 3 种：

① 生物素亚适量型　其工艺特点是控制生物素用量，发酵时菌体量少、通风量小、发酵热较小。由于糖蜜和玉米浆用量少，发酵液质量好，适用直接等电点提取，提取率高。

② 高生物素及表面活性剂型　其工艺特点是发酵适当时间添加青霉素及表面活性剂，发酵时菌体量多、通风量大、发酵热大，需低温冷却。由于以糖蜜为原料发酵液色泽深，不利于提取。

③ 温度敏感型　其工艺特点是发酵适当时间提高温度，发酵时菌体量多、通风量大、发酵热大，需低温冷却。由于糖蜜和玉米浆用量多，发酵液质量较差。

2. 种子制备与扩大培养

种子的质量好坏是影响谷氨酸发酵的重要因素，在发酵培养基中需要按比例接种一定数量健壮、均匀、活力旺盛的种子。影响种子质量的因素是多方面的，除了菌种本身的培养特性和生理特性外，培养基的性质、培养温度、pH 值、供氧状况、无菌操作等对种子的质量影响也很大。

国内谷氨酸发酵种子扩大培养普遍采用二级种子扩大培养的流程：斜面培养→一级种子培养→二级种子培养→发酵罐。

3. 谷氨酸发酵过程的代谢变化

谷氨酸发酵过程的代谢变化大致如下：

发酵初期，即菌体的生长迟滞期，糖基本没有利用，尿素分解放出氨使 pH 值略为上升。这个时期的时间长短取决于接种量、发酵操作方法（分批培养或分批流加培养）及发酵条件，一般为 2～4h。接着进入对数生长期，代谢旺盛，糖耗快，尿素大量分解，pH 值很快上升，但随着氨被利用，pH 值又下降；溶解氧浓度急剧下降，然后又维持在一定水平上；菌体浓度（OD 值）迅速增加，菌体形态为排列整齐的“八”字形。在这个时期，由于代谢旺盛，应及时供给菌体生长必需的氮源及控制培养液的温度、pH 值、泡沫等。这个阶段主要是菌体生长，几乎不产酸，一般为 12h。

当菌体生长基本停滞时，就转入谷氨酸合成阶段，此时菌体浓度基本不变，糖与尿素分解后产生的α-酮戊二酸和氨主要用来合成谷氨酸。在谷氨酸发酵中，适量的 NH_4^+ 可减少α-酮戊二酸的积累，促进谷氨酸的合成；过量 NH_4^+ 会使生成的谷氨酸受谷氨酰胺合成酶的作用转化为谷氨酰胺。

发酵后期，菌体衰老、糖耗缓慢、残糖少，此时流加尿素必须相应减少。当营养物质耗尽、酸浓度不再增加时，需及时放罐，发酵周期一般为 30 多个小时。

在发酵过程中，氧、温度、pH 值、磷酸盐等的调节控制如下：

① 溶解氧控制　谷氨酸生产菌是好氧菌，通风和搅拌不仅会影响菌种对氮源和碳源的利用率，而且会影响发酵周期和谷氨酸的合成量，尤其是在发酵后期，加大通气量有利于谷氨酸的合成。

② 温度控制　菌种生长的最适温度为 30～32℃，当菌体生长到稳定期，适当提高温度有利于产酸。因此，在发酵后期，可将温度提高到 34～37℃。

③ pH 值控制　谷氨酸生产菌发酵的最适 pH 值在 7.2～7.4，但在发酵过程中，随着营养物质的利用、代谢产物的积累，培养液的 pH 值会不断变化。如随着氮源的利用，放出氨，pH 值会上升；当糖被利用生成有机酸时，pH 值会下降，必须及时添加尿素。

④ 磷酸盐控制　磷酸盐是谷氨酸发酵过程中必需的物质，但浓度不能过高，否则会转向缬氨酸发酵。

为了实现发酵工艺调节最优化，国外利用电子计算机进行过程控制，目前国内也正在积极开发这方面的技术。

谷氨酸发酵的代谢变化如图 8-12 所示。

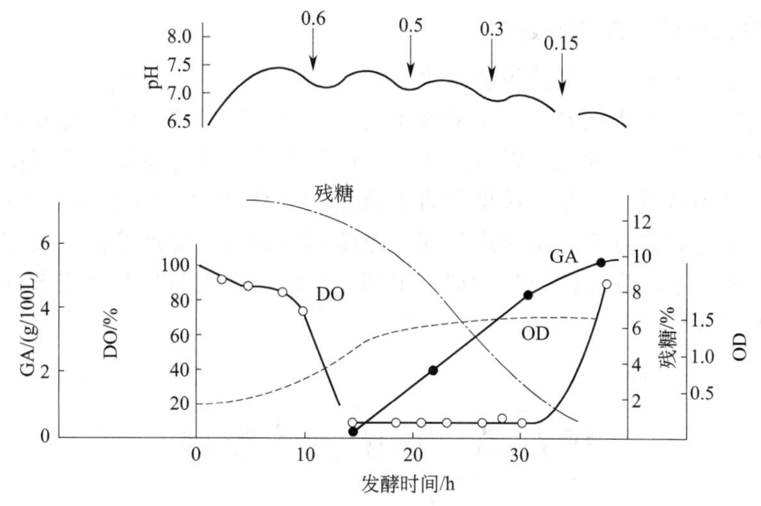

图 8-12　B9 谷氨酸发酵代谢变化曲线

DO—溶解氧；GA—谷氨酸；OD—菌体浓度（光密度）

4. 发酵条件控制

(1) 温度　前期为 32～33℃，中期为 34～35℃，后期为 35～37℃。

(2) pH 值　用液氨调节，前期为 7.5 左右，中期为 7.2 左右，后期为 7.0，在将近放罐时，pH 值以 6.5～6.8 为好，有利于提取。

(3) 风量　前期为 1∶0.12（体积比），中期为 1∶(0.22～0.26)，后期为 1∶(0.15～0.18)。

(4) 生物素量控制　一般为亚适量或采取添加青霉素高生物素发酵。

(5) 糖液可以采用流加工艺或一次高中糖发酵。

(6) 接种量一般为 1%～2%（适用于低中糖发酵）或 5%～10%（适用于添加青霉素高生物素发酵）。

(7) 发酵时间　30～32h。

(8) 目前国内发酵水平　产酸率 8.6%～10%，转化率≥55%。

5. 谷氨酸提取

从发酵液中提取谷氨酸，必须要了解谷氨酸理化性质和发酵液的主要成分及特征，以利用谷氨酸和杂质之间物理、化学性质的差异，采用适当的提取方法，达到分离提纯的目的。谷氨酸的分离提纯：通常应用它的两性电解质的性质，谷氨酸的溶解度、分子大小、吸附剂的作用，以及谷氨酸的成盐作用等，把发酵液中的谷氨酸提取出来。

（1）等电点法　谷氨酸是两性电解质，当发酵液的 pH 值为谷氨酸的 pI（谷氨酸 pI=3.22）时，其溶解度最小，可使大部分的谷氨酸从发酵液中沉淀析出，这就是等电点法提取谷氨酸的基本原理。

（2）离子交换法　当发酵液的 pH 值小于谷氨酸 pI 时，谷氨酸以阳离子状态存在，通过阳离子交换树脂可吸附谷氨酸阳离子，并用热碱洗脱下来，收集谷氨酸洗脱流分，然后再通过等电点法就可以提取谷氨酸。从理论上讲，上柱发酵液的 pH 值应低于 3.22，但实际生产上发酵液的 pH 值并不要求低于 3.22，而在 5.0～5.5 就可上柱，这是因为发酵液中含有一定数量的 NH_4^+、Na^+ 等阳离子，而这些阳离子优先与树脂进行交换反应，放出 H^+，使溶液的 pH 值下降，谷氨酸带正电荷成为阳离子而被吸附。

6. 谷氨酸异常发酵现象及其处理

谷氨酸生产菌为细菌，容易感染噬菌体。

发酵液感染噬菌体的表现有：①发酵液光密度在初期不升或回降；②发酵液 pH 值逐渐上升至 8 以上不再下降；③糖耗缓慢或停止；④产生大量泡沫并发黏；⑤谷氨酸产量少或不产酸；⑥镜检时细胞数量少，革兰氏染色后细胞呈不规律碎片。防止噬菌体感染的措施有：①严格控制菌种纯度，最好能定期轮换不同抗噬菌体的菌种；②严禁活菌液随意排放；③严格生产设备的灭菌；④加强车间卫生管理，定期用蒸汽、药剂对生产系统进行消毒，使用漂白粉、甲醛等处理环境。

第八节　青霉素的发酵

抗生素的发现使传染病得到有效控制，是 20 世纪医药界的最大成就之一。从 1940 年第一种抗生素——青霉素用于临床开始，到现在抗生素的种类已达几千种。抗生素是微生物在其生命活动中产生的具有生理活性的次级代谢产物。一般次级代谢产物的前体都是直接或间接来自于微生物代谢过程中产生的初级代谢产物。

抗生素的生产方法一般有三种：生物合成法（微生物发酵法）、全化学合成法（化学合成法）、半化学合成法（半合成法）。其中半合成法是获得性能更优良的新抗生素的重要方法，一般分两个阶段进行。第一阶段是通过生物合成法制取某种抗生素；第二阶段是通过化学等方法改造原来的化学结构，从而获得一系列新抗生素，以达到扩大抗菌谱、提高疗效、减少不良反应或弥补其他缺陷的目的。

一、青霉素生产菌种

1. 菌种来源

最早发现产生青霉素的原始菌种是 1929 年英国细菌学家弗莱明分离的点青霉。点青霉较适合于固体发酵，但生产能力很低，表面培养只有几十个单位，在沉没培养中只能产生2U/mL的青霉素，远远不能满足于工业生产的要求。

1943年，从美国皮奥里亚一位农夫的发霉甜瓜上分离得到一株产黄青霉，在沉没发酵中效价可达120U/mL，由这一菌株经X射线、紫外线诱变处理得到了生产能力较高的变种——著名的Wisconsin菌株WisQ176，效价上升至900U/mL，但由于该系菌株可分泌黄色素，影响成品质量，仍不宜用于生产。故再将此菌株通过一系列的诱变处理，得到不产生色素的变种51-20。目前，全世界用于青霉素生产的高产菌株几乎都是以这一菌株为出发菌株，经不同的改良途径得到的。

2. 菌种改良

1970年以前，育种是采用诱变和随机筛选的方法。生物合成途径阻断突变株的获得，导致对生物合成途径的了解，反过来又促进了理性化筛选技术的产生和发展。产黄青霉准性循环的发现，推动了准性重组和原生质体融合技术的应用。现代基因工程的研究成果，使基因克隆技术进入青霉素生产菌育种领域。随着持续的菌株改良，结合发酵工艺的改进，目前青霉素的发酵单位已达到85000U/mL。随着菌株生产能力的提高，在固体培养基上生长的菌落有变小和变得更加隆起的趋势，在沉没培养基中呈现菌丝变短及分枝增加的倾向。目前，青霉素生产菌种有形成绿色孢子和黄色孢子的两种产黄青霉菌株。

3. 菌种保存

青霉素生产菌种一般在真空冷冻干燥状态下，保存其分生孢子，也可以用甘油或乳糖溶液作悬浮剂，在−70℃的冰箱或液氮中保存孢子悬浮液或营养菌丝体。对冷冻营养菌丝体进行保存可避免分生孢子传代时可能造成的变异。一般来说，分生孢子传代比菌丝传代更容易发生变异。

4. 菌种特性

青霉菌在固体培养基上具有一定的形态特征。开始生长时，孢子先膨胀，长出芽管并急速伸长，形成隔膜，繁殖成菌丝，产生复杂的分枝，交织为网状而成菌落。菌落外观有的平坦，有的皱褶很多。在营养分布均匀的培养基中，菌落一般都是圆形的，其边缘整齐，呈锯齿状或呈扇形。在发育过程中，气生菌丝形成大梗和小梗，于小梗上着生分生孢子，排列成链状，整个性状似毛笔，称为青霉穗。分生孢子呈黄绿色、绿色或蓝绿色，老了以后变成黄棕色、红棕色以及灰色等。分生孢子有椭圆形、圆柱形和圆形，每种菌种的孢子均具一定性状，多次传代也不改变。在沉没培养时一般不产生分生孢子。

在沉没培养条件下，青霉素生产菌在生长发育过程中，其细胞会明显地变化，按其生长特征可分为以下六个生长期。

（1）第Ⅰ期　分生孢子发芽，孢子先膨胀，再形成小的芽管，原生质未分化，有小空孢。

（2）第Ⅱ期　菌丝增殖，原生质嗜碱性很强，在第Ⅱ期末有类脂肪小颗粒。

（3）第Ⅲ期　形成脂肪粒，积累贮藏物，没有空孢，原生质嗜碱性仍强。

（4）第Ⅳ期　脂肪粒减少，形成中小空孢，原生质的嗜碱性减弱。

（5）第Ⅴ期　形成大的空孢，其中含有一个或数个中性红染色的大颗粒，脂肪粒消失。

（6）第Ⅵ期　细胞内看不到颗粒，并出现个别自溶的细胞。

上述六个生长期中第Ⅰ～Ⅳ期是年轻的菌丝，一般不合成青霉素或合成的青霉素较少，适于作发酵罐的种子；第Ⅳ～Ⅴ期合成青霉素的能力最强。所以，在发酵过程中，要采取各种措施延长第Ⅳ～Ⅴ期，以获得高产。

研究表明，青霉素发酵开始时青霉素产量低，与菌丝发育阶段并无关系。年轻菌丝之所以无合成青霉素的能力，主要是由于以葡萄糖为碳源的培养基中存在着抑制青霉素合成酶形成的物质，而当青霉素合成酶已经形成后，葡萄糖及其代谢产物对青霉素的合成则不起抑制作用。如将以乳糖为碳源的培养基中培养的菌丝，移种在以葡萄糖为碳源的培养基中就能保持高的产量。曾经试验过在含有纤维二糖的培养基中用孢子接种进行发酵，菌丝处在第Ⅰ～Ⅲ期时，青霉素产率平均可达 13.5U/mg 干菌，当菌丝有一半以上转到第Ⅳ期时青霉素的产率不变。

二、青霉素的生物合成机理

1. 青霉素的生物合成途径

青霉素生物合成途径的研究主要是通过饲喂同位素标记的前体物质得以阐明的。近年来由于分子生物学的迅速发展，使得与青霉素生物合成有关的基因得以克隆，这些基因产物的表达、产物的纯化以及功能的研究又进一步证实了先前提出的青霉素生物合成的途径。

目前已知，在产黄青霉细胞内青霉素的生物合成是由一分子的 L-α-氨基己二酸与一分子的 L-半胱氨酸和一分子的 L-缬氨酸作为起始原料开始合成的。

青霉素的母核部分是以半胱氨酸和缬氨酸为前体合成的，侧链由 α-氨基己二酸构成。前体物质经过下面几步反应最后合成青霉素。

(1) 前体及 ACV 三肽的合成

① 缬氨酸　两分子丙酮酸在乙酰乳酸合成酶催化下，转变成乙酰乳酸，再经异构、还原和转氨等反应，形成 L-缬氨酸。

② 半胱氨酸　TCA 循环中柠檬酸在异柠檬酸裂解酶催化下产生乙醛酸，再经过还原氨基化、巯基化反应最后生成 L-半胱氨酸。

③ α-氨基己二酸　是由 α-酮戊二酸与乙酰 CoA 的二碳单位缩合生成高柠檬酸，再经过脱羧、氨基化反应，最后生成 L-α-氨基己二酸。

④ ACV 三肽的合成　在 ACV 合成酶的催化下，L-α-氨基己二酸首先与半胱氨酸缩合形成二肽，然后 L-缬氨酸的氨基与半胱氨酸的羧基缩合形成 ACV 三肽［δ-(α-氨基己二酸)-半胱氨酸-缬氨酸］。

实验表明，虽然青霉素分子中的缬氨酸为 D 型，但作为生物合成起始原料的却是 L 型的。当培养基中添加 L-缬氨酸时明显刺激青霉素的合成，而添加 D-缬氨酸时则抑制青霉素的生物合成。该结果表明，缬氨酸在掺入青霉素分子的过程中经历了由 L 型到 D 型的转化过程。

(2) 异青霉素 N 的合成　在环化酶（异青霉素 N 合成酶）催化下，ACV 三肽中的酰胺 N 原子与 S 原子相邻的 C 原子连接进行环化，自身闭环形成异青霉素 N。

(3) 青霉素 G、6-APA 的形成　ACV 三肽化合物闭环形成的异青霉素 N 是合成各种青霉素的前体，其中的侧链是 α-氨基己二酸。

异青霉素 N 是在异青霉素 N 酰基水解酶的作用下水解掉 L-α-氨基己二酸的侧链形成 6-氨基青霉烷酸（6-APA），同时在酰基转移酶的作用下，将细胞内游离的苯乙酰基通过与 6-APA 中的 6 位上的氨基形成酰胺键而形成最后的青霉素 G 分子。6-氨基青霉烷酸（6-APA）是合成各种半合成青霉素的主要原料。

2. 青霉素生物合成的代谢调控

（1）碳源物质的调节作用　葡萄糖对产黄青霉的菌体生长来说是很好的碳源，但对青霉素的生物合成却有明显的阻遏作用。葡萄糖对青霉素生物合成的不利影响是由葡萄糖对青霉素生物合成所需的生物合成酶产生了阻遏作用，当培养基中的葡萄糖含量高于某一浓度时，与青霉素生物合成相关的酶的合成被阻遏了。只有当葡萄糖的浓度降至某一浓度时，与青霉素生物合成相关的酶才能够产生。例如，在用含有 2.5％葡萄糖的发酵培养基进行青霉素发酵时，在前 72h 之内，检测不到青霉素的生物合成。只有当发酵培养基中的葡萄糖将要耗尽的时候，才能检测到青霉素的生物合成。当以不同葡萄糖浓度的发酵培养基进行青霉素发酵时，随着基础培养基中葡萄糖含量的增加，青霉素开始合成的时间也逐渐延迟，并且无一例外都是在葡萄糖将要耗尽的时候才开始青霉素的生物合成。

1986 年，Rivilla 等通过检测青霉素发酵过程中的 ACV 合成酶和异青霉素 N 合成酶时发现，这两种酶的出现的确与葡萄糖的浓度有关，只有当发酵培养基中的葡萄糖降低到一定浓度时，这些酶才出现。因此，认为葡萄糖对青霉素生物合成的影响是由于阻遏了青霉素合成相关酶的产生。

虽然葡萄糖对青霉素的生物合成产生阻遏作用，但它还是能够作为青霉素发酵的碳源，关键在于控制好葡萄糖的浓度。以计算机控制的青霉素分批补料发酵，连续不断地补入葡萄糖并始终维持在一个较低的浓度，同样获得了青霉素的高产。

（2）氮源物质的调节作用　Sanchez 等报告，产黄青霉的青霉素生物合成被高浓度的 NH_4^+ 所抑制。经研究表明，这种铵离子效应与细胞内谷氨酰胺合成酶活性的降低有关。在低浓度 NH_4^+ 条件下生长的细胞，其细胞内积累了较高浓度的谷氨酰胺和较高浓度的谷氨酸。实验结果还表明，高浓度的 NH_4^+ 抑制谷氨酰胺合成酶的活性。而谷氨酰胺在许多次级代谢产物的合成中起着氨基供体的作用。

研究还表明，产黄青霉的 ACV 合成酶也被高浓度 NH_4^+ 所阻遏。当向高浓度 NH_4^+ 的发酵培养基中加入 NH_4^+ 捕获剂磷酸三镁后，降低了游离 NH_4^+ 的浓度，解除了 NH_4^+ 对抗生素生物合成的阻遏作用，增加了 β-内酰胺类抗生素的产量。

（3）赖氨酸的调节作用　早在 1957 年，美国的科学家 Demain 就注意到赖氨酸对青霉素生物合成的抑制作用。同时发现加入 α-氨基己二酸不但能消除赖氨酸对青霉素合成的抑制作用，而且还能在不添加赖氨酸的情况下刺激青霉素的生物合成。

由于青霉素 G 和赖氨酸是分支合成途径的两个终产物，过量的赖氨酸抑制其共同的中间产物 α-氨基己二酸的合成，并由此影响青霉素的生物合成。

在 4 株青霉素生产能力不同的产黄青霉中，人们发现了在青霉素发酵培养基中，菌株细胞内的 α-氨基己二酸浓度与青霉素的产量有直接的关系。向生长着的菌体或静息细胞的溶液中加入外源性的 α-氨基己二酸都能刺激青霉素的生产。有证据表明，在产黄青霉中，细胞内的 α-氨基己二酸浓度是 ACV 三肽及异青霉素 N 生物合成的限制因素。

（4）终端产物的调节作用　最早提出青霉素能够抑制自身产物生物合成的是 Gordee 和 Day，虽然这一论点起初曾遭到人们的质疑，但后来采用静息细胞系统测定 ^{14}C-缬氨酸结合到青霉素分子的量，证明了外源性高浓度青霉素完全抑制从头开始的青霉素生物合成。完全抑制所需的外源性青霉素的浓度依据生产菌菌株生产能力的不同而异。对于低产菌株 Wis54-1255（发酵单位为 600μg/mL），外源性青霉素浓度达 600μg/mL 时即可完全抑制该菌株的青霉素生物合成。而对于高产菌株 AS-P-78（发酵单位为 5000μg/mL），则需外源性青霉素浓度达到 10000μg/mL 时才能完全抑制该菌株的青霉素生物合成。

三、发酵培养基组成

1. 碳源

青霉素生产菌能利用多种碳源：乳糖、蔗糖、葡萄糖、阿拉伯糖、甘露糖、淀粉和天然油脂等。乳糖能被生产菌缓慢利用而维持青霉素分泌的有利条件，故为最佳碳源，但因货源少、价格高，普遍使用有困难。天然油脂如玉米油、豆油也能被缓慢利用而作为有效的碳源，但不可能大规模使用。单独使用葡萄糖，常常因为发酵前期葡萄糖浓度过高，其分解代谢产物对青霉素合成酶产生阻遏，或对菌体生长产生抑制作用，限制了菌丝生长和产物合成。因此，生产中采用连续流加的方法加入葡萄糖，既节约了成本，又有利于青霉素的合成。葡萄糖是淀粉的酶水解产物，作为碳源最为经济合理。

2. 氮源

氮源的作用是供应菌体合成氨基酸和合成青霉素的三肽原料。玉米浆含有多种氨基酸，如精氨酸、谷氨酸、组氨酸、苯丙氨酸、丙氨酸以及为苄青霉素生物合成提供侧链前体的苯乙酸及其衍生物。玉米浆含固体量少，有利于通风及氧的传递，因而利用率高，是青霉素发酵的理想氮源。玉米浆是淀粉生产的副产物，质量不稳定，也可选用质量稳定并便于保藏的花生饼粉、麸质、玉米胚芽及尿素等氮源。无机氮源如硝酸盐、尿素、硫酸铵等可适量使用。

3. 前体

作为苄青霉素生物合成的前体有苯乙酸或苯乙酰胺，它们可以作为青霉素 G 侧链的前体物质直接结合到青霉素分子中，也可作为养料和能源被利用，即被氧化为 CO_2 和 H_2O。苯乙酸等前体物质对青霉菌生长和生物合成有一定的毒性，应以分批流加或低浓度连续流加等方式添加，一次加入量不大于 0.1%，同时加入硫代硫酸钠能减少毒性。

4. 无机盐

无机盐包括含硫、磷、钙、镁、钾等的盐类。硫酸钙用来中和发酵过程中产生的杂酸，并控制发酵液的 pH 值。青霉菌胞液中含有硫和磷，同时青霉素的生物合成也需要硫和磷。硫和磷的浓度降低的时候，青霉素产量有不同程度的降低。磷一般采用磷酸二氢钾。固体有机氮源还可提供一部分有机磷。加入硫代硫酸钠或硫酸钠以提供青霉素分子中所需要的硫。铁离子易渗入菌丝内对青霉素产生毒害作用，一般控制在 30μg/mL 以下。所以，发酵罐材料以不锈钢为宜。其他金属，如铜、汞和锌等，都能催化青霉素的分解反应。

四、发酵条件控制

青霉素的发酵过程控制十分精细，一般 2h 取样一次，测定发酵液的 pH 值、菌体浓度、残糖、残氮、苯乙酸浓度、青霉素效价等指标，同时取样做无菌检查。

1. 补料控制

在发酵过程中，容易产生阻遏、抑制和限制作用的基质（葡萄糖、氮源、苯乙酸等）进行缓慢流加，以维持一定的最适浓度。补糖主要控制残糖量，前期和中期在 0.3%～0.6% 范围内，加入量主要取决于耗糖速度、pH 值变化、菌丝量及培养液体积。一般残糖降至 0.6%左右，pH 值上升后可开始加糖。补加氮源主要使发酵液氨氮控制在 0.01%～0.05%。

在基础料中加入0.05%尿素，并在补糖时再补加。若pH>6.5，可随时加入硫酸铵，使pH值维持在6.2～6.4。

通常情况下，发酵液中苯乙酸前体浓度控制在0.1%、苯乙酰胺控制在0.05%～0.08%为宜。前体一般在接种后8～12h补加，采用低浓度流加的策略，一次加入量低于0.1%，保持供应速率略大于生物合成的速率。在发酵过程中与补料一起补入表面活性剂，如新洁尔灭（50mg/L）、聚氧乙烯、山梨糖醇酐、单油酸酯等非离子表面活性剂，也能增加青霉素的产量。其原因是：①当发酵罐使用较大的搅拌功率和较快的搅拌叶尖速度时，这些高分子化合物能使邻近搅拌叶的液体速度梯度降低，避免打断菌丝，而且可促进氧在培养基中充分溶解的同时还有利于除去CO_2；②菌丝生长时，由于高分子化合物起分散剂的作用，菌丝不致成团，界面面积得以增加，因而增加了氧传递到菌丝体内的速度。

2. pH值控制

青霉素合成的适宜pH值为6.4～6.5，如pH值高于7.0或低于6.0则代谢异常，青霉素产量显著下降。因此，发酵前期维持在pH值为6.8～7.2，60h后稳定在pH值为6.5左右。

pH值降低，意味着加糖率过高造成酸性中间产物积累，可以补加$CaCO_3$、氨水或尿素，也可提高通气量，促进有机酸氧化来提高pH值。也可利用自动加入酸或碱的方法，但应尽量避免pH值超过7.0，因为青霉素在碱性条件下不稳定，易水解。pH值上升，说明发酵液中积累蛋白产生了氨或其他生理碱性物质，可以通过补加糖和生理酸性物质（如硫酸铵等无机氮源），降低pH值。

发酵过程中的pH值，一般通过直接加酸或碱自动控制以及流加葡萄糖控制。采用补糖的方法来控制pH值，要比直接用酸或碱调节好。根据菌体在不同阶段对糖的需求以及pH值变化速率控制补糖量，即pH值上升快时就多补，pH值下降时就少补，对青霉素的合成更为有利。

3. 温度控制

青霉菌生长的适宜温度为30℃，而分泌青霉素的适宜温度是20℃左右，生产中通常采用分段变温控制法。发酵前期为菌丝生长阶段，温度控制在25～26℃，较高的温度可以缩短生产时间；发酵后期为生产阶段，温度控制在22～23℃，可延缓菌丝衰老，增加培养液的溶解氧浓度，有利于发酵后期青霉素单位的增长，减少发酵液中青霉素的降解破坏，提高产量。

4. 通气与搅拌

青霉素深层发酵对溶解氧要求极高，需要通气与搅拌。一般要求发酵液中溶解氧量不低于饱和情况下溶解氧的30%。当溶解氧浓度降到30%饱和度以下时，青霉素产量急剧下降；低于10%饱和度时，则造成不可逆转的损失。一般控制通气比为1∶(0.8～1)$m^3/(m^3 \cdot min)$，罐压控制在0.04～0.05MPa。

溶解氧浓度是氧传递与氧消耗的动态平衡点，而氧消耗与糖消耗成正比，故溶解氧浓度也可作为葡萄糖流加控制的参考指标之一。发酵液中溶解氧浓度过高，说明菌丝生长不良或加糖率过低。

5. 菌丝形态、浓度与生长速率

青霉素生产菌在深层培养主要呈丝状生长和结球生长两种形态。前者由于所有菌丝体都能充分和发酵液中的基质及氧接触，故一般比生长率较高。后者则由于发酵液黏度显著降低，使气液两相间氧的传递速率大大提高，从而允许更多的菌丝生长（即临界菌丝浓度较高），发酵罐体积产率甚至高于前者。对丝状菌发酵控制菌丝形态使其保持适当的分枝和长度并避免结球，是获得高产的关键因素之一。这种形态的控制与糖和氮源的流加状况、搅拌的剪切强度及比生长率（稀释率）密切相关。

青霉素发酵进入产物合成阶段的必要条件是降低菌丝生长速度，严格控制菌体浓度使之不超越临界值，这可以通过限制糖的供给来实现。因补入物料较多，在发酵中后期一般每天放料一次，每次放掉总发酵液的10%左右，使所有菌丝体都能充分和发酵液中的基质及氧接触，比生长率提高，发酵黏度降低，气-液两相中氧的传递率提高，允许更多菌丝生长。

6. 泡沫与消泡

泡沫主要是花生饼粉和麸质水引起的，发酵前期可间歇搅拌，不能多加豆油；发酵中期可加豆油控制泡沫，必要时可略微降低空气流量，但搅拌应开足，否则会影响菌的呼吸。在发酵中期、后期可用“泡敌”加水稀释后与豆油交替加入，“泡敌”消泡能力强，毒性低，利于后期提取。发酵后期尽量少加消泡剂。

7. 发酵终点确定及异常情况处理

发酵时间的长短应从以下三个方面综合考虑：①累积产率（发酵累计总产量与发酵罐容积及发酵时间之比值）最高；②单产成本（发酵过程中的累计成本投入与累计总产量之比值）最低；③发酵液质量好（抗生素浓度高，降解产物少，残留基质少，菌丝自溶少）。

若发酵罐前期染菌或种子带菌，可重新消毒并补入适量的糖、氮源。中后期发生染菌，若是产气细菌则应及时放罐过滤、提炼，彻底消毒处理。若发酵前期菌丝生长不良或发酵异常时，可倒出部分发酵液，补入部分新鲜料液和良好的种子。遇到发酵单位停滞不长，可酌情提前放罐。

青霉素发酵最大理论产量为每克糖（以葡萄糖计）产 0.12g 青霉素，实际产量为糖耗量的 3%～5%，发酵单位为 60000～80000U/mL。

五、青霉素分离和纯化

发酵结束后，发酵液中含有大量杂质，青霉素的浓度很低，折合质量计算仅含 2.5%，须经过滤、浓缩才便于提取。从发酵液中提取青霉素，早期曾使用活性炭吸附法，目前工业上多采用溶剂萃取法。

青霉素游离酸易溶于醋酸乙酯、苯、氯仿、丙酮和醚等有机溶剂中，但在水中的溶解度很小，且迅速丧失其抗菌能力。

青霉素的金属盐极易溶于水，几乎不溶于乙醚、氯仿，易溶于低级醇，略溶于乙醇、丁醇、酮类或醋酸乙酯中，但如果此类溶剂中含有少量水时，则青霉素的金属盐在溶剂中的溶解度就大大增加。青霉素的分离和纯化工艺流程如下：

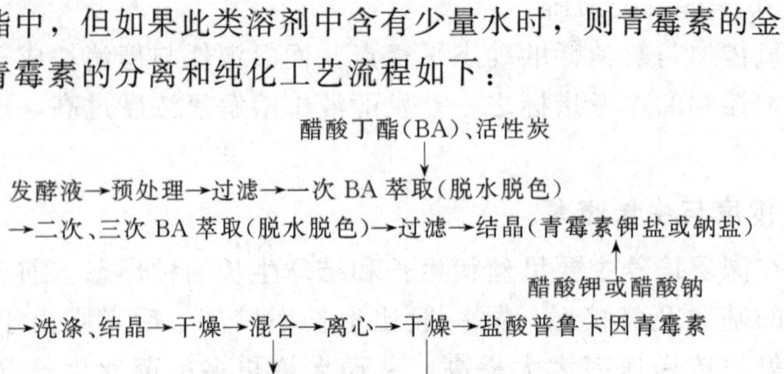

醋酸丁酯(BA)、活性炭 ↓

发酵液→预处理→过滤→一次 BA 萃取(脱水脱色)

→二次、三次 BA 萃取(脱水脱色)→过滤→结晶(青霉素钾盐或钠盐) ↑ 醋酸钾或醋酸钠

→洗涤、结晶→干燥→混合→离心→干燥→盐酸普鲁卡因青霉素

（混合 ↓ 盐酸普鲁卡因；离心后 ↓ 青霉素钾盐或钠盐）

溶剂萃取法提取即利用青霉素与碱金属所生成的盐类在水中溶解度很大，而青霉素游离酸易溶解于有机溶剂这一性质，将青霉素在酸性溶液中转入有机溶剂醋酸丁酯中，然后再转入中性水相中。经过这样反复几次萃取，就能达到提纯和浓缩的目的。

由于青霉素的性质不稳定，整个提取和精制过程应在低温下快速进行，并应注意清洗和保持在稳定的 pH 值范围，注意对设备清洗消毒减少污染，尽量避免或减少青霉素效价的破坏损失。

第九章

发酵产物的提取与精制概述

发酵产物的提取与精制属于下游加工过程，即将发酵目标产物进行提取、浓缩、纯化和成品化等的分离纯化过程。发酵产物提取与精制的重要性主要体现在产物的特殊性、复杂性和对产品的严格要求上，导致提取与精制成本占整个发酵产物生产成本的很大比例。例如，青霉素回收成本约占50%，酶的回收纯化成本可占70%，而基因工程发酵产品的回收纯化成本可达到85%～90%，并且这种趋势还在增高。可见，发酵产物提取与精制的成本决定了企业利润的多少，而提取与精制的质量决定了产品加工过程的成败。因此，设计合理的提取与精制过程来提高产品质量和降低成本才能够真正实现商业化大规模生产。

第一节　微生物工程下游加工工程的特点

在生物工程产品的生产中，分离和纯化是最终获得商业产品的重要环节，其所需费用也占了很大的一部分。分离技术的落后，会严重阻碍微生物工程技术的发展，使实验室成果无法转化为生产力。分离纯化技术的进步，可提高微生物工程中的地位和重要性，相对于菌种选育和发酵生产这些上游技术，把分离纯化技术称为下游技术或下游加工工程。

发酵液是复杂的多相系统，分散在其中的固体和胶状物质具有可压缩性，其密度又和液体相近，加上黏度很大，属非牛顿性液体，从如此复杂的体系中分离所需固体物质困难很大。

微生物工程产品的分离纯化不同于化学品的纯化生产，其主要特点有：

（1）一般所需代谢产物在培养液中的浓度很低，并且稳定性低，对热、酸、碱、有机试剂、酶以及机械剪切力等均十分敏感，在不适宜的条件下很容易失活或分解。而培养液中杂质含量很高，如含有微生物碎片、代谢产物、残留的培养基和超短纤维等，特别是基因工程菌多是由于生产外源蛋白质，发酵液中常常伴有大量性质相近的杂蛋白质。在这样一个复杂的多相系统中，为了提取出高纯度的产品，可见研究先进的下游加工工程的确是微生物工程产业化的关键。

（2）下游加工过程的代价昂贵，其回收率往往不会很高，像抗生素在精制之后一般会损失20%左右，这样下游加工的成本就成了制约生产者提高经济效益的重要因素。下游加工工程研究的目的就是提高回收率，降低分离纯化成本，否则微生物工程就不可能有工业化经济效益。

下游加工技术的重要性使人们认识到，上游技术的发展应该注意到下游技术方面的困难，否则即使发酵液的产物浓度提高了，仍然得不到产品。所以，上游操作时要为下游提取操作提供方便。一些产品在发酵液中的浓度如表 9-1 所示。

表 9-1　几种产品在发酵液中的浓度

产品	典型浓度/(g/L)	产品	典型浓度/(g/L)
抗生素	25	有机酸	100
氨基酸	100	酶	20
酒精	100	rDNA 蛋白质	10

第二节　发酵产物的提取与精制概述

一、发酵产物分类

发酵产物存在于发酵醪中，一般含量很少，而发酵醪中的成分通常比较复杂，含有各种各样的杂质。因此，要获得纯净的发酵产物，必须对发酵产物进行提取与精制。由于菌种、发酵工艺、发酵醪等的特征不同，导致发酵产物多种多样，但从工业发酵范畴来看，根据目的产物的类型和存在形式，可将发酵产物分为下面三类。

1. 菌体

以菌体细胞作为主要发酵产品，如单细胞蛋白、面包酵母、饲料酵母等；以菌体细胞中的活性物质为目标，如酵母细胞中的辅酶 A、核苷酸、SOD 等；以细胞菌丝体中存在的有用成分为目标产物，如多种抗生素的生产。

2. 酶

发酵产物为酶制剂，包括胞内酶和胞外酶，其中在工业和医药上常用的酶，有各种淀粉酶、各类蛋白酶、纤维素酶、果胶酶、脂肪酶、凝乳酶、氨基酰化酶、青霉素酰胺酶、花青素酶、转化酶、磷酸二酰酶、葡萄糖异构酶，等等。

3. 代谢产物

发酵产物为各类代谢产物，包括初级代谢产物和次级代谢产物，例如各种有机酸、有机溶剂、氨基酸、核苷酸类物质、抗生素、多糖、维生素、激素等。

二、发酵产物提取的一般程序

发酵产物的类型不同，它的提取和精制方法也不同。例如，从发酵液中菌体和胞内酶与代谢产物的分离，其提取和精制方法步骤就明显不同。尽管发酵产物同是代谢产物这一类型，由于发酵产物的化学结构不同，它们的提取和精制方法也不同。发酵产物大多数属于高分子化合物，其化学性质和物理性质也是各种各样的，有中性物质、酸性物质、碱性物质和两性物质。发酵产物在各种有机溶剂中的溶解度也不一样，有的溶于水或有机溶剂，有的难溶或不溶。因此，要从发酵液中提取和精制发酵产品的有效成分，其方法是不同的。对发酵液中的某种未知的发酵产品进行提取，一般可通过以下两个步骤进行：

（1）先研究该发酵产物属于哪一类型，是碱性、酸性、两性物质或它的大致等电点以及在各种溶剂中的溶解情况等。这一步骤即用纸上电泳和纸上色谱法，通过各种不同的溶剂系统进行初步实验，可大致确定属于哪一类型，其次也可以了解它是单质还是化合物。

（2）通过稳定性研究，如将发酵产物在不同温度下，调节至不同的 pH 值进行处理，来检查有效物质的稳定情况，这样可以了解该发酵产物在哪一种适合的条件下进行提取和精制而不被破坏，同时在保证质量的前提下，尽可能提高其得率。

由于所需的微生物代谢产品不同，有的需要菌体，有的需要初级代谢产物或次级代谢产物，而且对产品质量的要求也不同，所以分离纯化的步骤可以有各种组合。但大多数微生物产品的下游加工过程，常常按生产过程的顺序分为四个大框架，如图 9-1 所示。

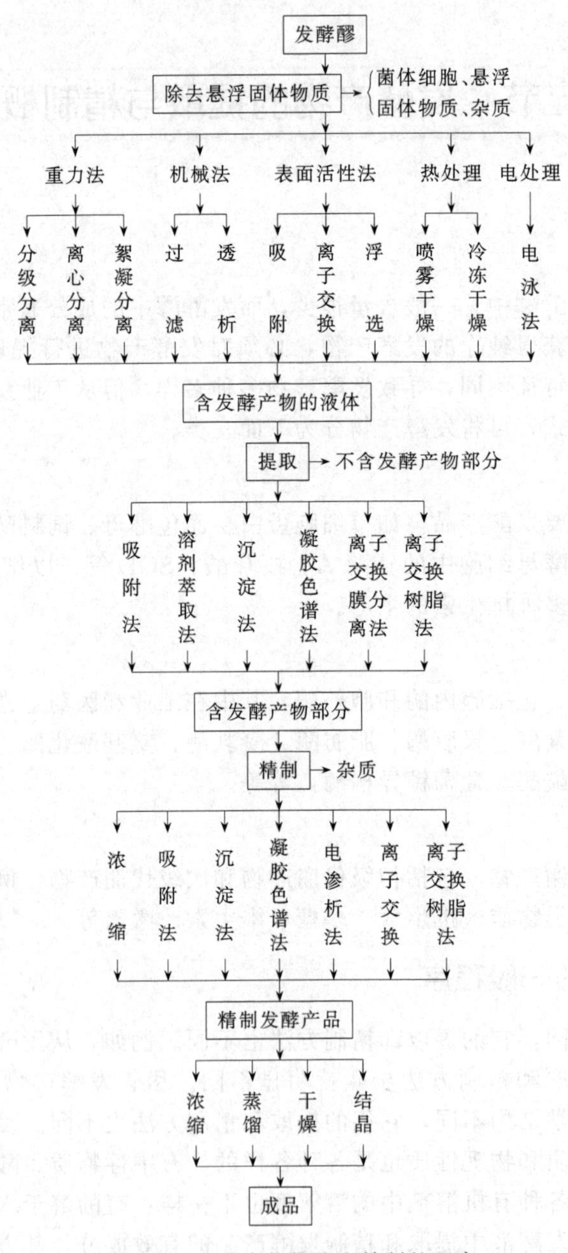

图 9-1　发酵产物提取和精制的程序

（1）发酵液的预处理和过滤　采用凝聚和絮凝技术来加速固液两相分离，提高过滤速度。为了减少过滤介质的阻力，可以采用错流过滤技术。如果是胞内产物，需要首先进行细胞破碎，再分离细胞碎片。

（2）初步纯化　除去与目标产物性质有很大差异的杂质，这一步可以使产物浓缩，并明显地提高产品质量。常用的分离方法有沉淀、吸附、萃取、过滤等。

（3）高度纯化　即精制，常采用对产品有高度选择性的分离技术，以除去与产物化学性质和物理性质相近的杂质。典型的纯化方法有色谱分离、电泳、离子交换等。

（4）成品加工　成品加工是为了最终获得质量合格的产品，浓缩、结晶和干燥是重要的技术。

总之，最终获得微生物的代谢产物，必须有先进的下游加工技术作保障。

第三节　发酵液预处理

从微生物发酵液中提取发酵产品的第一个步骤就是预处理，其目的不仅在于分离菌体和其他悬浮颗粒，还在于除去部分可溶性杂质和改变滤液的性质，以利于提取和精制后继各工序的顺利进行。在预处理中常采用凝聚和絮凝技术，使悬浮液中的固体粒子增大，提高沉降速度，加速固液两相分离，提高过滤速度。或采用稀释、加热等方法降低发酵液的黏度，以利于过滤。

在分离纯化目标产物时，无论代谢产物是积累在胞内还是胞外，都要首先进行发酵液的预处理和过滤，将固液两相分开，才能进一步采用各种物理、化学方法分离纯化代谢产物。对于胞外产物，经预处理应尽可能使目的产物转移到液相，然后经固液分离除去固相；对于胞内产物，则应首先收集菌体或细胞，经细胞破碎后，目的产物进入液相，随后再将细胞碎片分离。

一、微生物发酵液的一般特征

微生物发酵液的成分极为复杂，其中除了所培养的微生物菌体及残存的固体培养基外，还有未被微生物完全利用的糖类、无机盐、蛋白质，以及微生物的各种代谢物。

微生物发酵液的特性可归纳为：①发酵产物浓度低，大多为1%～10%，悬浮液中大部分是水；②悬浮颗粒小，相对密度与液相相差不大；③固体粒子可压缩性大；④液相黏度大，大多为非牛顿型流体；⑤性质不稳定，随时间变化，如易受空气氧化、微生物污染、蛋白酶水解等作用的影响。

这些特性使得发酵液的过滤与分离相当困难，通过对发酵液进行适当的预处理，即可改善其流体性能，降低滤饼比阻，提高过滤与分离的速率。

二、发酵液过滤特性的改变

1. 降低流体黏度

根据流体力学原理，滤液通过滤饼的速率与液体的黏度成反比，可见降低流体黏度可以有效地提高过滤速率。降低流体黏度的常用方法有加水稀释法和加热法等。

（1）加水稀释法　虽能降低流体黏度，但会增加悬浮液的体积，加大后继过程的处理任务。但从过滤操作看，稀释后过滤速率提高的百分比必须大于加水比才能认为有效，假若加水1倍，则稀释后液体的黏度必须下降50%以上才能有效提高过滤速率。

（2）加热法　升高温度可有效降低流体黏度，提高过滤速率。同时，在适当温度和受热时间下可使蛋白质凝聚，形成较大颗粒的凝聚物，进一步改善发酵液的过滤特性。

使用加热法时必须严格控制加热温度和时间。首先，加热的温度必须控制在不影响目的产物活性变质的范围内；其次，温度过高或时间过长，会使细胞溶解，胞内物质外溢，增加发酵液的复杂性，影响其后的产物分离与纯化。

2. 调整pH值

pH值直接影响发酵液中某些物质的电离度和电荷性质，适当调节pH值可改善其过滤特性，此法是发酵工业中发酵液性质预处理较常用的方法之一。对于氨基酸、蛋白质等两性物质，在等电点时溶解度最小，即可沉淀。如味精生产中，利用等电点沉淀法提取谷氨酸。对于蛋白质，由于羧基的电离度比氨基大，故氨基酸的酸性通常强于碱性，因而大多数蛋白质等电点都在酸性范围（pH 4.0～5.5）。利用酸性来调节发酵液pH值使之达到等电点，可除去蛋白质等两性物质。在膜分离中，发酵液中的大分子物质易与膜发生吸附，通过调整pH值改变易吸附分子的电荷性质，即可减少堵塞和污染。此外，细胞、细胞碎片及某些胶体物质等在某个pH值下也可能趋于絮凝而成为较大颗粒，有利于过滤的进行。

3. 凝聚与絮凝

（1）凝聚　发酵液中的细胞、菌体或蛋白质等胶体粒子的表面，一般都带有电荷，带电的原因很多，主要是吸附溶液中的离子和自身基团的电离。在生理pH值下，发酵液中的菌体或蛋白质常常有负电荷，由于静电引力的作用，使溶液中带相反电荷的阳离子被吸附在其周围，在界面上形成双电层，这种双电层的结构使胶粒之间不易聚集而保持稳定的分散状态。双电层的电位越高，电排斥作用越强，胶体粒子的分散程度也就越大，发酵液过滤也就越困难。

凝聚作用就是向发酵液中加入某种电解质，在电解质中异电离子作用下，胶粒的双电层电位降低，使胶体体系不稳定，胶体粒子间因相互碰撞而产生凝聚现象。电解质的凝聚能力可用凝聚值来表示。使胶体粒子发生凝聚作用的最小电解质浓度（mmol/L）称为凝聚值。根据Schuze-Hardy法则，反离子的价数越高，凝聚值就越小，即凝聚能力越强。阳离子对带负电荷的发酵液胶体粒子凝聚能力的次序为：$Al^{3+}>Fe^{3+}>Ca^{2+}>Mg^{2+}>K^{+}>Na^{+}>Li^{+}$。

常用的凝聚电解质有$Al_2(SO_4)_3 \cdot 18H_2O$、$FeCl_3 \cdot 6H_2O$、$FeSO_4 \cdot 7H_2O$、石灰、$ZnSO_4$、$MgCO_3$。

（2）絮凝　絮凝是指在某些高分子絮凝剂存在的条件下，基于桥架作用，使胶粒形成较大絮凝团的过程。

采用絮凝法可形成粗大的絮凝体，使发酵液较易分离。絮凝剂是一种能溶于水的高分子聚合物，其分子量可高达数万至1000万以上，它们具有长链状结构，其链节上含有许多活性官能团，包括带电荷的阴离子（如—COOH）或阳离子（如—NH_2）基团以及不带电荷的非离子型基团。它们通过静电引力、范德化引力或氢键的作用，强烈地吸附在胶粒的表面。当一个高分子聚合物的许多链节分别吸附在不同的胶粒表面上产生桥架连接时，就形成了较大的絮团，这就是絮凝作用。

对絮凝剂的化学结构一般有两个方面的要求：一方面其分子必须含有相当多的活性官能团，使之能与胶体表面相结合；另一方面要求必须具有长链的线性结构，以便同时与多个胶体吸附形成较大的絮团，但分子量不能超过一定限度，以使其具有良好的溶解性。絮凝效果与絮凝剂的添加量、分子量和类型，溶液的 pH 值，搅拌转速和时间等因素有关。同时，在絮凝过程中，常需加入一定的助凝剂以增强絮凝效果。絮凝剂的最适添加量往往需通过实验确定，虽然较多的絮凝剂有助于增加桥架的数量，但过多的添加量反而会引起吸附饱和，絮凝剂争夺胶粒而使絮凝团的粒径变小，絮凝效果下降。

4. 加入助滤剂

助滤剂是一种不可压缩的多孔微粒，它能使滤饼疏松，滤速增加。这是因为使用助滤剂之后，悬浮液中大量的细微胶体粒子被吸附到助滤剂的表面，从而改变了滤饼结构，它的可压缩性下降了，过滤阻力降低了。常用的助滤剂有硅藻土、纤维素、石棉粉、珍珠岩、白土、炭粒、淀粉等，最常用的是硅藻土。

助滤剂的使用方法有两种：一种是在过滤介质表面预涂助滤剂，另一种是直接加入发酵液。也可两种方法同时兼用。助滤剂的使用量必须合适，使用量过少，起不到有效的作用；使用量过大，不仅浪费，而且会因助滤剂成为主要滤饼阻力而使过滤速率下降。

5. 加入反应剂

有时加入某种不影响目的产物的反应剂，可消除发酵液中某些杂质对过滤的影响，从而提高过滤速率。加入反应剂和某些可溶性盐类发生反应生成不溶性沉淀，如 $CaSO_4$、$AlPO_4$ 等。生成的沉淀能防止菌丝体黏结，使菌丝具有块状结构，沉淀本身可作为助滤剂，并且能使胶状物和悬浮物凝固，从而改善过滤性能。

三、发酵液的相对纯化

1. 高价无机离子的除去

发酵液中主要的无机离子有 Ca^{2+}、Mg^{2+}、Fe^{2+} 等。

Ca^{2+} 的除去通常用草酸，但由于草酸溶解性较小，不适合用量较大的场合。反应生成的草酸钙还能促使蛋白质凝固，改善发酵液的过滤性能。此外，草酸价格较高，应注意回收。

由于草酸等弱酸的镁盐溶解度较大，而发酵液中镁离子的浓度一般不是很高，一般不宜采用沉淀法除去。可加入三聚磷酸钠，它和镁离子形成可溶性络合物，即可消除对离子交换的影响，其反应式如下：

$$Na_5P_3O_{10}+Mg^{2+}=\!=\!=MgNa_3P_3O_{10}+2Na^+$$

对于发酵液中的 Fe^{2+}，可加入黄血盐，使其形成普鲁士蓝沉淀而除去，其反应式如下：

$$3K_4Fe(CN)_6+4\ Fe^{3+}=\!=\!=Fe_4[Fe(CN)_6]_3\downarrow+12K^+$$

2. 杂蛋白的除去

（1）沉淀法　蛋白质是两性物质，沉淀方法有加盐沉淀、等电点沉淀。

（2）变性法　蛋白质从有规则的排列变成不规则结构的过程称为变性，变性蛋白质的溶解度较小。变性方法：加热法、调 pH 值法、有机溶剂或表面活性剂法等。

变性法存在一定的局限性，如加热法只适合于对热较稳定的目的产物；极端 pH 值也会导致某些目的产物失活，并且消耗大量的酸、碱；有机溶剂法通常只适用于所处理的液体数量较少的场合。

（3）吸附法　加入某些吸附剂或沉淀剂吸附杂蛋白而除去。例如在四环类抗生素中，采用黄血盐和硫酸锌的协同作用生成亚铁氰化钾的胶状沉淀来吸附蛋白质，在生产实际中已取得很好的效果。

3. 色素及其他物质的除去

发酵液中的色素物质可能是微生物生长代谢过程分泌的，也可能是培养基（如糖蜜、玉米浆等）带来的，色素物质化学性质的多样性增加了脱色的难度。

常用的脱色方法有离子交换法、活性炭吸附法。

四、固液分离

用于发酵液固液分离的方法主要是离心分离、过滤和膜分离。

1. 离心分离

离心分离是利用转鼓高速转动所产生的离心力，来实现悬浮液、乳浊液的分离或浓缩。由于离心力场所产生的离心力比重力高几千至几十万倍，所以利用离心分离可分离悬浮液中极小的固体微粒和大分子物质。如细菌和酵母菌为单细胞，体形较小，其发酵液一般采用离心分离。离心分离的优点是快速、高效、液相澄清良好。其缺点是投资高、能耗大，连续排料时，固相干度不如过滤设备。离心机的种类很多，按其作用原理不同，可分为过滤式离心机和沉降式离心机两大类。过滤式离心机，转鼓上开有小孔，有过滤介质，离心时，液体穿过过滤介质流经小孔而得以分离，用于悬浮液固体颗粒大。固体含量较高的场合。沉降式离心机，转鼓上无小孔，不需过滤介质，在离心力作用下，物料按密度大小不同，分层沉降而得以分离。

2. 过滤

过滤是传统的化工单元操作，其原理是悬浮液通过过滤介质时，固态颗粒与溶液分离。根据过滤机理的不同，过滤操作可分为澄清过滤和滤饼过滤两种。

（1）澄清过滤　将硅藻土、砂芯、颗粒活性炭、玻璃珠、塑料颗粒等过滤介质填充于过滤器内构成过滤层（也有烧结的陶瓷、金属制成的成型颗粒滤层），当悬浮液通过时，固体颗粒被阻拦吸附在滤层的颗粒上，使滤液得以澄清。澄清过滤的特点是过滤介质起主要的过滤作用，适合于固体含量少于0.1g/100mL。颗粒直径在5～100μm的悬浮液的分离。

（2）滤饼过滤（滤渣过滤）　以滤布（天然或合成纤维织布、金属织布、毡、石棉板、合成纤维等）为过滤介质，当悬浮液通过滤布时，固体颗粒被滤布所阻拦逐渐形成滤饼（滤渣），当滤饼至一定厚度时即起过滤作用。此时即可获得澄清的滤液，这种方法叫作滤饼过滤或滤渣过滤。滤饼过滤的特点是滤饼起主要的过滤作用，适合于固体容量大于0.1g/100mL（悬浮液的过滤分离）的场合。

3. 膜分离

膜分离是以选择性膜为分离介质，通过在膜两边施加一个推动力（如浓度差、压力差或电压差等），使原料侧组分选择性地透过膜，以达到分离提纯的目的。通常膜原料侧称为膜上游，透过侧称为膜下游。

第四节　微生物细胞破碎

微生物代谢产物大多分泌到细胞外，如大多数小分子代谢物、细菌产生的碱性蛋白酶、霉菌产生的糖化酶等，称为胞外产物。但有些目的产物存在于细胞内部，如大多数酶蛋白、类脂和部分抗生素等，称为胞内产物。分离提取胞内产物时，首先必须将细胞破碎，使产物得以释放，才能进一步提取。因此，细胞破碎技术是提取胞内产物的关键技术。

一、微生物细胞壁的组成

细胞破碎的目的是破坏细胞外围使胞内物质释放出来。微生物细胞的外围通常包括细胞壁和细胞膜，它们起着支撑细胞的作用。其中细胞壁为外壁，具有固定细胞外形和保护细胞免受机械损伤或渗透压破坏的功能。细胞膜为内壁，是一层具有高度选择性的半透膜，控制细胞内外一些物质的交换渗透作用。细胞膜较薄，主要由蛋白质和脂质组成，强度比较差，易受渗透压冲击而破碎。细胞破碎的主要阻力来自于细胞壁，不同类型的细胞壁的结构特性是不同的，取决于遗传和环境因素。为了研究细胞的破碎，提高破碎率，有必要了解各种微生物细胞壁的组成和结构（表 9-2），破碎时根据细胞壁的组成选择合适的破碎方法。

表 9-2　各种微生物细胞壁的结构和组成

微生物	G(＋)细菌	G(－)细菌	酵母菌	霉菌
壁厚/nm	20～80	10～13	100～300	100～250
层次	单层	多层	多层	多层
主要组成	肽聚糖 40%～90% 多糖 胞壁酸 蛋白质 脂多糖 1%～4%	肽聚糖 5%～10% 脂蛋白 脂多糖 11%～22% 磷脂 蛋白质	葡聚糖 30%～40% 甘露聚糖 30% 蛋白质 6%～8% 脂类 8.5%～13.5%	多聚糖 80%～90% 脂类 蛋白质

1. 细菌细胞壁

细菌细胞壁占细胞干重的 10%～25%，坚韧而略有弹性，包围在细胞的周围，使细胞具有一定的外形和强度。

肽聚糖是细菌细胞壁的主要化学成分，它是一个大分子复合体，由多糖连接短肽交联而成。短肽一般由 4～5 个氨基酸组成。

虽然几乎所有的细菌细胞壁都具有肽聚糖网状结构，但 G(＋)、G(－) 细胞壁结构相差很大，如图 9-2 所示。G(＋) 细菌：细胞壁较厚，15～50nm，肽聚糖占 40%～90%，其余为多糖和胞壁酸。其肽聚糖结构为多层网状结构，其中 75%的肽聚糖亚单元相互交联，网格致密坚固。G(－) 细菌：细胞壁包括外壁层和内壁层，内壁层较薄为 2～3nm，由肽聚糖组成，单层网状结构，30%的肽聚糖亚单元彼此交联，外壁层较厚为 8～10nm，主要由脂蛋白和脂多糖组成。

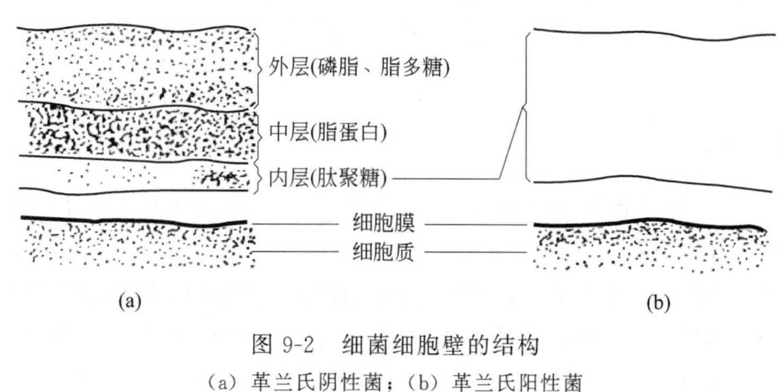

图 9-2　细菌细胞壁的结构

（a）革兰氏阴性菌；（b）革兰氏阳性菌

细菌细胞破碎的主要阻力是肽聚糖的网状结构，其网状结构的致密程度和强度取决于肽聚糖链上肽键的数量和交联程度。交联程度大，则网状结构就致密，破碎的难度就大。

2. 酵母菌细胞壁

酵母菌细胞壁的主要成分是葡聚糖、甘露聚糖和蛋白质等，厚度比 G(+) 细菌稍厚，如图 9-3 所示。破碎酵母菌细胞壁的阻力主要来自于壁结构交联的紧密程度和它的厚度。

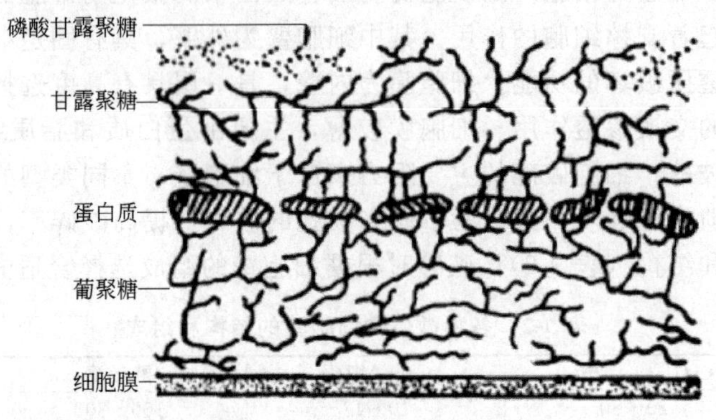

图 9-3　酵母菌细胞壁结构

3. 其他真菌的细胞壁

真菌细胞壁主要由多糖组成，还含有较少量的蛋白质和脂类。不同真菌细胞壁的组成有很大的差别，大多数真菌的细胞壁是由几丁质和葡聚糖构成的。与细菌和酵母菌的细胞壁一样，真菌细胞壁的强度与聚合物的网状结构有关，它所含的几丁质和纤维素的纤维状结构，也使细胞壁的强度有所增加。

4. 细胞壁的结构与破碎

微生物细胞壁的形状和强度取决于细胞壁的组成以及它们之间相互交联的程度。为了破碎细胞，必须克服的主要阻力是连接细胞壁网状结构的共价键。各种微生物细胞壁的组成和结构差异很大，取决于遗传信息、培养生长环境和菌龄。此外，霉菌的细胞壁结构还随培养过程中机械搅拌作用的强弱而变化。

在机械破碎中，细胞的大小和形状以及细胞壁的厚度和聚合物的交联程度是影响破碎难易程度的重要因素。显然，细胞个体小、球形、壁厚、聚合物交联程度高时难破碎。虽然通过改变遗传密码或培养环境因素可以改变细胞壁的结构，但到目前为止，还没有足够的数据表明利用这些方法可以提高机械破碎的破碎率。

在使用酶法和化学法溶解细胞时，细胞壁的组成和结构显得特别重要。了解细胞壁的组成和结构，就可以选择合适的溶菌酶和化学试剂，以及在使用多种酶或化学试剂相结合时确定其使用的顺序。

二、细胞破碎技术

细胞破碎的目的是释放出胞内产物，其方法很多，根据是否外加作用力可分为机械破碎法（机械法）和非机械破碎法（非机械法）。高速珠磨和高压匀浆等机械法已经在实验室和工业生产中被广泛采用，在机械破碎法中，由于消耗的机械能转为热量会使温度升高，在大多数情况下需要冷却措施，以防止生物产品受热破坏。非机械法则大多数处于实验室应用阶段，如酶解法、化学渗透法目前开发研究相当活跃。其他如冷冻融化法等也是实验室经常使用的方法，但因受到诸多因素的限制还没有进行工业化应用。人们现在还在寻找新的方法，如激光破碎法、高速相向流撞击法、冷冻喷射法等，细胞破碎的方法有待不断深入研究和完善。

（一）机械破碎法

机械破碎法处理量大、破碎效率高、速度快，是工业规模细胞破碎的主要方法。细胞破碎器的操作原理主要基于对物料的挤压和剪切作用。细胞的机械破碎法主要有珠磨法、高压匀浆法、超声波破碎法和 X-press 法等。

1. 珠磨法

珠磨法的工作原理是进入珠磨机的细胞悬浮液与极小的研磨剂（玻璃小珠、石英砂、氧化铝，$d<1\text{mm}$）一起快速搅拌，细胞与研磨剂之间互相碰撞、剪切，使细胞破碎，释放内含物。

2. 高压匀浆法（大规模细胞破碎方法）

高压匀浆法的工作原理是利用高压使细胞悬浮液通过针形阀，由于突然减压和高速冲击撞击使细胞破裂。在高压匀浆器中，高压室的压力高达几十兆帕，细胞悬浮液自高压室针形阀喷出时，速度为每秒几百米。细胞经历了剪切、碰撞、高压、常压的变化，从而造成细胞破碎，对于高浓度的细胞或难破碎的细胞常采用多次循环操作的方法。

3. 超声波破碎法

超声波破碎法的工作原理是空化现象引起的冲击波和剪切力使细胞破碎。操作过程为超声波→空穴泡→迅速闭合→极强的冲击波→黏滞性的漩涡→细胞剪切应力→引起胞内液流→细胞破碎。声频、声能、处理时间、细胞浓度、菌种类型都会影响超声波的破碎效率。超声波破碎法适用于实验室规模的应用（操作简单，液量损失少，可加冰或加冷水），大规模操作时，声能传递和散热困难。超声波可促进产生一些化学自由基团使物质失活，易失活物质不宜使用。G(－) 杆菌破碎效果好，酵母菌效果差。

4. X-press 法

X-press 法是将浓缩菌体悬浮液冷冻至－30～－25℃形成冰晶，利用 500MPa 以上的高压冲击，将冷冻细胞从高压阀小孔挤出。由于冰晶体的磨损，造成包埋在冰晶中的微生物变形而引起细胞破碎。

上述各种机械破碎法的作用机理不尽相同，有各自的适用范围和处理规模。适用范围不仅包括菌体细胞，而且包括目标产物。珠磨法和超声波破碎法破碎大肠杆菌、提取质粒（plasmid）DNA 的研究表明，只有珠磨法的完整质粒收率在 90%以上，其他方法的收率低于 50%。因此，要针对目标产物的性质选择细胞破碎器并确定适宜的破碎操作条件。

（二）非机械法

非机械法包括酶溶法、化学渗透法、渗透压冲击法、反复冻结-融化法和干燥法等。

1. 酶溶法

酶溶法就是利用酶反应，分解破坏细胞壁上的特殊键，从而达到破壁的目的。目前，有外加酶法和自溶法两种酶溶法。

(1) 外加酶法　溶菌酶适用于革兰氏阳性菌细胞壁的分解。应用于革兰氏阴性菌时，需辅以EDTA使之更有效地作用于细胞壁溶菌酶。可根据细胞壁的结构和化学组成选择适当的酶，并确定相应次序。例如对酵母菌细胞，先加入蛋白酶作用于蛋白质-甘露聚糖结构，使二者溶解，再加入葡聚糖酶溶解葡聚糖，剩下原生质在渗透区改变时，膜破裂释放出胞内物质，甘露糖酶可以加速这一过程。外加酶法的优点是条件温和，核酸泄出量少，可从细胞不同位置选择性释放产物。此方法的缺点是：价格高，限制了大规模应用，回收费也高；通用性差，不同菌种需选择不同的酶，最佳条件不易确定。在溶酶系统中，甘露糖对蛋白酶有抑制作用，葡聚糖抑制葡聚糖酶，这可能是导致酶溶法胞内物质释放少的一个重要原因。

(2) 自溶法　自溶法是一种特殊的酶溶方式，其所需要的溶胞酶是由微生物自身产生的。事实上，在微生物生长代谢过程中，大多都能产生一定的水解自身细胞壁上聚合物结构的酶，以便使生长繁殖过程进行下去。控制一定的条件（温度、时间、pH值、激活剂和细胞代谢途径）使微生物产生过剩的溶胞酶或激发该酶的活性。自溶法在一定程度上能用于生产，最典型的例子是酵母菌自溶物的制备。其缺点是对不稳定的微生物，易引起所需蛋白质变性；自溶后，细胞悬浮液黏度上升，过滤速率下降。

2. 化学渗透法

使用某些可以改变细胞壁或膜的通透性（渗透性）的化学试剂，使胞内物质有选择地渗透出来，称为化学渗透法。化学试剂包括有机溶剂、变性剂、表面活性剂、抗生素、金属螯合剂等。化学渗透法取决于化学试剂的类型以及细胞膜的结构与组成，不同的化学试剂对各种微生物作用的部位和方式有所不同。根据各种试剂的不同作用机理，将几种试剂合理地搭配使用能有效地提高胞内物质的释放率。

(1) 表面活性物质　促使细胞某些组分溶解，其增溶作用有助于细胞破碎。例如，TritonX-100是一种非离子型清洁剂，比磷脂亲和力强，破坏了内膜的磷脂双分子层，使某些胞内物释放出来。

(2) EDTA螯合剂　与结构中Ca^{2+}或Mg^{2+}螯合，使其原有结构破坏而破裂。例如G(—)壁外膜层中靠Ca^{2+}或Mg^{2+}结合脂多糖和蛋白质来维持其结构，EDTA螯合后，脂多糖分子脱落，外膜层出现洞穴，内膜层的磷脂来填补，从而使内层膜通透性增强，胞内物释放出来。

(3) 有机溶剂　能被细胞壁中的类脂吸收，使胞壁膜溶胀，导致细胞破碎。例如，甲苯、苯、二甲苯、氯仿、高级醇等。

(4) 变性剂　与水中氢键作用，减弱水的极性，使疏水性化合物溶于水。例如，胍能从大肠杆菌膜碎片中溶解蛋白质。

化学渗透法的优点有两点：一是可选择性地释放产物，例如，可使一些较小分子量的溶质，如多肽和小分子的酶蛋白透过，而核酸等大分子量的物质仍滞留在胞内；二是细胞外形保持完整，碎片少，浆液黏度低，易于固液分离和进一步提取。其缺点是：通用性差，某种试剂只能作用于某种特定类型细胞；时间长、效率低，胞内物一般释放率不超过80%；有些化学试剂有毒，在其后产物提取精制时，需分离除去。

3. 渗透压冲击法

渗透压冲击法是一种较温和的细胞破碎方法。将细胞放在高渗透压的介质（如一定浓度的甘油或蔗糖溶液）中，此时水分外渗，细胞收缩产生质壁分离。达到平衡后，突然转入到渗透压低的纯水或缓冲液中，由于渗透压的突然变化，水分迅速进入细胞内，引起细胞膨胀，甚至破碎，由此导致细胞内容物的释放。此法仅适用于细胞壁较脆弱的细胞，或者细胞壁预先用酶处理，或者在培养过程中加入某些抑制细胞壁合成的抑制剂，使细胞壁有缺陷。

4. 反复冻结-融化法

将细胞放在低温下突然冷冻而在室温下缓慢融化，反复多次而达到破壁作用的细胞破碎方法叫做反复冻结-融化法。冷冻使细胞膜的疏水键结构破裂，亲水性能上升；冷冻导致胞内水形成冰晶粒，剩余胞质盐浓度上升，使细胞内外溶液浓度变化，引起细胞膨胀而破裂。反复冻结-融化法只适用于细胞壁较脆弱的菌体，破碎率较低，常需反复多次。冻融中，还可能引起某些蛋白质变性。

5. 干燥法

可采用多种方法使细胞干燥，如气流干燥、真空干燥、喷雾干燥和冷冻干燥等。通过干燥法使细胞膜渗透性改变，再用丙酮、丁醇或缓冲液等处理时，胞内物质就容易被抽提出来。气流干燥时，部分酵母可能产生自溶，所以较冷冻干燥、喷雾干燥易抽提。真空干燥多用于细菌。冷冻干燥适用于较不稳定的生化物质，将冷冻干燥后的菌体在冷冻条件下磨成粉，然后用缓冲液抽提。干燥法条件变化剧烈，容易引起蛋白质或其他活性物质变性。

实际的破碎操作需通过实验确定适宜的破碎器和破碎操作条件，获得最佳的破碎效率。提高破碎率意味着延长破碎操作时间或增加破碎操作次数，这往往会引起目标产物的变性或失活。而过度的破碎释放大量的胞内产物，给下游的分离纯化操作增加难度。因此，破碎操作应与整个提取、精制过程相联系，在保证目标产物高收率的前提下，使纯化成本最低。

三、细胞破碎率的测定

为了测定细胞破碎的程度，获得定量的结果，就需要准确的分析技术。目前，常用的细胞破碎率的测定方法有三种：直接测定法、目的产物测定法和电导率测定法。直接测定法就是采用适当的方法计数破碎前后的细胞数，直接计算破碎率。目的产物测定法是指细胞破碎后，通过测定破碎液中目的产物的释放量，如蛋白质质量或酶活力，从而估算破碎率。有研究证实，电导率随破碎率的增加而呈线性增加，由此可利用破碎前后电导率的变化来测定细胞的破碎程度。由于电导率的大小和微生物种类、处理条件、细胞浓度、温度和悬浮液中原电解质的含量等有关，因此，正式测定前应预先采用其他方法制定标准曲线。

四、微生物细胞破碎技术的发展方向

从前面的介绍中不难看出，不管是机械法还是非机械法，各种方法都有自身的局限性。机械法因高效、价廉、简单而得以工业化应用，但敏感性的物质失活、碎片去除以及杂蛋白太多等问题仍有待解决，因此细胞破碎技术远未完善，近几年这方面的论文仍然不少，有的已超出了单一的细胞破碎领域，而与上游或下游过程相联系。

1. 多种破碎方法相结合

化学法与酶法取决于细胞膜壁的化学组成，机械法取决于细胞结构的机械强度，而化学组成又决定了结构的机械强度，组成的变化必然影响到强度的差异，这就是化学法或酶法与机械法相结合的原理。例如，用细胞壁溶解酶预处理面包酵母，然后高压匀浆，95MPa压力下匀浆4次，总破碎率接近100%，而单独采用高压匀浆法，同样条件下破碎率只有32%。

2. 与上游过程相结合

在发酵培养过程中，培养基、生长期、操作参数（如pH值、温度、搅拌转速、稀释率等）等因素都对细胞壁膜的结构和组成造成一定的影响，由此可见，细胞的破碎与上游培养过程有关。此外用基因工程的方法对菌种进行改造，以提高胞内物质的提取率也是非常重要的。

（1）控制培养过程　如在细胞生长后期，加入某些能抑制或阻止细胞物质合成的抑制剂，继续培养一段时间后，新分裂的细胞的细胞壁存在缺陷，利于破碎和胞内物渗出。

（2）寄生细胞选择　选择较易破壁的菌种作为寄主细胞，如革兰氏阴性细菌。

（3）包含体的形成　包含体是重组蛋白在原核生物细胞内表达后形成的不溶性组分，是不具活性的蛋白质产物，其密度很大。寄生细胞破碎后，包含体可用密度梯度离心机收集，用变性剂溶解，再除去变性剂即可得到恢复活性的蛋白质产物。

（4）克隆噬菌体溶解基因　在细胞内引进噬菌体基因，培养结束后，控制条件，激活噬菌体基因，使细胞由内向外溶解，释放内含物。

（5）耐高温产品的基因表达　在破碎和分离过程中，为防止产品失活而消耗的制冷费是相当可观的。如果产品能表达成耐高温型，杂蛋白仍然保持原特性，那么在较高的温度下就可以将产品与杂质分开，这样既节省了冷却费用，又简化了分离步骤。

3. 与下游过程相结合

细胞破碎与固液分离紧密相关。对于可溶性产品来讲，碎片必须除干净，否则影响后处理过滤。分离细胞碎片常用的方法是离心沉降和膜过滤。当破碎率高而碎片太小时，离心需要高转速并且能耗上升，膜过滤易引起膜堵塞和污染，缩短设备的寿命。因此，必须从后分离过程的整体来看待细胞破碎的操作，机械法破碎技术尤其如此。

参考文献

［1］ 陈坚，堵国成．发酵工程原理与技术．北京：化学工业出版社，2012.
［2］ 金昌海．食品发酵与酿造．北京：中国轻工业出版社，2018.
［3］ 姚汝华，周世水．微生物工程工艺原理．广州：华南理工大学出版社，2013.
［4］ 张兰威．发酵食品原理与技术．北京：科学出版社，2014.
［5］ 陶兴无．发酵产品工艺学．北京：化学工业出版社，2016.
［6］ 陶兴无．发酵工艺与设备．北京：化学工业出版社，2011.
［7］ 韦革宏，杨祥．发酵工程．北京：科学出版社，2008.
［8］ 吴松刚．微生物工程．北京：科学出版社，2004.
［9］ 郭勇．生物制药技术．北京：中国轻工业出版社，2010.
［10］ 毛忠贵．生物工程下游技术．北京：科学出版社，2013.
［11］ 胡洪波，彭华松，张雪洪．生物工程产品工艺学．北京：高等教育出版社，2006.
［12］ 蒋新龙．发酵工程．杭州：浙江大学出版社，2011.
［13］ 陶兴无．生物工程设备．北京：化学工业出版社，2017.
［14］ 高孔荣．发酵设备．北京：中国轻工业出版社，2000.
［15］ 陈福生．食品发酵设备与工艺．北京：化学工业出版社，2011.
［16］ 高学金，齐咏生，王普．生物发酵过程的建模、优化与故障诊断．北京：科学出版社，2016.
［17］ 贾士儒．生物反应工程原理．北京：科学出版社，2015.
［18］ 焦瑞身．微生物工程．北京：化学工业出版社，2003.
［19］ 欧阳平凯，曹朱安，马宏建，等．发酵工程关键技术及其应用．北京：化学工业出版社，2005.
［20］ 曹军卫，马辉文，张甲耀．简明微生物工程．北京：科学出版社，2008.
［21］ 刘晓兰．生化工程．北京：清华大学出版社，2010.
［22］ 曲音波．微生物技术开发原理．北京：化学工业出版社，2005.
［23］ 杨汝德．现代工业微生物学教程．北京：高等教育出版社，2006.
［24］ 聂永心．现代生物仪器分析．北京：化学工业出版社，2014.
［25］ 燕平梅．微生物发酵技术．北京：中国农业科学技术出版社，2010.
［26］ 顾国贤．酿造酒工艺学．北京：中国轻工业出版社，2018.
［27］ 章克昌．酒精与蒸馏酒工艺学．北京：中国轻工业出版社，2013.
［28］ 曹军卫，马辉文．微生物工程．北京：科学出版社，2002.
［29］ 李艳．发酵工程原理与技术．北京：高等教育出版社，2007.
［30］ 余龙江．发酵工程原理与技术应用．北京：化学工业出版社，2011.
［31］ 宋存江．发酵工程原理与技术．北京：高等教育出版社，2014.